物理学レクチャーコース

Mechanics

力学

山本貴博 著

裳華房

PHYSICS LECTURE COURSE

Mechanics

by

Takahiro YAMAMOTO

SHOKABO
TOKYO

刊 行 趣 旨

20 世紀，物理学は，自然界の基本的要素が電子・ニュートリノなどのレプトンとクォークから構成されていることや，その間の力を媒介する光子やグルーオンなどの役割を解明すると共に，様々な科学技術の発展にも貢献してきました．特に，20 世紀初頭に完成した量子力学は，トランジスタの発明やコンピュータの発展に多大な貢献をし，インターネットを通じた高度情報化社会を実現しました．また，レーザーや超伝導といった技術も，いまや不可欠なものとなっています．

そして 21 世紀は，ヒッグス粒子の発見・重力波の検出・ブラックホールの撮影・トポロジカル物質の発見など，新たな進展が続いています．さらに，今後ビッグデータ時代が到来し，それらを活かした人工知能技術も急速に発展すると考えられます．同時に，人類の将来に関わる環境・エネルギー問題への取り組みも急務となっています．

このような時代の変化にともなって，物理学を学ぶ意義や価値は，以前にも増して高まっているといえます．つまり，“複雑な現象の中から，本質を抽出してモデル化する”という物理学の基本的な考え方や，原理に立ち返って問題解決を行おうとする物理学の基本姿勢は，物理学の深化だけにとどまらず，自然科学・工学・医学ならびに人間科学・社会科学などの多岐にわたる分野の発展，そしてそれら異分野の連携において，今後ますます重要になってくることでしょう．

一方で，大学における教育環境も激変し，従来からの通年やセメスター制の講義に加えて，クォーター制が導入されました．さらに，オンラインによる講義など，多様な講義形態が導入されるようになってきました．それらにともなって，教える側だけでなく，学ぶ側の学習環境やニーズも多様化し，「現代に相応しい物理学の新しいテキストシリーズを」との声を多くの方々からいただくようになりました．

裳華房では，これまでにも，『裳華房テキストシリーズ - 物理学』を始め，その時代に相応しい物理学のテキストを企画・出版してきましたが，昨今の時代の要請に応えるべく，新時代の幕開けに相応しい新たなテキストシリーズとして，この『物理学レクチャーコース』を刊行することにいたしました.

この『物理学レクチャーコース』が，物理学の教育・学びの双方に役立つ21世紀の新たなガイドとなり，これから本格的に物理学を学んでいくための“入門”となることを期待しております.

2022年9月

編 集 委 員　永江知文，小形正男，山本貴博

編集サポーター　須貝駿貴，ヨビノリたくみ

は し が き

ようこそ，物理学の世界へ！

物理学は，その名の通り「物事(ものごと)の理(ことわり)に関する学問」であり，その対象は，この宇宙に存在する一切の「もの」と「こと」，いわゆる「森羅万象」です．人類は長い歴史の中で，一見，複雑で混沌としている自然現象の中からいくつもの規則性や共通性を見出し，それらの背後に潜む「自然の原理や法則」を繰り返し発見しながら，物理学の適用範囲を拡大・拡充させてきました．その中で，人類が自然の原理や法則を数学の言葉で体系化することに初めて成功したのが，本書で学ぶ「力学」です．

夜空に浮かぶ星々の中で，「恒星」のような規則正しい動きとは異なり，一見すると不規則な動きをする「惑星」を人類は太古の昔から観測し続け，数千年の時を超えて，複雑な惑星の動きの背後に存在する法則性を見出すことに成功しました．さらにそこから質量をもつ万物の間にはたらく「万有引力」を発見し，ついに「惑星の運動（地上に落ちてこない星々）」と「地上での様々な物体の運動（地上に落下する諸物体）」とが矛盾しない「天と地の統一理論」の構築に成功したのです．この人類史上最高傑作の１つといえる知的創造物こそが，「力学」です．

上述のように，力学は物理学の中で最初に完成した理論体系です．そのため，その後に誕生した様々な物理学（量子力学や相対性理論など）の分野は，「力学」をお手本に構築されています．したがって，「力学」を正しく学ぶことが，物理学の諸分野を理解するために不可欠となっています．

本書を手にした読者の中には，せっかく大学に入学したのに，また力学から学び直すことに学習意欲を失いがちな方もいるかもしれませんが，本書で学ぶ「（いわゆる）大学の力学」では，「（いわゆる）高等学校の力学」の範囲を超えた新しい概念が数多く登場します．その意味で，決して退屈なものではありません．ぜひ，本書を通して力学的世界観を身に付け，その先に広がる物理学という知の大冒険を楽しんでください．

さて，本書をパラパラとめくってみて，「高等学校の力学」とは随分と違い，微分や積分，そして見慣れぬ数学記号がたくさん出てきて気が滅入ってしまいそうな読者もいるかもしれません（逆にワクワクしている読者もいることでしょう）．本書で力学を学ぶ上で必要な数学は，高等学校で学んだ初等的な微分積分とベクトルの知識です．大学入学後に学ぶ数学（テイラー展開，偏微分，全微分，微分方程式，ベクトルの外積など）については，本書で力学を学びながら習得できるように十分に配慮しました．ただし，数学の解説を丁寧に行うことで，本題である力学の解説の流れが却って悪くなるような箇所では，数学の帰結を公式的に与えることで，解説の流れが乱れないように工夫しました．それらの数学的事項の解説は巻末の付録に掲載しましたので，必要に応じてそちらを参照してください．さらに詳しく数学の学習をしたい場合には，まずは本シリーズの『物理数学』を参考にすることをお勧めします．

最後に，本書のレベルについて述べておきます．本書で取り扱った内容は，ところどころ発展的なものも含みますが，大学初年次で学ぶ力学の標準的な内容です．本文中に登場する数式を１つ１つ丁寧に追いかけ，Exercise（例題）や Training（問題），さらには Practice（章末問題）を活用しながら本書で力学を学び終えれば，「大学レベルの力学を身に付けた」と自信をもって大丈夫です．そして，本書で取り扱わなかった，より高度な力学の問題（例えば，ラザフォード散乱や剛体ゴマの運動など）についても，独学で習得できるレベルの力を身に付けていることでしょう．なお，発展的な内容については，見出しの所に発展とマークを入れておきました．この部分はスキップしても本書全体の理解を妨げるものではありませんので，ある程度，力学に慣れてから学習するのも良いでしょう．

本書を執筆するに当たって，本シリーズの編集委員で東京大学大学院の小形正男 教授に本書の細部にわたって添削・アドバイスをいただきました．Coffee Break の執筆に当たっては，国立天文台水沢の本間希樹 所長や宇宙飛行士の山崎直子さんに内容をご確認いただくなど，大変お世話になりました．また，本シリーズの編集サポーターである，国立科学博物館認定サイエンスコミュニケーターの須貝駿貴さんと，予備校のノリで学ぶ「大学の数学・物理」講師のヨビノリたくみさんには，本書の企画段階から読者目線でのアドバイスを，裳華房 編集部の小野達也さんと團 優菜さんには，本書が出版されるギリギリまで的確で気の利いたアドバイスを数多くいただきました．ここに心からお礼申し上げます．そして何より，著者をいつも支えてくれている家族と両親に，この場を借りて感謝の意を表します．

2022 年 9 月

山本貴博

さぁ，紙と鉛筆を持って，力学の冒険に出かけよう！

目　　次

1 位置ベクトルと様々な座標

2 質点の運動学

3 質点の力学 ～ニュートンの運動の3法則～

4 様々な力

5 質点の様々な運動（Ｉ）～自由落下と抵抗のある落下運動～

6 質点の様々な運動（Ⅱ）～振動現象～

7　力学的エネルギーとその保存則

8　角運動量とその保存則

9 中心力のもとでの質点の運動

10 非慣性系での質点の運動

11 質点系の力学

12 剛体の力学

位置ベクトルと様々な座標

力学とは,「物体の運動」や「物体にはたらく力」を対象とする**物理学**の一分野であり, **物体の運動とは, 物体の位置が時々刻々と変化すること**です. したがって, 物体の運動について考察するには, その位置を指定する手段（数学の言葉）が必要となります.

本章では, 力学が対象とする「物体」の分類の仕方について解説した後に, 物体の位置を指定する**位置ベクトル**と**座標**について解説します.

1.1　力学が対象とする物体の分類

「力学」は何を学ぶ学問でしょうか？高等学校で「力学」を学んだ方もそうでない方も, 本書を手にした方であれば, 力学について何かしらのイメージをもっていることでしょう.「力学」とは, その名前から想像できるように, 物体にはたらく「力」を読み解く学問であり, 力を受けた物体の「運動」について学ぶ学問です. 物体といっても, 小さな物体から大きな物体, 硬い物体から柔らかい物体まで, 様々あります. これらすべての物体の運動が力学の対象ですが, 本書の第2章 ～ 第10章では, **質点**とよばれる「大きさをもたない点状の物体」の運動について解説します.

▶ **質点**：大きさをもたない点状の物体.

読者の中には,「質点という, 日常にはない概念的な物体を考察することに,一体どれだけの意味があるのだろう？」と疑問に思う方もいるかもしれませんので，次の例を考えてみましょう．

いま，私たちの惑星「地球」に注目してみると，地球の半径は約 6400 km であり，私たち人間のサイズに比べてはるかに大きく，明らかに質点ではありません．一方，この地球は太陽の周りを公転していますが，その平均公転半径は約 1 億 5000 万 km であり，地球の半径に比べてはるかに大きいことがわかります．したがって，地球の公転について考察する際には，地球の大きさをひとまず無視して，地球を質量をもった点，すなわち質点とみなしても差し支えないでしょう．実際，地球に限らず太陽系の他の惑星についても，それらを質点とみなして公転軌道（惑星が太陽の周りに描く軌跡（図 1.1 (a)）を計算しても，その計算結果は実際の公転軌道と極めて良く一致することを第 9 章で解説します．

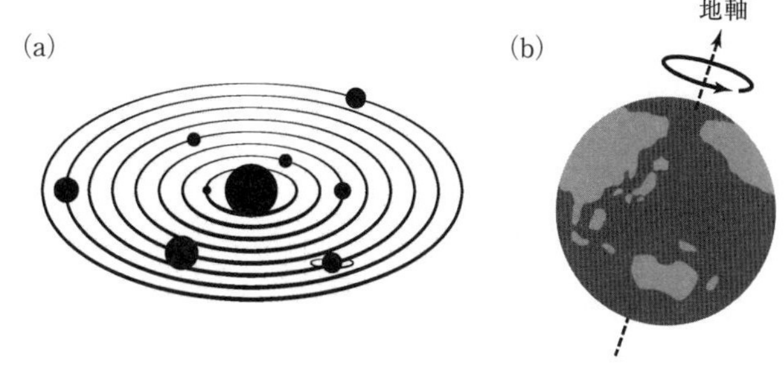

図 1.1　太陽の周りを公転する惑星（a）と自転する地球（b）の概念図

一方，地球は地軸を中心に自転していますが，自転について考察する際には，もはや地球を質点とみなすわけにはいかず，地球の大きさや形状などを考慮しなければいけません（図 1.1 (b)）．つまり，同じ物体（いまの場合は地球）であっても，考察する運動によって，質点とみなせる場合とそうでない場合があるわけです．

さて，図 1.1 (a) に示した太陽系内の惑星のように，相互作用する複数の質点（＝天体）から成る系を**質点系**といいます．そして，質点系の中でも，質点の相互の位置が変わらない物体を**剛体**といいます．

- ▶ **質点系**：多数の質点から構成される系.
- ▶ **剛　体**：質点の相互の位置が変わらない物体.

本書では，第 11 章以降で質点系と剛体の力学について解説します.

Training 1.1

地球の半径は約 6400 km（$= 6.4 \times 10^6$ m），地球の平均公転半径は約 1 億 5000 万 km（$= 1.5 \times 10^{11}$ m）です．地球の半径と地球の平均公転半径の比を求めなさい.

1.2　座標と位置ベクトル

図 1.2 (a) を見てください．マス目の上に質点が置かれています．この質点の位置は「左下隅から数えて，右に 6 マス，上に 4 マス」と表現することもできますし,「右上隅から数えて，左に 2 マス，下に 2 マス」と表現することもできます．表現は異なるものの，いずれも同じ位置を指定しています．もし，これらの表現から「左下隅から数えて」や「右上隅から数えて」を省略して,「右に 6 マス，上に 4 マス」や「左に 2 マス，下に 2 マス」だけにしてしまうと,「どこから数えて」なのかがわからず，もはや質点の位置はわかりません.

この例からわかるように，質点の位置を指定するためには「どこから質点を眺めているのか？」を明確にする，すなわち,「位置の基準点」を指定する

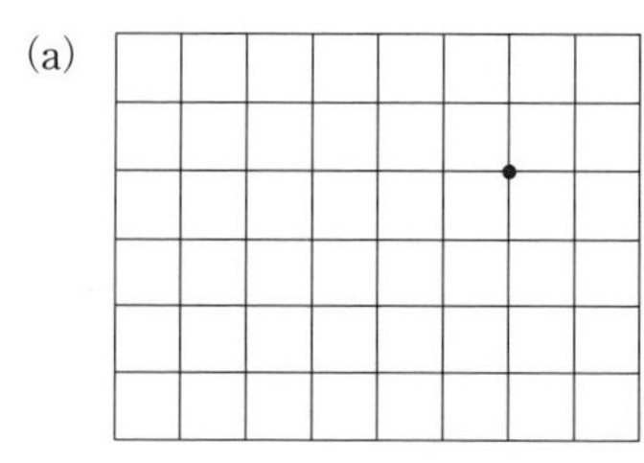

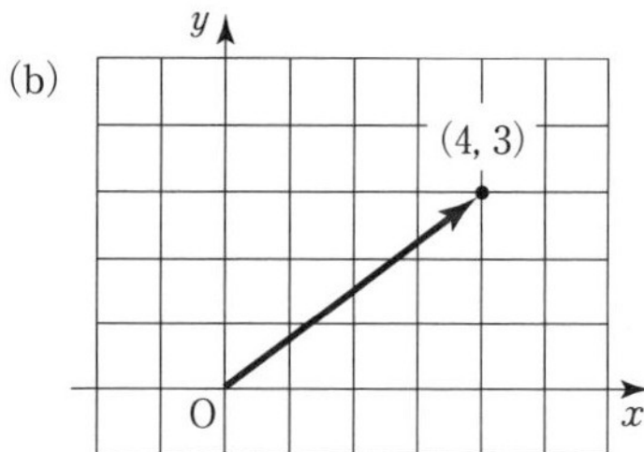

図 1.2　(a) マス目の上の質点
(b) 座標の設定

ことが不可欠です．ただし，位置の基準点は1つであればどこでもよく，その都度，都合よく決めて構いません．その理由は，基準点の決め方の違いが物理現象（いまの場合は，質点の運動）に影響することがないからです．

位置の基準点のことを**座標原点**（あるいは単に**原点**）といいます．図1.2 (b) のように座標原点Oを選び，点Oを通って互いに直交する2つの軸（x軸とy軸）を設定すると，質点の位置は例えば$(x, y) = (4, 3)$と表されます．また，座標原点Oを始点として質点の位置を終点とするベクトル（図の矢印）を**位置ベクトル**といいます．なお，図1.2 (b) のように，互いに直交する座標軸から構成される座標を**直交座標**あるいは**デカルト座標**といいます[1)]．

▶ **位置ベクトル**：座標原点を始点として，質点の位置を終点とするベクトル．

いま，2次元平面上の直交座標（2次元直交座標）での任意の位置ベクトルを

$$\boldsymbol{r} = (x, y) \tag{1.1}$$

のように表すことにしましょう[2)]．このように，本書では**ベクトル**で与えられる物理量は**太字**（$\boldsymbol{a}, \boldsymbol{b}, \boldsymbol{c}$や$\boldsymbol{A}, \boldsymbol{B}, \boldsymbol{C}$など）で表し，**スカラー**（大きさ）で与えられる物理量は**通常の文字**（a, b, cやA, B, Cなど）で表すことにします．

---

1)　直交座標をデカルト座標というのは，この座標の考案者がフランスの哲学者ルネ・デカルト（René Descartes）であることに由来します．また，直交座標は**カーテシアン座標**（Cartesian coodinate）ともいいますが，このよび名もデカルトに由来します．フランス語でdesは冠詞であるため，DescartesからDesをとってCartesとし，末尾にianを付けたのです．考案者の名前の末尾にianを付けて専門用語にするのは，物理学や数学の分野ならではの慣例です．

2)　高等学校の数学では，ベクトルを表記するときには矢印を用いて$\vec{r}$のように表記していたと思います．これは，ベクトルを「大きさと向きをもつ量」として導入し，それを幾何学的に「矢印（有向線分）」として捉えることで理解していたことに由来します．このように矢印で表現するベクトルのことを**幾何学的ベクトル**（または**幾何ベクトル**）といいます．これに対して大学（での線形代数や物理数学の講義）では，幾何学的ベクトルのもつ性質（線形性）と同じ性質をもつ抽象的な集合が導入されます．この集合を**線形空間**や**ベクトル空間**といい，この集合に属する要素（**元**(げん)といいます）のことを**ベクトル**といいます．この一般化されたベクトルを幾何学的ベクトルと区別するために，大学ではベクトルを「太字」で書きます．しかし，大学の物理学の講義やテキストでは，これらの区別は（わかった上で）曖昧に扱うことが多く，幾何学的ベクトルも「太字」で表現することが多いです．本書でも，今後はベクトルをすべて「太字」で表現することにします．

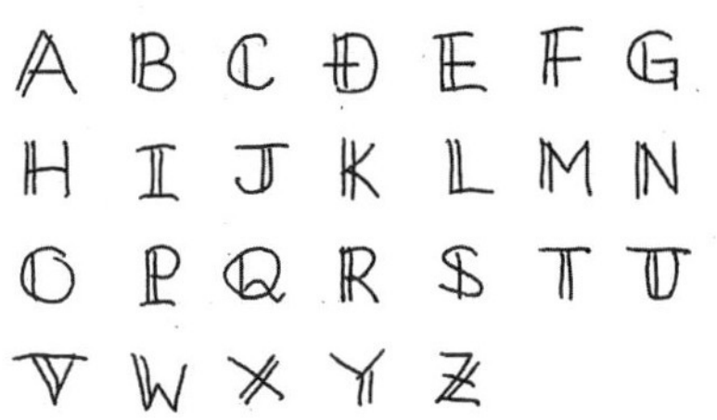

太字のアルファベット(大文字)　　太字のアルファベット(小文字)

図1.3　ベクトルの物理量（太字のアルファベット）の書き方の例

それでは，ここで「太字のアルファベット」の書き方の例を紹介しておきましょう．ベクトルの書き方には様々な流儀がありますが，図1.3に示すように，アルファベットに縦線を1本加えて「二重線を含んだアルファベット」で表現することが多いです[3]．

1.3　物理量の単位と次元

図1.2（b）の例では，位置ベクトルを $(x, y) = (4, 3)$ と表しましたが，x 軸と y 軸の目盛1マスの大きさが不明なので，例えば，それが $x = 4\,\mathrm{m}$ なのか $x = 4\,\mathrm{cm}$ なのかはわかりません．このことからわかるように，質点の位置を数量的に表現する際には，メートル（m），センチメートル（cm），ミリメートル（mm）などの**単位**が不可欠です．

本書では，基本単位として長さの単位に**メートル**（m），質量の単位に**キログラム**（kg），時間の単位に**秒**（s）を採用します．そして，これらをもとに他の物理量の単位を定める単位系を，**MKS単位系**といいます[4]．

なお，電磁気学で登場する物理量の単位は，長さ，時間，質量の3つの基本単位だけでは表現できません．そこで，電磁気現象を特徴づける物理量と

3)　どこを二重線にするかは趣味の問題で，特に決まり事はありません．お気に入りの表記を自分でつくるとよいでしょう．

4)　基本単位として長さの単位にセンチメートル（cm），質量の単位にグラム（g），時間の単位に秒（s）を採用した単位系を，cgs **単位系**といいます．

表 1.1　MKSA 単位系の次元とその単位

長さ［L］	質量［M］	時間［T］	電流［I］
m	kg	s	A

して**電流**を基本単位に選び，電流の単位である**アンペア**（A）をMKS 単位系に加えた単位系を，**MKSA 単位系**といいます．さらに，MKSA 単位系に，温度の単位としてケルビン（K），光の強度を表す単位としてカンデラ（cd），物質量を表す単位としてモル（mol）の 3 つを加えた単位系を，**国際単位系**（SI）といいます．

MKSA 単位系では，それぞれの基本単位の次元を表す記号として，長さ L，質量 M，時間 T，電流 I を用いることで，任意の物理量の大きさ W を

$$W = q\mathrm{L}^a\mathrm{M}^b\mathrm{T}^c\mathrm{I}^d \qquad (a, b, c, d, q \text{ は実数}) \tag{1.2}$$

のようにベキ乗の形で表すことができ，このとき物理量 W の単位は，$\mathrm{m}^a\cdot\mathrm{kg}^b\cdot\mathrm{s}^c\cdot\mathrm{A}^d$ となります．また，このとき

$$[W] \equiv [\mathrm{L}^a\mathrm{M}^b\mathrm{T}^c\mathrm{I}^d] = [\mathrm{L}]^a[\mathrm{M}]^b[\mathrm{T}]^c[\mathrm{I}]^d \tag{1.3}$$

を物理量 W の**次元**あるいは**ディメンション**といい，物理法則や定義式から求めることができます．これを**次元解析**といいます．次の Training 1.2 で次元解析に取り組んでみましょう．

Training 1.2

次の量の次元を答えなさい．

(1)　面積　(2)　体積　(3)　密度　(4)　速度　(5)　加速度
(6)　力　(7)　圧力

なお，次元の異なる物理量を掛けたり割ったりすることはできますが，足したり引いたりすることはできないことに注意しましょう．「長さ（L）」と「質量（M）」を足すような単純ミスは滅多にしないかもしれませんが，これから学ぶ様々な物理量の計算では，それなりに煩雑な計算も登場するので，計算ミスも起こりやすくなります．次元を意識しながら式変形を行うことで計算ミスも起こしにくくなり，さらには物理学の理解の助けにもなるでしょう．このことは力学に限らず，これから皆さんが学ぶ様々な分野（電磁気学，

熱力学，統計力学，量子力学，相対性理論など）においてもとても大切なことなので，本書で力学を学ぶうちから「次元を意識しながら計算する」ことに取り組みましょう．

1.4 基底（基本）ベクトル

質点は運動の最中に，その位置を時々刻々と変化させます．すなわち，位置ベクトル $\boldsymbol{r}$ は時刻 t の関数であり，$\boldsymbol{r}(t)$ と表すことができます．例えば，(1.1) の 2 次元直交座標での位置ベクトル $\boldsymbol{r}$ が時刻 t と共に変化する場合には，x, y 成分も時刻 t の関数であり，

$$\boldsymbol{r}(t) = (x(t), y(t)) \tag{1.4}$$

と表すことができます．

このことは，3 次元空間を運動する質点の場合へ容易に拡張できます．2 次元直交座標の場合と同様に，3 次元空間のどこか 1 点を座標原点 O と定め，点 O を通り，互いに直交する 3 つの軸（x, y, z 軸）を設定することで，3 次元直交座標が設置されます（図 1.4）．これにより，3 次元空間を運動する質点の位置ベクトル $\boldsymbol{r}(t)$ は (1.4) に z 成分が加わって

$$\boldsymbol{r}(t) = (x(t), y(t), z(t)) \tag{1.5}$$

と表すことができます．

次に，位置ベクトルの別の表現法として，x, y, z 軸にそれぞれ平行で，大きさが 1 の単位ベクトル

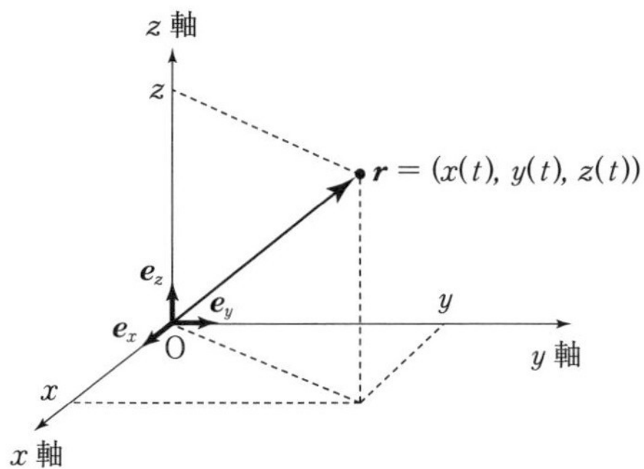

図 1.4 3 次元直交座標での位置ベクトル $\boldsymbol{r}$ と基底ベクトル $\boldsymbol{e}_x, \boldsymbol{e}_y, \boldsymbol{e}_z$

$$\boldsymbol{e}_x = (1,0,0), \qquad \boldsymbol{e}_y = (0,1,0), \qquad \boldsymbol{e}_z = (0,0,1) \tag{1.6}$$

を導入したとき（図 1.4），これらのベクトルを**基底ベクトル**（または**基本ベクトル**）といいます．ただし，**基底ベクトルは次元をもたない無次元量**であることに注意しましょう．

(1.6) の基底ベクトルを用いると，例えば (1.5) の位置ベクトル $\boldsymbol{r}(t)$ は

$$\boldsymbol{r}(t) = x(t)\,\boldsymbol{e}_x + y(t)\,\boldsymbol{e}_y + z(t)\,\boldsymbol{e}_z \tag{1.7}$$

と表すことができます．

1.5　様々な座標

質点の位置を指定するための座標は直交座標だけではなく，質点の運動に応じて都合よく選ぶことができます．上手に座標を選ぶことで，一見複雑に見える運動も，数学的に取り扱いやすくなるだけでなく，その本質を理解するための見通しが良くなることが多くあります．そこで本節では，本書で力学を学ぶ上で必要ないくつかの座標をまとめておきます．個々の詳細は，本シリーズの『物理数学』などで学ぶとよいでしょう．

1.5.1　2 次元極座標

前節までは，図 1.5 (a) に示すように，2 次元平面上にある質点の位置を直交座標によって指定しました．ここでは，図 1.5 (a) の原点の位置と質点の

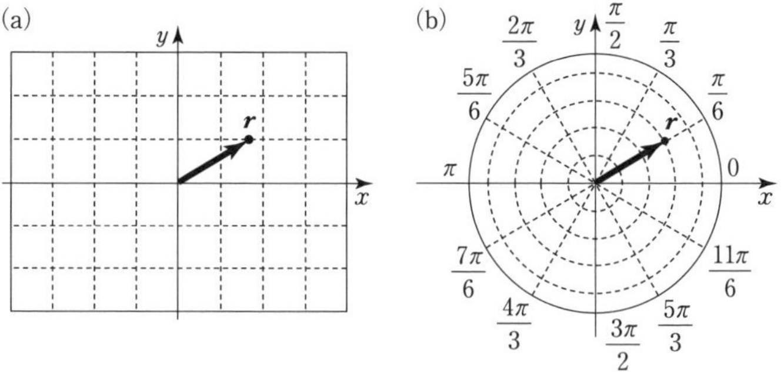

図 1.5　2 次元の直交座標 (a) とその極座標プロット (b)

位置は変更せずに，紙面上に描かれた直交座標を図 1.5 (b) に示すような**極座標**とよばれる座標に置き換えてみましょう．なお，図 1.5 (a) の x 軸が極座標の 0 rad（rad：ラジアン）に一致するように座標を選びました．

すぐにわかるように，極座標では，座標原点から質点までの距離 r（= 位置ベクトル $\boldsymbol{r}$ の大きさ）と角度 θ（= 位置ベクトル $\boldsymbol{r}$ と x 軸のなす角）の 2 つの変数を指定すれば，質点の位置は一義的に定まります．

このように，平面上の質点の位置を (r, θ) の 2 変数で指定する座標を，**2 次元極座標**といいます．また，2 次元直交座標と極座標の間には

$$
\begin{aligned}
x &= r\cos\theta \qquad (-\infty \le x \le \infty) \\
y &= r\sin\theta \qquad (-\infty \le y \le \infty)
\end{aligned}
\tag{1.8}
$$

の関係があります．あるいは，これらの逆変換として

$$
\begin{aligned}
r &= \sqrt{x^2 + y^2} \qquad (0 \le r \le \infty) \\
\tan\theta &= \frac{y}{x} \qquad (0 \le \theta < 2\pi)
\end{aligned}
\tag{1.9}
$$

の関係があります[5]．

1.5.2 3 次元極座標

3 次元空間中の質点の位置を図 1.6 (a) のような (r, θ, ϕ) の 3 変数で指定する座標を **3 次元極座標**といいます．

3 次元直交座標と極座標の間には，図 1.6 (b) からわかるように

$$
\begin{aligned}
x &= r\sin\theta\cos\phi \qquad (-\infty \le x \le \infty) \\
y &= r\sin\theta\sin\phi \qquad (-\infty \le y \le \infty) \\
z &= r\cos\theta \qquad (-\infty \le z \le \infty)
\end{aligned}
\tag{1.10}
$$

あるいは，これらの逆変換として

---

5) 直交座標にしても，極座標にしても，平面上の質点の位置を指定するためには，2 つの変数が必要です（直交座標であれば (x, y)，極座標であれば (r, θ)）．このように，物体の位置を一義的に指定するために必要な変数の数のことを（力学的）**自由度**といいます．詳しくは，第 12 章の 12.2.1 項で解説します．

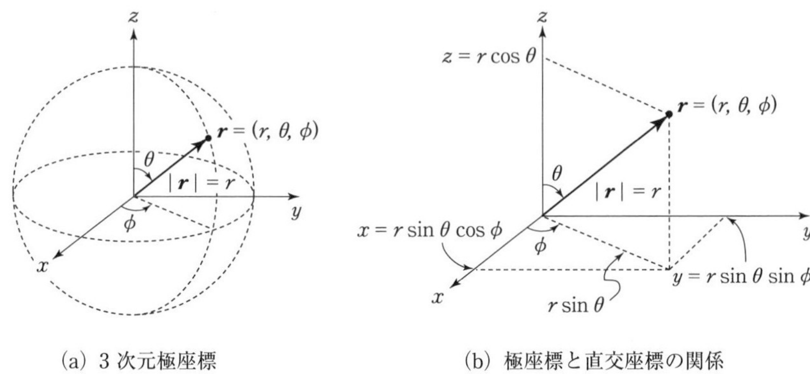

(a) 3 次元極座標　　(b) 極座標と直交座標の関係

図 1.6

$$
\begin{aligned}
&r = \sqrt{x^2 + y^2 + z^2} && (0 \le r \le \infty) \\
&\tan\theta = \frac{\sqrt{x^2 + y^2}}{z} && (0 \le \theta \le \pi) \\
&\tan\phi = \frac{y}{x} && (0 \le \phi < 2\pi)
\end{aligned}
\tag{1.11}
$$

の関係があります．これらの結果だけを見ると煩雑で難しく見えるかもしれませんが，図 1.6 (b) を眺めながら (1.10) の関係が成り立っていることを，ぜひ確かめてみてください．一度確認さえすれば，決して理解に苦しむ関係式ではありません．そして何より，これから力学や他の物理学の分野を学ぶ上で，(1.10) は何度も登場する重要な関係式です．

 Training 1.3

(1.10) から (1.11) を導きなさい．

 Exercise 1.1

3 次元極座標で表された 2 つの位置ベクトル

$$
\begin{cases}
\boldsymbol{r}_1 = (r_1 \sin\theta_1 \cos\phi_1, r_1 \sin\theta_1 \sin\phi_1, r_1 \cos\theta_1) \\
\boldsymbol{r}_2 = (r_2 \sin\theta_2 \cos\phi_2, r_2 \sin\theta_2 \sin\phi_2, r_2 \cos\theta_2)
\end{cases}
\tag{1.12}
$$

のなす角を ψ とするとき，

$$\cos\psi = \sin\theta_1 \sin\theta_2 \cos(\phi_1 - \phi_2) + \cos\theta_1 \cos\theta_2 \qquad (1.13)$$

の関係が成り立つことを示しなさい.（ヒント：$\boldsymbol{r}_1$ と $\boldsymbol{r}_2$ の内積の公式（巻末の付録の C を参照）を用いなさい.

Coaching $\boldsymbol{r}_1$ と $\boldsymbol{r}_2$ の内積 $\boldsymbol{r}_1\cdot\boldsymbol{r}_2$ は，$\boldsymbol{r}_1$ と $\boldsymbol{r}_2$ のなす角 ψ を用いると，$\boldsymbol{r}_1$ と $\boldsymbol{r}_2$ の大きさはそれぞれ r_1 と r_2 なので

$$\boldsymbol{r}_1\cdot\boldsymbol{r}_2 = r_1 r_2 \cos\psi \qquad (1.14)$$

と表されます．一方，内積 $\boldsymbol{r}_1\cdot\boldsymbol{r}_2$ は，(1.12) の各成分を用いて計算すると

$$\boldsymbol{r}_1\cdot\boldsymbol{r}_2 = r_1 r_2 \{\sin\theta_1 \sin\theta_2 \cos(\phi_1 - \phi_2) + \cos\theta_1 \cos\theta_2\} \qquad (1.15)$$

とも表されることがわかります．したがって，(1.14) と (1.15) とを比較すると

$$\cos\psi = \sin\theta_1 \sin\theta_2 \cos(\phi_1 - \phi_2) + \cos\theta_1 \cos\theta_2 \qquad (1.16)$$

が得られます. ■

1.5.3 円筒（円柱）座標

3 次元空間中の質点の位置を図 1.7 (a) のような (ρ, ϕ, z) の 3 変数で指定する座標を**円筒座標**または**円柱座標**といいます.

3 次元直交座標と円筒座標の間には，図 1.7 (b) からわかるように

$$\begin{aligned} x &= \rho\cos\phi \qquad (-\infty \leq x \leq \infty) \\ y &= \rho\sin\phi \qquad (-\infty \leq y \leq \infty) \\ z &= z \qquad (-\infty \leq z \leq \infty) \end{aligned} \qquad (1.17)$$

あるいは，これらの逆変換として

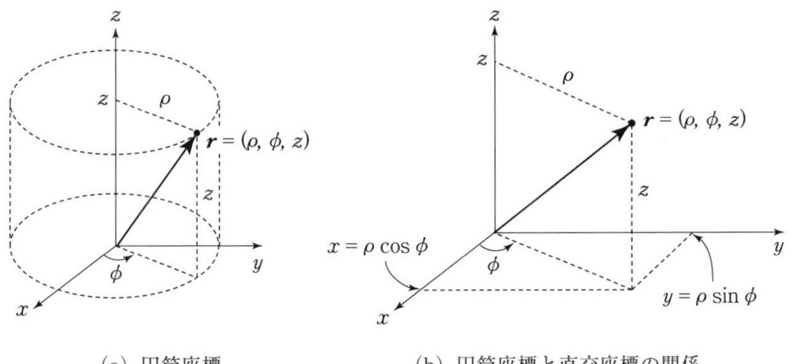

(a) 円筒座標　(b) 円筒座標と直交座標の関係

図 1.7

$$\rho = \sqrt{x^2 + y^2} \qquad (0 \leq \rho \leq \infty)$$
$$\tan\phi = \frac{y}{x} \qquad (0 \leq \phi \leq 2\pi) \tag{1.18}$$
$$z = z \qquad (-\infty \leq z \leq \infty)$$

の関係があります.

(1.17) から (1.18) を導きなさい.

本章のPoint

- **質　点**：大きさをもたない点状の物体.
- **質点系**：多数の質点から構成される系.
- **剛　体**：質点の相互の位置が変わらない物体.
- **位置ベクトル**：座標原点を始点とし, 質点の位置を終点とするベクトル.
- **物理量の単位と次元**：力学では主に, 長さ (m), 質量 (kg), 時間 (s) を基本単位とし, それらの次元 (ディメンション) をそれぞれ L, M, T で表す (MKS 単位系では, $[\mathrm{L}^a\mathrm{M}^b\mathrm{T}^c] = [\mathrm{L}]^a[\mathrm{M}]^b[\mathrm{T}]^c$).
- **3 次元の様々な座標系**

  直交座標 (デカルト座標)：x, y, z 軸から成る座標 (図 1.4).

  極座標：r, θ, ϕ の 3 変数で指定する座標 (図 1.6).

$$\begin{cases} x = r\sin\theta\cos\phi & (-\infty \leq x \leq \infty) \\ y = r\sin\theta\sin\phi & (-\infty \leq y \leq \infty) \\ z = r\cos\theta & (-\infty \leq z \leq \infty) \end{cases}$$

  円筒座標：ρ, ϕ, z の 3 変数で指定する座標 (図 1.7).

$$\begin{cases} x = \rho\cos\phi & (-\infty \leq x \leq \infty) \\ y = \rho\sin\phi & (-\infty \leq y \leq \infty) \\ z = z & (-\infty \leq z \leq \infty) \end{cases}$$

Practice

[1.1] 力学が対象とする物体の分類

(1) 質点とは何かを説明しなさい.

(2) 質点系とは何かを説明しなさい.

(3) 剛体とは何かを説明しなさい.

[1.2] 3つの点が同一直線上にある条件

異なる2つの点Aと点Bの位置ベクトルをそれぞれ$\boldsymbol{a}$と$\boldsymbol{b}$とするとき,

$$\boldsymbol{c} = \boldsymbol{b} + \lambda(\boldsymbol{a} - \boldsymbol{b}) \qquad (\lambda：任意の実数) \tag{1.21}$$

で指定される点Cは，点Aと点Bを結ぶ同一直線上にあることを示しなさい.

[1.3] 次元解析

質量の無視できる長さℓの糸の先に質量mの質点をとり付けた振り子を天井からぶら下げて揺らします．この振り子の揺れの周期T（この系を特徴づける時間）を「次元解析」とよばれる次の手法で求めてみましょう.

振り子の運動を特徴づける量はℓ, mおよび重力加速度の大きさg（重力加速度については4.2.2項を参照）であることに注目し，周期Tもこれら3つの量の組み合わせとして

$$T \propto m^{\alpha} \ell^{\beta} g^{\gamma} \qquad (\alpha, \beta, \gamma \text{ は実数}) \tag{1.19}$$

と表せると仮定すると（$\propto$ は「比例する」の意味），両辺の次元は

$$[\mathrm{T}] = [\mathrm{M}^{\alpha} \mathrm{L}^{\beta} (\mathrm{LT}^{-2})^{\gamma}] \tag{1.20}$$

と表せます．これより，両辺の次元が等しくなるようにα, β, γを決定しなさい．ただし，2.2節で解説するように，加速度の単位は$\mathrm{m/s^2}$です.

[1.4] ベクトル積のダイアド積（ディアディック）

ベクトル$\boldsymbol{a} = (a_1, a_2, \cdots, a_n)$と$\boldsymbol{b} = (b_1, b_2, \cdots, b_n)$のダイアド積（ディアディック）を$\boldsymbol{ab}$と表記し,

$$\boldsymbol{ab} = \begin{pmatrix} a_1 b_1 & a_1 b_2 & \cdots & a_1 b_n \\ a_2 b_1 & a_2 b_2 & \cdots & a_2 b_n \\ \vdots & \vdots & \ddots & \vdots \\ a_n b_1 & a_n b_2 & \cdots & a_n b_n \end{pmatrix}$$

によって定義します．このとき，3次元の基底ベクトル$\boldsymbol{e}_x = (1, 0, 0)$，$\boldsymbol{e}_y = (0, 1, 0)$，$\boldsymbol{e}_z = (0, 0, 1)$が

$$\boldsymbol{e}_x \boldsymbol{e}_x + \boldsymbol{e}_y \boldsymbol{e}_y + \boldsymbol{e}_z \boldsymbol{e}_z = \begin{pmatrix} 1 & 0 & 0 \\ 0 & 1 & 0 \\ 0 & 0 & 1 \end{pmatrix} \tag{1.21}$$

の関係式（**完全性関係**）を満たすことを確かめなさい.

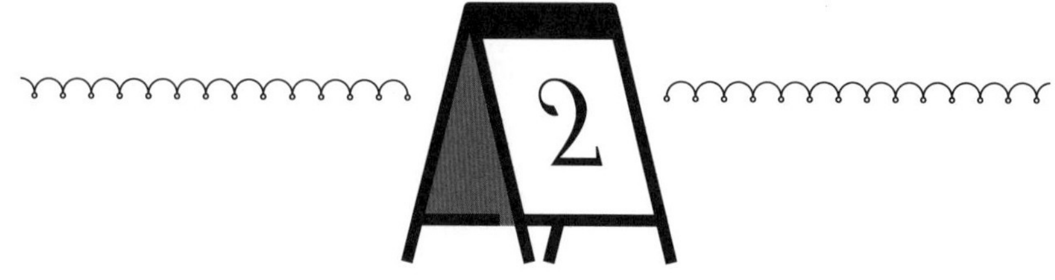

質点の運動学

近代科学の祖の一人である**ガリレオ・ガリレイ**の有名な言葉に,「自然という書物は数学という言葉で書かれている」というものがあります[1]. 本章では, 質点(以下, 物体と記すこともあります)の運動状態を表す物理量を導入し, それらの間の数学的な関係について解説します. なお, このような学問を**運動学**といいます.

2.1　速度と速さ

本節では, 質点の運動状態を表す物理量の1つである**速度**(velocity)と速さ(speed)について解説します. 速度と速さは似通った用語ですが, それらの違いをしっかりと理解し, 意識的に使い分ける習慣を身に付けることが本節の目的です.

1)　この言葉は, ガリレオの著書『偽金鑑識官』(1623年)の中の「哲学は常にページが開かれているこの偉大な宇宙という本の中に書かれている. しかし, それが書かれた言語についてまず学ばなければ, それを理解することはできない. それは数学の言葉で書かれており, その文字は, 三角, 円, その他の記号である. これらなしには, 人間はそれを一語なりとも理解することができないし, 真っ暗な迷路をさまようだけである.」(『偽金鑑識官』(ガリレオ 著, 山田慶兒・谷泰 訳, 中央公論新社)より)の部分を簡潔に表現し直したものです. 確かに, 力学は「数学の言葉」で「物体の運動の背後にある真理」を読み解いた学問といえます. 力学以降の物理学の発展を振り返っても, この自然界を高精度に表現するのに「数学」はとても便利な「言葉」です. なぜこの自然界に「法則」が存在し, それらが「数学の言葉」で表現できるかは(少なくとも著者には)わかりません.

2.1.1　1次元運動の場合

簡単のため，まずは x 軸上を1次元的に運動（1次元運動）する1個の質点について考えてみましょう．図2.1（a）に示すように，時刻 t において位置 $x(t)$ にいた質点が，時刻 $t' = t + \Delta t$ において位置 $x(t') = x(t + \Delta t)$ にいたとします．このとき，位置の変化量 $\Delta x = x(t') - x(t)$ を**変位**といいます．また，時刻 t から時刻 t' までの時間 $\Delta t = t' - t$ での位置の変化率の平均は

$$\overline{v(t)} \equiv \frac{\Delta x}{\Delta t} = \frac{x(t + \Delta t) - x(t)}{\Delta t} \tag{2.1}$$

で与えられ[2]，これを時間 Δt における**平均の速度**といいます（図2.1（b）を参照）．

また，(2.1) において，Δt を限りなくゼロに近づける（$\Delta t \to 0$ の極限をとる）ことを，

$$v(t) = \lim_{\Delta t \to 0} \frac{x(t + \Delta t) - x(t)}{\Delta t} \equiv \frac{dx}{dt} \tag{2.2}$$

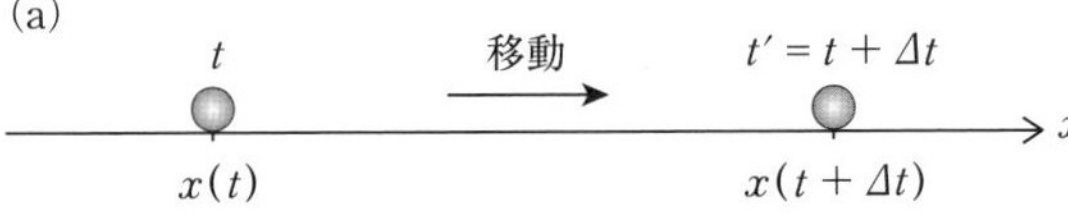

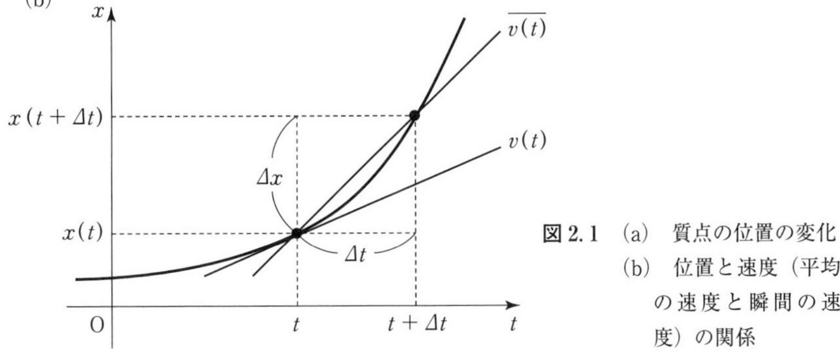

図2.1　(a)　質点の位置の変化
(b)　位置と速度（平均の速度と瞬間の速度）の関係

2）　$A \equiv B$ は「A は B によって定義される」ことを意味します．

と表し，これを時刻 t における**瞬間の速度**，あるいは単に**速度**といいます（図 2.1 (b) を参照）．質点が x 軸の正方向に動いているときには $v(t) > 0$，負方向に動いているときには $v(t) < 0$ であり，速度の大きさ（絶対値をとって $|v(t)| \geq 0$）のことを**速さ**といいます．すなわち，**「速さ」は単位時間当たりに物体が移動する距離であり，運動の向きの情報をもちません**．一方，**「速度」は物体の運動の向きと速さを合わせもった量**です．なお，**速度と速さの単位は** m/s です．

▶ **速さ**：単位時間当たりに物体が移動する距離（必ず正のスカラー量）．
▶ **速度**：物体の運動の向きと速さを合わせもった量．

位置から速度を求める

(2.2) の速度の定義からわかるように，速度 $v(t)$ は位置 $x(t)$ を時間 t で微分することによって得られます．この関係式のおかげで，仮に質点の速度 $v(t)$ に関する観測データがなくても，位置 $x(t)$ のデータさえあれば，それを時間 t で微分することで速度 $v(t)$ を得ることができるわけです．これは微分法のご利益です．次の Exercise 2.1 に取り組むことで，微分法のご利益を経験してみましょう．

Exercise 2.1

質点の位置 $x(t)$ が次のように与えられたとします．それぞれの場合の速度 $v(t)$ を (2.2) の「導関数の定義式」を用いて求めなさい．

(1)　$x(t) = \frac{1}{2}gt^2 + v_0 t + x_0$　　(g, v_0, x_0 は定数)

(2)　$x(t) = A \sin \omega_0 t$　　(A, ω_0 は定数)

Coaching　(1)　時刻 $t + \Delta t$ での質点の位置 $x(t + \Delta t)$ は，与式の t を $t + \Delta t$ に置き換えることで

$$
\begin{aligned}
x(t + \Delta t) &= \frac{1}{2}g(t + \Delta t)^2 + v_0(t + \Delta t) + x_0 \\
&= \frac{1}{2}gt^2 + v_0 t + x_0 + (gt + v_0)\Delta t + \frac{1}{2}g(\Delta t)^2
\end{aligned}
\tag{2.3}
$$

と計算されるので，速度 $v(t)$ は (2.2) より

$$v(t) = \lim_{\Delta t \to 0} \frac{x(t+\Delta t) - x(t)}{\Delta t}$$
$$= \lim_{\Delta t \to 0} \left(gt + v_0 + \frac{1}{2} g\Delta t\right)$$
$$= gt + v_0 \tag{2.4}$$

となります．もちろん，この結果は，ベキ関数の微分公式 $\dfrac{dt^n}{dt} = nt^{n-1}$ を用いて計算しても得られます．

(2) 時刻 $t + \Delta t$ での質点の位置 $x(t+\Delta t)$ は，(1) と同様にして

$$x(t+\Delta t) = A\sin\{\omega_0(t+\Delta t)\}$$
$$= A(\sin\omega_0 t\cos\omega_0\Delta t + \cos\omega_0 t\sin\omega_0\Delta t) \tag{2.5}$$

と計算されるので，速度 $v(t)$ は (2.2) より

$$v(t) = \lim_{\Delta t \to 0} \frac{x(t+\Delta t) - x(t)}{\Delta t}$$
$$= \lim_{\Delta t \to 0} \frac{A(\sin\omega_0 t + \omega_0\Delta t\cos\omega_0 t) - A\sin\omega_0 t}{\Delta t}$$
$$= A\omega_0\cos\omega_0 t \tag{2.6}$$

となります．なお，2 行目の等号に移る際に，$\Delta t \to 0$（より正確には $|\omega_0\Delta t| \ll 1$）に対して $\sin\omega_0\Delta t \approx \omega_0\Delta t$, $\cos\omega_0\Delta t \approx 1$ と近似できることを用いました．もちろんこの結果は，三角関数の微分公式 $\dfrac{d(\sin\omega_0 t)}{dt} = \omega_0\cos\omega_0 t$ を用いて計算しても得られます．■

速度から位置を求める

(2.2) の両辺を時刻 $t=0$ から $t=\tau$ の時間帯 $[0,\tau]$ にわたって時間 t で積分すると[3)]

$$\int_0^\tau v(t)\,dt = \int_0^\tau \frac{dx(t)}{dt}\,dt = [x(t)]_0^\tau = x(\tau) - x(0) \tag{2.7}$$

が得られます．この関係式は，$[0,\tau]$ の時間帯での速度 $v(t)$ が与えられたとき，$v(t)$ を $[0,\tau]$ にわたって時間 t で積分すれば，初期時刻 $t=0$ での質点の初期位置 $x(0)$ から任意の時刻 $t=\tau$ までの質点の変位 $x(\tau) - x(0)$ が求められることを表しています．したがって，質点の初期位置 $x(0)$ がわかっている場合には，任意の時刻 $t=\tau$ での質点の位置 $x(\tau)$ が求まることにな

3) τ は「タウ」とよばれるギリシャ文字で，アルファベットの t に対応するものです．

ります．これは積分法のご利益です．次の Exercise 2.2 に取り組むことで，積分法のご利益を経験してみましょう．

 Exercise 2.2

質点の速度 $v(t)$ が次のように与えられたとします．それぞれの場合について，時刻 τ での質点の位置 $x(\tau)$ を求めなさい．

(1)　$v(t) = gt + v_0$　　(g, v_0 は定数)

(2)　$v(t) = v_\infty(1 - e^{-t/\tau})$　　(v_∞, τ は定数)

Coaching　(1)　$v(t) = gt + v_0$ を時間 t で積分することで

$$x(\tau) = \int_0^\tau v(t)\,dt = \int_0^\tau (gt + v_0)\,dt$$
$$= \frac{1}{2}g\tau^2 + v_0\tau + x_0 \tag{2.8}$$

が得られます．ここで，x_0 は $t=0$ での質点の位置です．

(2)　$v(t) = v_\infty(1 - e^{-t/\tau})$ を時間 t で積分することで

$$x(\tau) = \int_0^\tau v(t)\,dt = v_\infty \int_0^\tau (1 - e^{-t/\tau})\,dt$$
$$= v_\infty\tau(1 + e^{-1}) + x_0 \tag{2.9}$$

が得られます．ここで，x_0 は $t=0$ での質点の位置です．■

2.1.2　3次元運動の場合

ここでは，前項の1次元運動の場合の結果を3次元に拡張します．

時刻 t と $t + \Delta t$ の間の平均の速度は，(2.1) で v を $\boldsymbol{v}$，x を $\boldsymbol{r}$ として

$$\overline{\boldsymbol{v}(t)} = \frac{\boldsymbol{r}(t+\Delta t) - \boldsymbol{r}(t)}{\Delta t} \tag{2.10}$$

で与えられ，時刻 t での速度は (2.2) と同様に，(2.10) において $\Delta t \to 0$ の極限をとることで，

$$\boldsymbol{v}(t) = \lim_{\Delta t \to 0} \frac{\boldsymbol{r}(t+\Delta t) - \boldsymbol{r}(t)}{\Delta t} \equiv \frac{d\boldsymbol{r}(t)}{dt} \tag{2.11}$$

のように与えられます．なお，位置ベクトル $\boldsymbol{r}(t)$ と速度 $\boldsymbol{v}(t)$ の幾何学的な関係は，例えば図 2.2 のようになります．

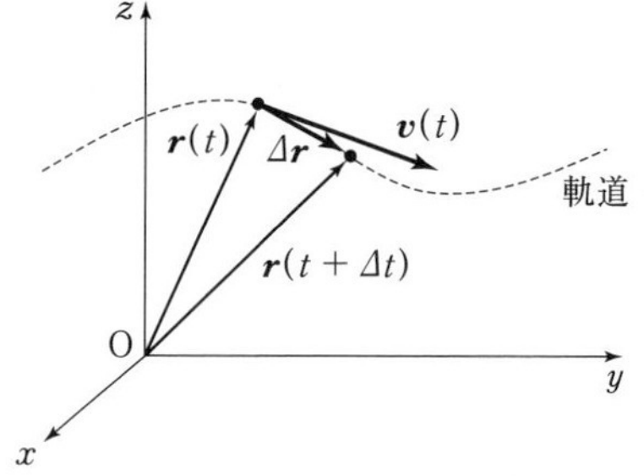

図 2.2 3次元運動の位置ベクトルと速度. 速度は, 軌道（質点が運動の際に描く軌跡）の接線方向を向いたベクトル.

(2.11) で示したように, 速度はベクトル量なので, 直交座標では

$$\boldsymbol{v}(t) = (v_x, v_y, v_z) = \left(\frac{dx}{dt}, \frac{dy}{dt}, \frac{dz}{dt}\right) \tag{2.12}$$

あるいは, 1.4節で述べた基底ベクトル $\boldsymbol{e}_x, \boldsymbol{e}_y, \boldsymbol{e}_z$ を用いて (1.7) より

$$\boldsymbol{v}(t) = \frac{dx}{dt}\boldsymbol{e}_x + \frac{dy}{dt}\boldsymbol{e}_y + \frac{dz}{dt}\boldsymbol{e}_z \tag{2.13}$$

と表されます. また, 速さ（速度の大きさ）は

$$\begin{aligned} v(t) \equiv |\boldsymbol{v}(t)| &= \sqrt{{v_x}^2 + {v_y}^2 + {v_z}^2} \\ &= \sqrt{\left(\frac{dx}{dt}\right)^2 + \left(\frac{dy}{dt}\right)^2 + \left(\frac{dz}{dt}\right)^2} \end{aligned} \tag{2.14}$$

と表され, 必ず $v(t) \geq 0$ です.

次に, (2.11) の両辺を時刻 $t=0$ から $t=\tau$ の時間帯 $[0, \tau]$ にわたって時間 t で積分すると

$$\begin{aligned} \int_0^\tau \boldsymbol{v}(t)\, dt &= \int_0^\tau \frac{d\boldsymbol{r}(t)}{dt}\, dt \\ &= [\boldsymbol{r}(t)]_0^\tau \\ &= \boldsymbol{r}(\tau) - \boldsymbol{r}(0) \end{aligned} \tag{2.15}$$

が得られます. すなわち, $\boldsymbol{v}(t)$ を時間帯 $[0, \tau]$ にわたって時間 t で積分することで, 変位 $\boldsymbol{r}(\tau) - \boldsymbol{r}(0)$ が求まります. したがって, 質点の $t=0$（初期時刻）での位置ベクトル $\boldsymbol{r}(0)$ がわかっている場合には, 任意の時刻 $t=\tau$ での位置ベクトル $\boldsymbol{r}(\tau)$ が求まることになります.

2.2 加 速 度

一般に，質点は運動の最中に，その速度が時々刻々と変化します．速度の時間変化率を**加速度**といい，加速度は

$$\boldsymbol{a}(t) = \lim_{\Delta t \to 0} \frac{\boldsymbol{v}(t+\Delta t) - \boldsymbol{v}(t)}{\Delta t} \equiv \frac{d\boldsymbol{v}(t)}{dt} \tag{2.16}$$

と定義されます．また，(2.11) より，速度 $\boldsymbol{v}$ は位置ベクトル $\boldsymbol{r}$ の時間微分で与えられるので，加速度 $\boldsymbol{a}$ は位置ベクトル $\boldsymbol{r}$ を用いて

$$\boldsymbol{a}(t) = \frac{d\boldsymbol{v}(t)}{dt} = \frac{d}{dt}\left(\frac{d\boldsymbol{r}(t)}{dt}\right) = \frac{d^2\boldsymbol{r}(t)}{dt^2} \tag{2.17}$$

と表されます．これらの定義からわかるように，**加速度の単位は** $\mathrm{m/s^2}$ です．

加速度はベクトル量なので，直交座標では

$$\boldsymbol{a}(t) = (a_x, a_y, a_z) = \left(\frac{dv_x}{dt}, \frac{dv_y}{dt}, \frac{dv_z}{dt}\right) \tag{2.18}$$

と表されます．さらに，(2.12) を用いて書き直すと

$$\boldsymbol{a}(t) = \left(\frac{d^2x}{dt^2}, \frac{d^2y}{dt^2}, \frac{d^2z}{dt^2}\right) \tag{2.19}$$

あるいは，基底ベクトルを用いて

$$\boldsymbol{a}(t) = \frac{d^2x}{dt^2}\boldsymbol{e}_x + \frac{d^2y}{dt^2}\boldsymbol{e}_y + \frac{d^2z}{dt^2}\boldsymbol{e}_z \tag{2.20}$$

と表されます．また，加速度の大きさは

$$a(t) \equiv |\boldsymbol{a}(t)| = \sqrt{a_x^2 + a_y^2 + a_z^2} \tag{2.21}$$

と表されます．

次に，(2.17) の両辺を時刻 $t=0$ から $t=\tau$ の時間帯 $[0,\tau]$ にわたって時間 t で積分すると

$$\int_0^\tau \boldsymbol{a}(t)\,dt = \int_0^\tau \frac{d\boldsymbol{v}(t)}{dt}\,dt = [\boldsymbol{v}(t)]_0^\tau = \boldsymbol{v}(\tau) - \boldsymbol{v}(0) \tag{2.22}$$

が得られます．すなわち，$\boldsymbol{a}(t)$ を時間帯 $[0,\tau]$ にわたって時間 t で積分することで，速度の増減分 $\boldsymbol{v}(\tau) - \boldsymbol{v}(0)$ が求まり，初期時刻 $t=0$ の速度 $\boldsymbol{v}(0)$ がわかっている場合には，任意の時刻 $t=\tau$ での速度 $\boldsymbol{v}(\tau)$ が求まります．

さらに，得られた $\boldsymbol{v}(t)$ に（2.15）を用いれば位置の変位も求まり，もし $t=0$ の初期位置がわかっている場合は，任意の時刻での位置 $\boldsymbol{r}(\tau)$ も定まることになります．

Exercise 2.3

車が直線上を加速度 a で発車しました．速度が v_{m} になったところで加速を止め，しばらく v_{m} で等速直線運動した後に，加速度 $-b$ で減速しながら停車しました．車が発車してから停車するまでの距離を L としたとき，次の問いに答えなさい．ただし，a, b, v_{m} はいずれも正の定数であるとします．

(1) 車が出発してから停車するまでの時間 T を求めなさい．

(2) L, a, b の値を固定したときに，T を最小にするための速度 v_{m} を求めなさい．

Coaching (1) この車に対する v-t グラフを図 2.3 に示します．

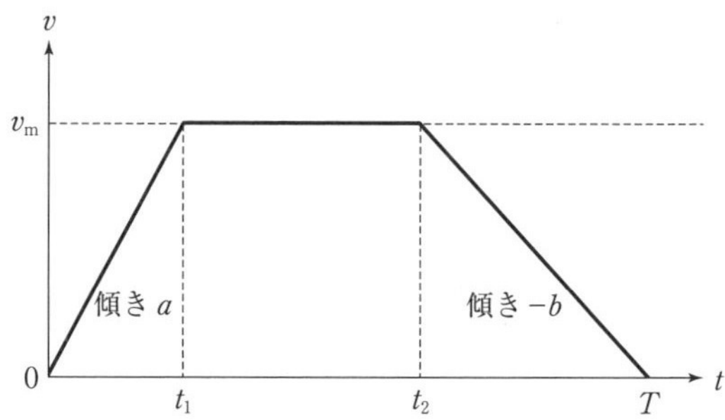

図 2.3 直線運動する車の v-t グラフ．車が等速直線運動を始めた時刻を t_1，車が減速し始めた時刻を t_2 とした．

図 2.3 のように時刻 t_1, t_2 とおくと，v-t 曲線と t 軸で囲まれた面積は車の走行距離に等しいので，L は

$$L = \frac{1}{2}t_1 v_{\mathrm{m}} + (t_2 - t_1)v_{\mathrm{m}} + \frac{1}{2}(T - t_2)v_{\mathrm{m}} \tag{2.23}$$

となり，これを走行時間 T について解くと

$$T = \frac{2L}{v_{\mathrm{m}}} + t_1 - t_2 \tag{2.24}$$

となります．ここで，t_1 と t_2 は加速度の大きさ a と b を用いて（a と b は直線の傾きになっているので）$v_{\mathrm{m}}/t_1 = a,\ -v_{\mathrm{m}}/(T - t_2) = -b$ より

$$t_1 = \frac{v_{\mathrm{m}}}{a}, \qquad t_2 = T - \frac{v_{\mathrm{m}}}{b} \tag{2.25}$$

と表されるので，(2.25) を (2.24) に代入することで，走行時間 T は

$$T = \frac{L}{v_{\mathrm{m}}} + \frac{v_{\mathrm{m}}}{2}\left(\frac{1}{a} + \frac{1}{b}\right) \tag{2.26}$$

となります．

(2)　走行時間 T を最小にする v_{m} は，関数が極値をもつ条件（1 階微分がゼロ）

$$\frac{dT}{dv_{\mathrm{m}}} = 0 \tag{2.27}$$

から求めることができます．そこで，(2.27) に (2.26) を代入すると

$$v_{\mathrm{m}} = \sqrt{\frac{2Lab}{a+b}} \tag{2.28}$$

が得られます．■

Training 2.1

直線上を時速 72km で走行する車があります．この車にブレーキをかけると 5m/s^2 で減速するとき，ブレーキをかけた後に何 m 走行するか答えなさい．

Coffee Break

ジャーク（躍度）

本節では，速度 $\boldsymbol{v}$ は位置ベクトル $\boldsymbol{r}$ の時間変化率 $\boldsymbol{v} = d\boldsymbol{r}/dt$ で与えられ，加速度 $\boldsymbol{a}$ は速度 $\boldsymbol{v}$ の時間変化率 $\boldsymbol{a} = d\boldsymbol{v}/dt$ で与えられることを述べました．この考え方を延長すると，加速度の時間変化率として

$$\boldsymbol{j}(t) = \lim_{\Delta t \to 0} \frac{\boldsymbol{a}(t + \Delta t) - \boldsymbol{a}(t)}{\Delta t} \equiv \frac{d\boldsymbol{a}(t)}{dt} \tag{2.29}$$

を導入することができ，この $\boldsymbol{j}(t)$ のことを**ジャーク**または**躍度**といいます．

ジャーク（躍度）という言葉は聞き慣れないかもしれませんが，微弱な振動の検知や衝撃の評価などに利用されています．また，人間の感覚器官がジャークに敏感であることから，乗り物の乗り心地の改善のために利用されるなど，人間工学やスポーツ工学，あるいは医療や福祉の分野へも応用されつつあります．

2.3　速度と加速度の２次元極座標による表現

ここまで３次元空間での質点の運動について述べてきましたが，これから学んでいく質点の運動では２次元平面内に限られることが多くあります．例えば，「ボールの放物運動」や「恒星の周りの惑星の周回運動」は典型的な２次元運動（平面運動）です．そこで本節では，惑星の周回運動などを表現する際に便利な**２次元極座標**について解説します．

平面上を運動する質点の位置ベクトル $\boldsymbol{r}$ は，２次元直交座標では

$$\boldsymbol{r} = x\boldsymbol{e}_x + y\boldsymbol{e}_y \tag{2.30}$$

と表されます（図 2.4 を参照）．ここで，$\boldsymbol{e}_x$ と $\boldsymbol{e}_y$ は２次元直交座標の x 軸と y 軸に固定された基底ベクトルです．

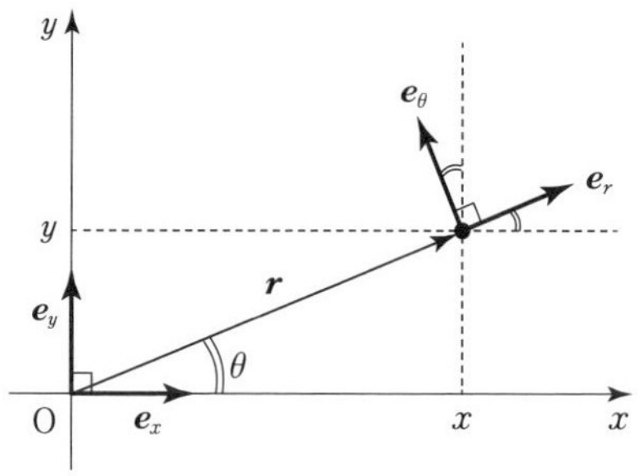

図 2.4　２次元極座標での基底ベクトル $\boldsymbol{e}_r$ と $\boldsymbol{e}_\theta$

一方，２次元極座標での２つの基底ベクトル $\boldsymbol{e}_r$ と $\boldsymbol{e}_\theta$ は，２次元直交座標での基底ベクトル $\boldsymbol{e}_x$ と $\boldsymbol{e}_y$ との間に

$$\boldsymbol{e}_r = \cos\theta\,\boldsymbol{e}_x + \sin\theta\,\boldsymbol{e}_y \tag{2.31}$$

$$\boldsymbol{e}_\theta = -\sin\theta\,\boldsymbol{e}_x + \cos\theta\,\boldsymbol{e}_y \tag{2.32}$$

の関係があります（図 2.4 を参照）．この２式から

$$|\boldsymbol{e}_r| = |\boldsymbol{e}_\theta| = 1, \qquad \boldsymbol{e}_r\cdot\boldsymbol{e}_\theta = 0 \tag{2.33}$$

であることが容易に示されます．したがって，２次元極座標での質点の位置ベクトル $\boldsymbol{r}$（大きさは r）は

$$\boldsymbol{r} = r\boldsymbol{e}_r \tag{2.34}$$

と表すことができます．

$\boldsymbol{e}_r$ と $\boldsymbol{e}_\theta$ は θ の関数であり，θ は時刻 t の関数なので，$\boldsymbol{e}_r$ と $\boldsymbol{e}_\theta$ の時間微分は

それぞれ（2.31）と（2.32）より

$$\frac{d\boldsymbol{e}_r}{dt} = \frac{d\theta}{dt}\frac{d\boldsymbol{e}_r}{d\theta} = \frac{d\theta}{dt}\boldsymbol{e}_\theta \tag{2.35}$$

$$\frac{d\boldsymbol{e}_\theta}{dt} = \frac{d\theta}{dt}\frac{d\boldsymbol{e}_\theta}{d\theta} = -\frac{d\theta}{dt}\boldsymbol{e}_r \tag{2.36}$$

で与えられます．したがって，2 次元極座標での質点の速度 $\boldsymbol{v}$ は，（2.34）を時間微分したものに（2.35）を代入することで，

$$\begin{aligned}\boldsymbol{v} = \frac{d\boldsymbol{r}}{dt} &= \frac{dr}{dt}\boldsymbol{e}_r + r\frac{d\boldsymbol{e}_r}{dt}\\ &= \frac{dr}{dt}\boldsymbol{e}_r + r\frac{d\theta}{dt}\boldsymbol{e}_\theta\end{aligned} \tag{2.37}$$

となります．したがって，質点の速度の r 方向の成分を v_r，θ 方向の成分を v_θ とすると，

$$v_r = \frac{dr}{dt}, \qquad v_\theta = r\frac{d\theta}{dt} \tag{2.38}$$

と表されます．v_θ の表式は見慣れない形かもしれませんが，これは大雑把に説明すると，「dt 秒間に質点が θ 方向に動いた距離（$= r\,d\theta$）」を微小時間 dt で割った形をしています．

また，2 次元極座標での質点の加速度 $\boldsymbol{a}$ は，（2.37）を時間微分したものに（2.35）と（2.36）を代入することで，

$$\begin{aligned}\boldsymbol{a} = \frac{d\boldsymbol{v}}{dt} &= \frac{d^2r}{dt^2}\boldsymbol{e}_r + \frac{dr}{dt}\frac{d\boldsymbol{e}_r}{dt} + \frac{dr}{dt}\frac{d\theta}{dt}\boldsymbol{e}_\theta + r\frac{d^2\theta}{dt^2}\boldsymbol{e}_\theta + r\frac{d\theta}{dt}\frac{d\boldsymbol{e}_\theta}{dt}\\ &= \left\{\frac{d^2r}{dt^2} - r\left(\frac{d\theta}{dt}\right)^2\right\}\boldsymbol{e}_r + \left(r\frac{d^2\theta}{dt^2} + 2\frac{dr}{dt}\frac{d\theta}{dt}\right)\boldsymbol{e}_\theta\end{aligned} \tag{2.39}$$

となります．したがって，質点の加速度の r 方向の成分を a_r，θ 方向の成分を a_θ とすると，それぞれ

$$a_r = \frac{d^2r}{dt^2} - r\left(\frac{d\theta}{dt}\right)^2, \qquad a_\theta = r\frac{d^2\theta}{dt^2} + 2\frac{dr}{dt}\frac{d\theta}{dt} \tag{2.40}$$

と表されます．

この表式は少々複雑に感じるかもしれませんが，この後に度々登場する円

運動や楕円運動などを解析する際にとても便利な表式です．いまは暗記する必要はありませんが，本書でも何度も登場する表式なので，繰り返し使っていくうちに，いつの間にか暗記していることでしょう．

2.4 運動学から力学へ

質点の位置ベクトルの関数形 $\boldsymbol{r}(t)$ がわかれば，速度や加速度といった運動状態を表す物理量は，$\boldsymbol{r}(t)$ を時間 t で繰り返し微分することで次々に得られます．言い換えると，運動状態を一義的に定めるとは，位置ベクトルの関数形 $\boldsymbol{r}(t)$ を定めることです．

▶ **運動状態の決定**：あらゆる時刻での位置ベクトル $\boldsymbol{r}(t)$ を定めること．

上述のように運動学では，有限の時間帯 $[0, t]$ において質点の位置を観測し，位置ベクトルの時系列データ（位置ベクトルの関数形 $\boldsymbol{r}(t)$）を知りさえすれば，その時間帯の運動状態を決定できます．しかし，観測していない時間帯の運動については知ることができません．では，運動学以外の何らかの手法によって，観測していない時間帯の運動を予測することはできるでしょうか？　答えは Yes であり，その手法こそが**力学**なのです．

なお，運動学では，物体の運動を数学的に記述したものの，運動を支配する原理や法則に立ち入ることはありませんでしたが，次章から解説する「力学」は，運動を司る原理である**ニュートンの運動の 3 法則**を与えます．

2.5 基本的な運動

本章の最後の節として，いくつかの基本的な運動について解説します．

2.5.1 等速直線運動

加速度がゼロ（$\boldsymbol{a} = \boldsymbol{0}$）の場合[4]，質点の速度は（2.17）より

$$\boldsymbol{v} = 一定 \tag{2.41}$$

4）「$\boldsymbol{0}$」は**ゼロベクトル**とよばれ，大きさが 0 で，向きをもたないベクトルです．

となり，速度が一定の運動のことを**等速直線運動**といいます．なお，静止（$\boldsymbol{v} = \boldsymbol{0}$）は等速直線運動の特別な場合で，力学において両者は本質的に同じ状態です．

2.5.2　等加速度運動

加速度が一定の運動のことを**等加速度運動**といいます．いま，加速度の大きさが $|\boldsymbol{a}| = g$（= 一定）で，z 方向に等加速度運動する場合，すなわち，

$$\boldsymbol{a} = (0, 0, g) = g\boldsymbol{e}_z \tag{2.42}$$

で運動する質点の位置ベクトルと速度を求めてみましょう．

(2.42) を時間 t で積分すると

$$\boldsymbol{v} = \int_0^t \boldsymbol{a}\,dt + \boldsymbol{v}_0 = g\boldsymbol{e}_z \int_0^t dt + \boldsymbol{v}_0 = gt\,\boldsymbol{e}_z + \boldsymbol{v}_0 \tag{2.43}$$

$$\begin{aligned}\boldsymbol{r} &= \int_0^t \boldsymbol{v}\,dt + \boldsymbol{r}_0 = g\boldsymbol{e}_z \int_0^t t\,dt + \boldsymbol{v}_0 \int_0^t dt + \boldsymbol{r}_0 \\ &= \frac{1}{2}gt^2\boldsymbol{e}_z + \boldsymbol{v}_0 t + \boldsymbol{r}_0 \end{aligned} \tag{2.44}$$

となります．ここで，$\boldsymbol{v}_0$ と $\boldsymbol{r}_0$ は時刻 $t = 0$ での質点の速度と位置です．これらの値がわかっている場合には，質点の位置と速度が一義的に決定されることになります．

2.5.3　等速円運動

図 2.5 (a) に示すように，半径 r の円周上を一定の速さ v で回る質点の運動を**等速円運動**といいます．

等速円運動を記述する際には，2 次元極座標（2.3 節を参照）を用いるのが便利です．2 次元極座標におけるこの質点の速度 $\boldsymbol{v} = (v_r, v_\theta)$ は，(2.38) より

$$v_r = \frac{dr}{dt} = 0, \qquad v_\theta = r\frac{d\theta}{dt} \tag{2.45}$$

となります．したがって，等速円運動する質点の速さ $v = |\boldsymbol{v}| = \sqrt{{v_r}^2 + {v_\theta}^2}$ は

$$v = r\omega \tag{2.46}$$

と表され，図 2.5 (a) のように円の接線方向を向きます．ここで，

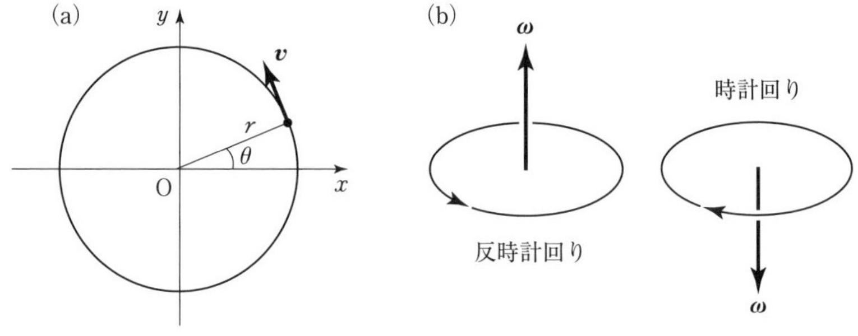

図 2.5　(a) 等速円運動する質点
(b) 角速度ベクトル $\boldsymbol{\omega}$

$$\omega = \frac{d\theta}{dt} \tag{2.47}$$

は，1 秒間当たりの質点の回転角を表し，ω を**角速度**といいます．**角速度 ω の単位はラジアン毎秒**（rad/s）です．

なお，大きさが ω で，向きが回転に対して右ネジが進む方向（右ネジ方向）であるベクトル $\boldsymbol{\omega}$ を**角速度ベクトル**といいます（図 2.5 (b)）．すなわち，角速度ベクトルは，物体（いまの場合は質点）の「回転の勢い」と「回転の向き」を表す物理量です．

また，質点の速さ v が一定なので，角速度 ω も時間によらず一定です．回転角 θ と角速度 ω との関係は，

$$\theta = \omega t \tag{2.48}$$

と表されます．ここで，$t = 0$ での質点の回転角を $\theta = 0$ としました．

質点が円を 1 周するのに要する時間を**周期**といいます．半径 r の円を等速円運動する質点の周期を T とすると，T は円周 $2\pi r$ を速さ v で割ることで得られ，

$$T = \frac{2\pi r}{v} = \frac{2\pi}{\omega} \tag{2.49}$$

となります．また，周期 T の逆数を ν とすると

$$\nu = \frac{1}{T} = \frac{\omega}{2\pi} \tag{2.50}$$

は，単位時間当たりに質点が円を周回する回数を表すので，**回転数**といいます．

次に，等速円運動をしている質点の加速度について考えてみましょう．この質点の2次元極座標での加速度 $\boldsymbol{a}$ の r 成分と θ 成分は，(2.40) より

$$a_r = \underbrace{\frac{d^2r}{dt^2}}_{=0} - r\left(\frac{d\theta}{dt}\right)^2 = -r\omega^2 = -\frac{v^2}{r} \tag{2.51}$$

$$a_\theta = r\underbrace{\frac{d^2\theta}{dt^2}}_{=0} + 2\underbrace{\frac{dr}{dt}}_{=0}\frac{d\theta}{dt} = 0 \tag{2.52}$$

と表されます．(2.51) の2番目の等号では (2.47) を用い，最後の等号では (2.46) を用いました．なお，(2.51) と (2.52) のいずれにおいても，半径 r と角速度 ω が一定であることを用いました．また，(2.51) のマイナス符号は，等速円運動の加速度は円の中心を向くことを示しています．

したがって，加速度の大きさ $a = |\boldsymbol{a}| = \sqrt{{a_r}^2 + {a_\theta}^2}$ は

$$a = r\omega^2 = \frac{v^2}{r} \tag{2.53}$$

と表されます．

▶ **等速円運動の性質**

- 速さ v と角速度 ω が一定の円運動．
- 速度は円の接線方向を向き，その大きさは $v = r\omega$．
- 加速度は常に円の中心を向き，その大きさは $a = r\omega^2 = \dfrac{v^2}{r}$．

 **Exercise 2.4**

半径 $r = L$ (= 一定) の円周上を運動する質点について，この質点の位置ベクトル $\boldsymbol{r}$ と速度 $\boldsymbol{v} = \dfrac{d\boldsymbol{r}}{dt}$ が直交すること，すなわち

$$\boldsymbol{r}\cdot\boldsymbol{v} = 0 \tag{2.54}$$

であることを，$r^2 = \boldsymbol{r}\cdot\boldsymbol{r}$ の両辺を時間 t で微分して示しなさい．

Coaching　$r^2 = \boldsymbol{r}\cdot\boldsymbol{r}$ の両辺を時間 t で微分すると，

$$2r\frac{dr}{dt} = \frac{d\boldsymbol{r}}{dt}\cdot\boldsymbol{r} + \boldsymbol{r}\cdot\frac{d\boldsymbol{r}}{dt}$$

$$= 2\boldsymbol{r}\cdot\frac{d\boldsymbol{r}}{dt} \tag{2.55}$$

となります．質点は $r = L$（= 一定）の円周上を運動しているので，左辺の $\dfrac{dr}{dt} = 0$ となり

$$\boldsymbol{r}\cdot\frac{d\boldsymbol{r}}{dt} = 0 \quad \Leftrightarrow \quad \boldsymbol{r}\cdot\boldsymbol{v} = 0 \tag{2.56}$$

となります．なお，$\boldsymbol{r}$ と $\boldsymbol{v}$ のなす角を θ とすると，内積の定義より

$$rv\cos\theta = 0 \quad \Leftrightarrow \quad \theta = \frac{\pi}{2} \tag{2.57}$$

となり，$\boldsymbol{r}$ と $\boldsymbol{v}$ が直交していることがわかります． ■

Training 2.2

1 分間に 1000 回転する遠心機について，遠心機の回転軸から半径 10 cm の位置にある物体の中心方向の加速度（求心加速度）の大きさ a を求めなさい．また，a が重力加速度の大きさ $g = 9.8\,\mathrm{m/s^2}$（重力加速度については 4.2.2 項を参照）の何倍であるかを求めなさい．

Coffee Break

速度と速さにまつわる紛らわしい話

本章では，速度は大きさと向きをもつベクトルで，速さは大きさしかもたないスカラー量であると解説しました．これを明示的に区別するために，2 次元平面や 3 次元空間を運動する質点の速度は太字の $\boldsymbol{v}$ で表し，速さは通常の太さの v で表しました．

また，例えば 3 次元運動の速度はデカルト座標の基底ベクトル $\boldsymbol{e}_x, \boldsymbol{e}_y, \boldsymbol{e}_z$ を用いて

$$\boldsymbol{v} = v_x\boldsymbol{e}_x + v_y\boldsymbol{e}_y + v_z\boldsymbol{e}_z \tag{2.58}$$

と表現することもできました．このとき，v_x, v_y, v_z は速度の x, y, z 成分であり，速さは，これらの成分を用いて

$$v = |\boldsymbol{v}| = \sqrt{{v_x}^2 + {v_y}^2 + {v_z}^2} \tag{2.59}$$

と表すことができました．このように，「速度」と「速さ」と「速度の成分」は明確に異なります．

ところが，1 次元運動の場合には少々紛らわしくなります．そのことを確認するために，ここでは，x 軸上を直線運動（1 次元運動）する質点の速度について考えてみましょう．このとき，$v_y = v_z = 0$ なので，この質点の速度は（2.58）より

$$\boldsymbol{v} = v\boldsymbol{e}_x \tag{2.60}$$

と表されます（煩雑さを避けるために，(2.58) の v_x の添字 x を省略しました）．ここで，v は速度の成分です．この場合，速さ $|\boldsymbol{v}|$ は $|\boldsymbol{v}| = \sqrt{\boldsymbol{v}^2} = |v|$ となります．紛らわしいのは，本書や高等学校のテキストを含む多くのテキストでは，(2.60) に含まれる基底ベクトル $\boldsymbol{e}_x$ を（いちいち書くのが面倒なので）省略して，速度の成分である v のことを「速度」というのが慣例となっていることです．さらに $|\boldsymbol{v}|$ を略して v と書くことにして，v のことを「速さ」ということもあります．そのため，「速度 v」とか「速さ v」という表現が度々登場しますが，このときには十分に気をつける必要があります．つまり，速度 v は正負の値をとるのに対して，速さ v は必ず正の値をとります．

ここまで書いておいて，さらに紛らわしい専門用語があります．それは「光速度」です．光速度とは「速度」と付くにもかかわらず，「光の速度」ではなく「光の速さ」を表す量であり

$$c = 299\,792\,458\,\mathrm{m/s} \tag{2.61}$$

と定義されています．実は光速度は英語では「speed of light（光の速さ）」であり，「velocity of light（光の速度）」ではありません．ここまでくると，「光速度」を「光速さ」といいたくなる人も出てきそうですね．いまさら変更すると余計に混乱を招くでしょうが．

本章のPoint

- **速　さ**：単位時間当たりに物体が移動する距離（正のスカラー量）．
- **速　度**：物体の運動の向きと速さを合わせもったベクトル量．
- **加速度**：物体の速度の時間変化率を表すベクトル量．
- **運動状態の決定**：あらゆる時刻での物体の位置ベクトルを定めること．
- **等速運動**：加速度がゼロで，速度が一定の運動．等速直線運動ともいう．
- **等加速度運動**：加速度が一定の運動．
- **等速円運動**：円周上を一定の速さで回る質点の周回運動．
- **角速度**：円運動において，単位時間（1 秒間）当たりの物体の回転角（単位は rad/s）．

Practice

[2.1]　様々な運動の位置，速度，加速度

次の (1)～(4) のような，直線上を運動する質点の位置 $x(t)$ について，質点の速度 $v(t)$ と加速度 $a(t)$ を求めなさい．ただし，$x_0, v_0, a_0, A, \omega, \delta, \kappa$ はいずれも定数です．

(1)　$x(t) = x_0 + v_0 t + \dfrac{1}{2}a_0 t^2$

(2)　$x(t) = A\cos(\omega t + \delta)$

(3)　$x(t) = Ae^{-\kappa t}$

(4)　$x(t) = Ae^{-\kappa t}\cos(\omega t + \delta)$

[2.2]　質点の運動の軌跡

次の 2 つの平面運動の軌跡を求め，速度と加速度を位置の関数として表しなさい．

(1)　$x(t) = at,\ \ y(t) = bt^2 + ct + y_0$　　($a(\neq 0), b, c, y_0$ はいずれも定数)

(2)　$x(t) = a\cos\omega t,\ \ y(t) = b\sin\omega t$　　($a(\neq 0), b(\neq 0), \omega$ はいずれも定数)

[2.3]　直線上の等加速度運動

直線上（x 軸上）を一定の加速度で運動する質点の位置を測定したところ，質点は時刻 $t = t_1, t_2, t_3$ において，それぞれ x_1, x_2, x_3 の位置にいました．この質点の加速度を t_1, t_2, t_3 および x_1, x_2, x_3 を用いて表しなさい．

[2.4]　アルキメデスのらせん

ある質点の位置ベクトルを 2 次元極座標 $(r(t), \theta(t))$ で表したところ，

$$r(t) = v_0 t, \qquad \theta(t) = \omega_0 t$$

であったとします（これをアルキメデスのらせんといいます）．ここで，v_0 と ω_0 は定数です．この質点の運動に関する次の問いに答えなさい．

(1)　この質点の描く軌道を求めなさい．

(2)　この質点の速度 $\boldsymbol{v}$ の r 方向の成分 v_r と θ 方向の成分 v_θ を求めなさい．

(3)　この質点の加速度 $\boldsymbol{a}$ の r 方向の成分 a_r と θ 方向の成分 a_θ を求めなさい．

[2.5]　サイクロイド

半径 a の円板が直線（x 軸）上を滑らずに転がるとき，円板の円周上の一定点が描く軌道を**サイクロイド**といいます．x 軸に垂直で円板がある側に y 軸をとり，$t = 0$ において円板が x 軸に接している点を原点とすると，サイクロイドは

$$x = a(\theta - \sin\theta), \qquad y = a(1 - \cos\theta) \qquad (\theta \text{ は回転角})$$

によって与えられます（$t = 0$ で $\theta = 0$ としました）．

円板が一定の各速度 ω で転がるとき，円板上の一定点の速度と加速度ならびに加速度の大きさを求めなさい．

質　点　の　力　学
～ ニュートンの運動の3法則 ～

第2章で述べた「運動学」は，質点の運動状態の数学的な関係を与えるものであり，運動を支配する原理や法則に立ち入ることはありませんでした．本章では，質点の運動を司る原理（**ニュートンの運動の3法則**）について解説します．ニュートンの運動の3法則は，**慣性の法則**（第1法則），**運動方程式**（第2法則），**作用・反作用の法則**（第3法則）から成り，この3つの法則によって説明可能な物理現象を「力学現象」といいます．

3.1　近代科学のあけぼのとニュートンの運動の3法則

17世紀の始め，ガリレオ・ガリレイは，物体の落下運動や振り子の周期運動など，地上での物体の運動に関する実験を行い，それまでの通説であったアリストテレスの運動論を覆す様々な法則を見出しました．例えば，アリストテレスは「質量の大きい物体と小さい物体を同時に手を離して落下させると，質量の大きい物体の方が速く落下する」と考えましたが，ガリレオの実験によって「自由落下する物体の加速度は物体の質量によらず一定」であることが明らかとなりました[1]．

1）　自由落下の詳細は5.1節で詳しく解説します．また，空気抵抗がある場合には，アリストテレスの考えが間違いではないことを5.3節と5.4節で解説します．

ガリレオ・ガリレイ
(1564 - 1642, イタリア)

ヨハネス・ケプラー
(1571 - 1630, ドイツ)

アイザック・ニュートン
(1643 - 1727, イギリス)

図 3.1　力学の完成に貢献した３人の科学者

ガリレオ[2] と同じ時代，ヨハネス・ケプラーは惑星の運動に関する研究に没頭していました．ケプラーはティコ・ブラーエから受け継いだ膨大な天体観測データを数学的に精査し，惑星の運動法則をまとめましたが（惑星の運動については第９章で詳しく解説します），その結論は衝撃的なものでした．ケプラー以前に，「地動説」を唱えていたニコラウス・コペルニクスは「惑星の運行軌道は真円の組み合わせ」と考えていましたが，ケプラーは「惑星の運行軌道は太陽を中心とする楕円運動」であることを明らかにしたのです．

しかし彼らの時代には，地上での物体の運動にしろ天体の運動にしろ，それらの運動が生じる原因は不明であり，物体の運動を統一的に理解するまでに至りませんでした．そもそもこの時代は，天と地は異なる自然法則で成り立っていると考えられていたからです．地上の物体は落下するけれど，天体は地上に落下しないのだから，そのように考えたのも当然といえば当然です．

地上での物体の運動と天体の運動を統一的に説明する理論を提唱したのは，ガリレオが亡くなった翌年にこの世に生を受けたアイザック・ニュートンで

2)　通常，家族や親しい仲でなければ，人物の名前は「名」ではなく「姓」でよぶのが一般的でしょう．例えば，アイザック・ニュートンやアルベルト・アインシュタインのことをアイザックやアルベルトと「名」ではよばないと思います．ところが不思議なことに，ガリレオ・ガリレイに限っては，何故か「ガリレオ」と名でよぶことが多いです．その理由は，著者にはわかりません．

す．ニュートンは物体の運動の法則を，『**プリンキピア**（自然哲学の数学的諸原理）』（1687 年）にまとめました．

ニュートンの運動の法則は，物体の運動を司る次の 3 つの法則から成り立っています．

▶ **ニュートンの運動の 3 法則**

第 1 法則（慣性の法則）：すべての物体は，力の作用を受けないとき，静止している物体は静止状態を続け，動いている物体は等速運動を続ける．

第 2 法則（運動方程式）：物体の加速度 $\boldsymbol{a}$ は，その物体にはたらく力 $\boldsymbol{F}$ に比例し，物体の質量 m に反比例する．

第 3 法則（作用・反作用の法則）：物体 A から物体 B に力（作用）をはたらかせると，物体 B から物体 A に同じ大きさで反対向きの力（反作用）がはたらく．

以下の節では，これら 3 法則について 1 つ 1 つ丁寧に解説します．

3.2　運動の第 1 法則（慣性の法則）

ニュートンがプリンキピアの冒頭で，運動の 3 法則の第 1 に掲げたものは，物体（質点）が運動する系に関する規定（舞台の設定）です．

▶ **運動の第 1 法則（慣性の法則）**：すべての物体は，力の作用を受けないとき，静止している物体は静止状態を続け，動いている物体は等速運動を続ける．

物体の運動におけるこの性質を**慣性**といい，運動の第 1 法則を**慣性の法則**ともいいます．「慣性の法則」自体は，ニュートンがプリンキピアを出版する以前に，デカルトやガリレオらによって独立に発見されていましたが，ニュートンは「慣性の法則」を「運動の第 1 法則」に掲げることで，これから論じる力学の舞台として「慣性の法則が成り立つ系（**慣性系**）」を設定したのです．

慣性の法則は，日常の様々な場面で体験することができます．例えば，交通安全の標語として定番の「気をつけよう 車は急に 止まれない」は，慣性の法則を五・七・五で見事に表現したものといえるでしょう．また，「ダルマ落とし」で，叩かれなかった頭や胴体が元の位置に居続けようとするのも，慣性の法則によるものです（図3.2）．

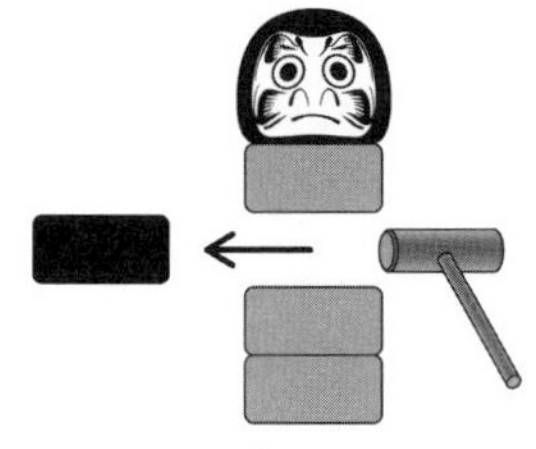

図3.2 ダルマ落とし

3.2.1 慣性系と非慣性系

運動の第1法則が成り立つ系を慣性系というのに対して，これが成り立たない系を**非慣性系**といいます．非慣性系の例としては，急ブレーキをかけた電車の車内が身近な例でしょう．走行中の電車が急ブレーキをかけたときに，車内の人の体が前のめりになったり，それまで静止していたものが突然動き出したりしますよね．つまり，座標系自体が加速や減速している場合には，その座標系では慣性の法則が成り立ちません．

実は，身の回りで「慣性の法則」が“厳密”に成り立つ慣性系を探すのは難しいです．地球は自転をしているし，さらに太陽の周りを公転しているので，地上に固定された座標系は慣性系ではありません．また，太陽を原点とする座標系を設定したとしても，太陽も銀河系の中で公転運動しているので，この座標系も慣性系ではありません[3]．果たして，この宇宙のどこかに慣性系は存在するのでしょうか？　この素朴な疑問に対して，運動の第1法則は「とにかく慣性系が存在するとしよう！」と慣性系の存在を原理として認め，その上で「慣性系を舞台に物体の運動を論じよう！」と宣言したのです．

▶ **慣性系の存在の仮定**：運動の第1法則は慣性系の存在を仮定している．

ひとたび1つの慣性系を設定すると，それに対して等速運動するすべての系もまた慣性系であることが証明できます（証明は10.1.1項で行いますので，楽しみにしておいてください）．つまり，この宇宙には無数の慣性系が存在し，どこかに1つの特別な慣性系が存在するわけではありません．

3）太陽は銀河系（直径約8万～10万光年）の中心から2.6万～3.5万光年の位置を約217 km/sの速さで公転していると考えられています．

3.2.2　慣性系とみなせる系

地上での物体の運動を論じる際には，通常は地上に固定された座標系を選びます．ところが，地球は自転と公転をしているので，地上に固定された座標系は厳密にいうと慣性系ではありません．しかし，物体の運動を考察している時間が1日よりも十分に短い場合には，地上に固定された座標系を近似的に慣性系とみなしても差し支えないでしょう．また，通常私たちが対象とする物体の質量が地球よりも十分に小さいことや，摩擦が存在するなどの理由から，地上での物体の運動は慣性系とみなすことができます．

これらの理由から，本書では，特に断りのない限り，地上に固定された座標系を慣性系とみなすことにします．地球の自転が問題になるような非慣性系での物体の運動（例えば，台風に吸い込まれる風の流れ）については，10.2節で解説することにして，しばらくは慣性系での物体の運動を取り上げます．

3.3　運動の第2法則（運動方程式）

運動の第2法則では，慣性系における質点の運動を記述する方程式が与えられます．

▶ **運動の第2法則（運動方程式）**：質点の加速度 $\boldsymbol{a}$ $(= d^2\boldsymbol{r}/dt^2)$ は，その質点にはたらく力 $\boldsymbol{F}$ に比例し，質点の質量 m に反比例する．

いま，質量 m の質点の位置ベクトルを $\boldsymbol{r}$ とすると，運動の第2法則は

$$m\frac{d^2\boldsymbol{r}}{dt^2} = \boldsymbol{F} \tag{3.1}$$

と表されます．この方程式は**ニュートンの運動方程式**，あるいは単に**運動方程式**とよばれる力学の基本方程式です．

このとき，直交座標での（3.1）の各成分（x, y, z 成分）は，次のように表されます．

▶ 直交座標でのニュートンの運動方程式

$$x\text{ 成分}：m\frac{d^2x}{dt^2} = F_x$$
$$y\text{ 成分}：m\frac{d^2y}{dt^2} = F_y \tag{3.2}$$
$$z\text{ 成分}：m\frac{d^2z}{dt^2} = F_z$$

ここで，力 $\boldsymbol{F}$ の x, y, z 成分をそれぞれ F_x, F_y, F_z とした．

また，今後も度々使用する表現として，2 次元極座標でのニュートンの運動方程式を示しておきましょう．2 次元極座標での質点の加速度は (2.40) のように与えられるので，ニュートンの運動方程式は次のように表されます．

▶ 2 次元極座標でのニュートンの運動方程式

$$r\text{ 方向（動径方向）の成分}：m\left\{\frac{d^2r}{dt^2} - r\left(\frac{d\theta}{dt}\right)^2\right\} = F_r$$
$$\theta\text{ 方向（円周方向）の成分}：m\left\{r\frac{d^2\theta}{dt^2} + 2\frac{dr}{dt}\frac{d\theta}{dt}\right\} = F_\theta \tag{3.3}$$

ここで，力 $\boldsymbol{F}$ の動径方向（r 方向）と円周方向（θ 方向）の成分をそれぞれ F_r, F_θ とした．

力の単位は N と書き,「ニュートン」と読みます．(3.1) からわかるように，1N は，質量 $m = 1\,\text{kg}$ の物体に加速度の大きさ $a = 1\,\text{m/s}^2$ を生じさせる力に相当します．すなわち，次のように表せます．

$$1\,\text{N} = 1\,\text{kg}\cdot\text{m/s}^2 \tag{3.4}$$

Exercise 3.1

質量 m の質点に一定の力 F を加えたとき，時間 T の間に物体の速度が v_i から v_f に変化しました．このときの力 F を求めなさい．

Coaching　この質点の加速度（速度の時間変化）の大きさ a は

$$a = \frac{v_\text{f} - v_\text{i}}{T} \tag{3.5}$$

なので，この質点にはたらく力の大きさ F は

$$F = ma = \frac{m(v_{\mathrm{f}} - v_{\mathrm{i}})}{T} \tag{3.6}$$

となります. ■

Training 3.1

滑らかな水平面の上に置かれた質量 5.0 kg の物体を押したところ，1 s 後に物体が速さ 3.0 m/s で押した向きに滑っていきました．この物体に加えられた力を求めなさい．

3.3.1　質量と重さ

（3.1）の運動方程式で**質量**が導入されました．日常生活では，質量は**重さ**と区別せずに使われることが多いですが，物理学ではそれらは明確に区別されます．質量と重さは単位の異なる物理量であり，質量の単位は kg であるのに対して，重さの単位は力と同じ N（$= \mathrm{kg \cdot m/s^2}$）です．**重さとは，物体にはたらく重力の大きさ**です．したがって，同じ物体でも地球上と月の上ではその重さ（重力の大きさ）は異なります（図 3.3）．一方，**質量は地球上であっても月の上であっても同じ値であり，物体がもつ固有の物理量**です．

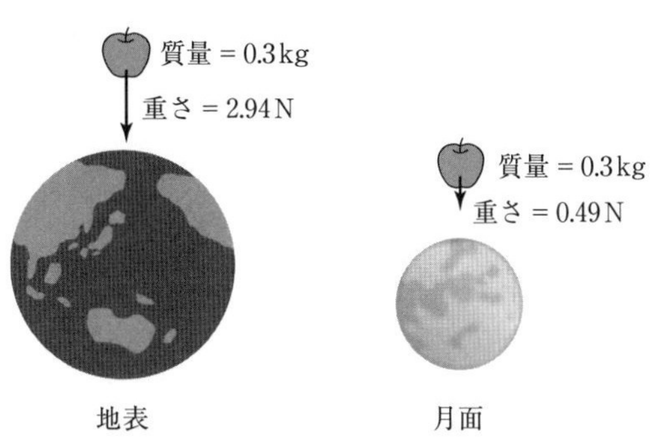

図 3.3　地表と月面での質量 300 g（= 0.3 kg）のリンゴの重さの違い．月の重力は地球の 1/6 程度．

大切なことなので繰り返しますが，物体の質量は（3.1）によって定義されています．（3.1）の運動方程式からわかるように，同じ大きさの力 $\boldsymbol{F}$ がはたらいたとしても，質量 m が大きいほど加速度 $\boldsymbol{a}$ は小さくなります．すなわち，（3.1）に現れる質量 m は，物体の慣性の大きさを表す量で，**慣性質量**ともいいます．

▶ **重さと質量の違い**

重さ：物体にはたらく重力の大きさ.

質量：物体の慣性の大きさで，慣性質量ともいう.

3.3.2　運動状態の決定

2.4節で述べたように「物体の運動状態を決定する」とは，あらゆる時刻 t での位置ベクトル $\boldsymbol{r}(t)$ を定めることです.（3.1）の運動方程式は，位置ベクトル $\boldsymbol{r}$ の時間 t に関する2階の微分方程式なので，例えば，$x(t)$（$\boldsymbol{r}$ の x 成分）を定めるためには，（3.1）を時間 t で2度積分する必要があります. すなわち，$x(t)$ は積分定数を2つ含むことになるので，力 F_x を与えるだけでは質点の位置は一義的に確定されず，運動状態は定まりません.

この2つの積分定数を定めるためには，ある時刻 $t = t_0$ での質点の位置 x_0 と速度 v_0 を与えなければなりません. この位置 x_0 と速度 v_0 のことを**初期条件**といいます. 一般に，t_0 はどの時刻に選んでも構いませんが，$t_0 = 0$ に選ぶのが慣例です.

つまり初期条件さえ与えれば，ニュートンの運動方程式を解くことによって，未観測（過去や未来）の時刻での物体の運動も決定できるわけです[4]. すなわち力学は，物体の運動を支配する原理や法則に立ち入らない「運動学」とは異なり，予測する力をもった学問なのです[5].

また運動の第2法則では，物体にはたらく力 $\boldsymbol{F}$ と加速度 $\boldsymbol{a}$ が結び付いているので，加速度の時間微分（（2.29）の**ジャーク**）や，さらに高次の微分量がなくても物体の運動を定めることができます. このように，ニュートンの運動方程式は，「運動の概念」と「力の概念」を定量的に結び付ける深遠な物

4）　ニュートン力学では初期条件を定めることで，任意の時刻での質点の位置と速度を決定することができます. 一般に，ある時刻での状態を与えると他の時刻での状態が定まることを**因果律**といいます. 因果律は力学に限らず，電磁気学や相対性理論などでも成り立ち，因果律の成立する理論のことを**因果的決定論**といいます.

5）　第2章で述べたように，運動学は物体の運動状態を記述する物理量（位置，速度，加速度など）の間の数学的な関係を与えるのみで，過去や未来を予測する能力をもった学問ではありません.

理法則なのです.

このことから，物体の運動を定めるという目的においては，ジャーク以上の高次の時間微分で与えられる物理量は不要であり，そのため，それらの物理量の解説は割愛する本がほとんどです.

3.3.3 運動量

速度は，物体の運動状態を表す物理量の1つですが，同じ速度で運動するピンポン球（質量 2.7g）とゴルフボール（質量 46g）では**運動の勢い**が異なることは，それらが壁に衝突したときの衝撃を想像すれば，容易に理解できるでしょう.

一方，同じ質量のゴルフボールでも，時速 10km/h（秒速 2.8m/s）と時速 100km/h（秒速 28m/s）で壁に衝突した場合には，その衝撃は異なります．つまり，“運動の勢い”とは，物体の質量と速度の両方が関連していることがわかります.

そこで，“運動の勢い”を定量的に表す量の1つとして，（質量）×（速度）というベクトル量である

$$\boldsymbol{p} = m\boldsymbol{v} \tag{3.7}$$

を導入し，これを**運動量**といいます．なお，運動量の単位は kg・m/s です.

(3.7) の運動量は，$\boldsymbol{v} = d\boldsymbol{r}/dt$ を用いて書き直すと $\boldsymbol{p} = m(d\boldsymbol{r}/dt)$ と表せます．これを (3.1) に代入すると，ニュートンの運動方程式は

$$\frac{d\boldsymbol{p}}{dt} = \boldsymbol{F} \tag{3.8}$$

となります．この式は，物体の質量 m が時間に依存して変化するような場合でも成り立つことから，(3.1) よりも一般的な式です.

▶ **運動の第2法則の一般的表現**：物体の運動量 $\boldsymbol{p}$ の時間変化率は，その物体に作用する力 $\boldsymbol{F}$ に等しい.

ピンポン球（質量 2.7 g）とゴルフボール（質量 46 g）がいずれも時速 100 km/h（秒速 28 m/s）で等速直線運動しているとき，ピンポン球とゴルフボールそれぞれの運動量の大きさを求めなさい．

3.3.4　力　積

(3.8) の運動方程式の両辺を，時刻 t_1 から時刻 t_2 まで積分すると

$$\int_{t_1}^{t_2} \frac{d\boldsymbol{p}}{dt}\,dt = \int_{t_1}^{t_2} \boldsymbol{F}\,dt \tag{3.9}$$

となります．この式の右辺は力 $\boldsymbol{F}$ の時間積分を表し，これを**力積**といいます．力積の単位は N･s です．また，この式の左辺は

$$\int_{t_1}^{t_2} \frac{d\boldsymbol{p}}{dt}\,dt = \int_{\boldsymbol{p}_1}^{\boldsymbol{p}_2} d\boldsymbol{p} = \boldsymbol{p}_2 - \boldsymbol{p}_1 \equiv \Delta\boldsymbol{p} \tag{3.10}$$

となります．ここで，$\boldsymbol{p}_i$ $(i = 1, 2)$ は時刻 t_i $(i = 1, 2)$ での運動量であり，$\Delta\boldsymbol{p}$ は時刻 t_1 から t_2 の間の運動量の変化です．したがって，(3.9) は $\Delta\boldsymbol{p}$ を用いて書くと

$$\Delta\boldsymbol{p} = \int_{t_1}^{t_2} \boldsymbol{F}\,dt \tag{3.11}$$

となります．

以上の結果をまとめると，次のことがいえます．

▶ ある時間内の運動量の変化 $\Delta\boldsymbol{p}$ は，その間に物体に作用した力が与えた力積に等しい．

(3.11) は，(3.8) で与えられた**微分形式の**ニュートンの運動方程式に対して，**積分形式の**ニュートンの運動方程式とみなすことができます．

質量 145 g のボールが速度 110 m/s で壁に垂直にぶつかった後，進行方向を逆転させて同じ速さで跳ね返りました．このボールが壁から受けた力積を求めなさい．

Coffee Break

運動の第1法則と第2法則の位置づけ

簡単のため，物体の質量 m が時間に依存せずに一定の場合を考えてみましょう．この物体に力がはたらかないとき（$\boldsymbol{F}=\boldsymbol{0}$），ニュートンの運動方程式（3.1）より，

$$\frac{d\boldsymbol{v}}{dt}=\boldsymbol{0} \qquad \text{すなわち} \qquad \boldsymbol{v}=\text{一定} \tag{3.12}$$

が得られるので，物体は等速直線運動をすることになります．これは，慣性の法則（運動の第1法則）の内容と一致します．しかしこれは，第1法則が第2法則の特別な場合であることを意味しません．もしそうであれば，第1法則は第2法則に包含されていることになり，第1法則は不要になってしまいます．

上述の結果の現代的な解釈は，次の通りです．ニュートンの運動方程式（運動の第2法則）は，慣性系において成り立つ運動法則であり，第1法則という土台の上に成り立つものです．したがって，第2法則は第1法則を満足するようにつくられていると考えるべきであり，(3.12) の計算はその検算といえます．

また，物体の速さが光の速さ（$c=3\times10^8\,\mathrm{m/s}$）と同じくらいに速くなると，物体の運動はニュートンの運動方程式（第2法則）には従わず，アインシュタインの相対性理論に従うようになることが知られていますが，第1法則はアインシュタインの相対性理論でも修正されません．このことからも，第1法則と第2法則が本質的に別の法則であることがわかります．

なお，アインシュタインの相対性理論では，物体の運動量 $\boldsymbol{p}$ は

$$\boldsymbol{p}=\frac{m\boldsymbol{v}}{\sqrt{1-v^2/c^2}} \tag{3.13}$$

で与えられ，運動方程式は

$$\frac{d}{dt}\left\{\frac{m\boldsymbol{v}}{\sqrt{1-v^2/c^2}}\right\}=\boldsymbol{F} \tag{3.14}$$

となります．物体の速さ v（$=|\boldsymbol{v}|$）が光の速さ c よりも十分に小さくなると（$v\ll c$），(3.13) の運動量は (3.7) の $\boldsymbol{p}=m\boldsymbol{v}$ になり，(3.14) の運動方程式は (3.1) のニュートンの運動方程式に帰着することがわかります．

図 3.4　アルベルト・アインシュタイン（1879－1955，ドイツ）

3.4　運動の第3法則（作用・反作用の法則）

運動の第3法則は，2つの物体の間にはたらく力についての要請です．

▶ **運動の第3法則（作用・反作用の法則）**：物体Aから物体Bに力（作用）を加えると，物体Bから物体Aに同じ大きさで反対向きの力（反作用）がはたらく．

これを数式を用いて表現してみましょう．物体Aから物体Bへの力を$\boldsymbol{F}_{\mathrm{BA}}$，物体Bから物体Aへの力を$\boldsymbol{F}_{\mathrm{AB}}$とすると，運動の第3法則は

$$\boldsymbol{F}_{\mathrm{AB}} = -\boldsymbol{F}_{\mathrm{BA}} \tag{3.15}$$

と表されます．このとき，2つの力（$\boldsymbol{F}_{\mathrm{AB}}$と$\boldsymbol{F}_{\mathrm{BA}}$）のうちの一方を**作用**といい，他方を**反作用**といいます．また，(3.15) を**作用・反作用の法則**といいます．

このように，2つ以上の物体が互いに力を及ぼし合うことを**相互作用**といいます．

3.4.1　運動量保存の法則

ここでは作用・反作用の法則から導かれる重要な法則である（2つの質点に対する）**運動量保存の法則**について解説します．

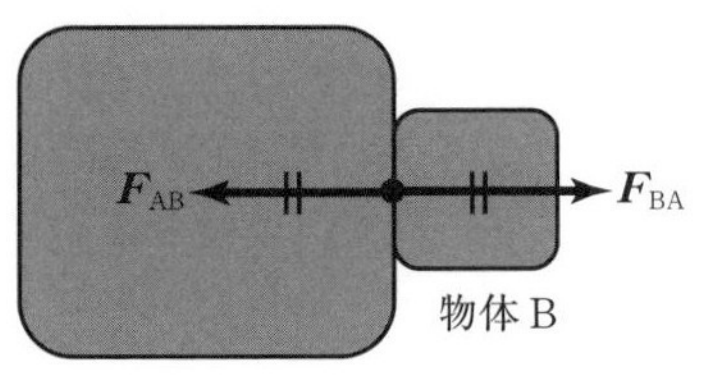

図3.5　作用・反作用の法則

いま，2つの物体AとBを質点とみなし，質点Aと質点Bが互いに力を及ぼし合っている場合を考えてみましょう．質点Aから質点Bへの力を$\boldsymbol{F}_{\mathrm{BA}}$，質点Bから質点Aへの力を$\boldsymbol{F}_{\mathrm{AB}}$とすると，それぞれの質点に対するニュートンの運動方程式は

$$\frac{d\boldsymbol{p}_{\mathrm{A}}}{dt} = \boldsymbol{F}_{\mathrm{AB}} \tag{3.16}$$

$$\frac{d\boldsymbol{p}_{\mathrm{B}}}{dt} = \boldsymbol{F}_{\mathrm{BA}} \tag{3.17}$$

のように与えられます．ここで，$\boldsymbol{p}_{\mathrm{A}}$と$\boldsymbol{p}_{\mathrm{B}}$はそれぞれ質点Aと質点Bの運

動量です.

(3.16) と (3.17) の和をとると

$$\frac{d}{dt}(\boldsymbol{p}_{\mathrm{A}}+\boldsymbol{p}_{\mathrm{B}})=\boldsymbol{F}_{\mathrm{AB}}+\boldsymbol{F}_{\mathrm{BA}}$$
$$=(-\boldsymbol{F}_{\mathrm{BA}})+\boldsymbol{F}_{\mathrm{BA}}=\boldsymbol{0} \tag{3.18}$$

となります. なお, 2番目の等号は, (3.15) の作用・反作用の法則 ($\boldsymbol{F}_{\mathrm{AB}}=-\boldsymbol{F}_{\mathrm{BA}}$) を用いました.

したがって, (3.18) の両辺を時間 t で積分すると,

$$\boldsymbol{p}_{\mathrm{A}}+\boldsymbol{p}_{\mathrm{B}}=一定 \tag{3.19}$$

が得られます. この式は,「質点Aと質点Bが互いに力を及ぼし合い, それ以外に何の力も受けていない場合には, 質点Aと質点Bの運動量の和は常に一定である」ことを意味します. これを**運動量保存の法則**といいます.

また, 質点Aと質点Bをまとめて1つの系と考えるとき, 質点Aと質点Bが互いに及ぼし合う力を**内力**といい, AとB以外からの力を**外力**といいます.

さて, 質点Aと質点Bの質量をそれぞれ m_{A} と m_{B} とすると, 運動量はそれぞれ $\boldsymbol{p}_{\mathrm{A}}=m_{\mathrm{A}}(d\boldsymbol{r}_{\mathrm{A}}/dt)$ と $\boldsymbol{p}_{\mathrm{B}}=m_{\mathrm{B}}(d\boldsymbol{r}_{\mathrm{B}}/dt)$ となります. これと質点Aと質点Bの全質量 $M=m_{\mathrm{A}}+m_{\mathrm{B}}$ を用いると, (3.19) を

$$\boldsymbol{P}\equiv\boldsymbol{p}_{\mathrm{A}}+\boldsymbol{p}_{\mathrm{B}}=M\frac{d\boldsymbol{r}_{\mathrm{G}}}{dt}=一定 \tag{3.20}$$

と書き直すことができます. ここで,

$$\boldsymbol{r}_{\mathrm{G}}=\frac{m_{\mathrm{A}}\boldsymbol{r}_{\mathrm{A}}+m_{\mathrm{B}}\boldsymbol{r}_{\mathrm{B}}}{m_{\mathrm{A}}+m_{\mathrm{B}}}=\frac{m_{\mathrm{A}}\boldsymbol{r}_{\mathrm{A}}+m_{\mathrm{B}}\boldsymbol{r}_{\mathrm{B}}}{M} \tag{3.21}$$

は, 質点Aと質点Bから成る系の**重心** (正確には**質量中心**) の位置ベクトルです[6].

(3.20) より, 運動量保存の法則は次のように表されます.

▶ **運動量保存の法則**: 互いに内力を及ぼし合う2つの質点が, 他から何の外力も受けないとき, 2つの質点の重心の運動量 $\boldsymbol{P}\equiv M(d\boldsymbol{r}_{\mathrm{G}}/dt)$ は保存する.

---

6) 質量中心と重心の違いについては, 11.1.3項で詳しく解説します.

運動量保存の法則は，2つの質点に限った法則ではなく，多数の質点から成る質点系においても成り立ちます（11.3節を参照）．

3.4.2　2つの質点の衝突

2つの質点が一直線上で衝突する問題について考えてみましょう．いま，図3.6のように，衝突前の質点1と質点2の速度がそれぞれ v_1 と v_2 であったとします．

図3.6　一直線上での2つの質点の衝突（衝突前の様子）

2つの質点は衝突の際に互いに力を及ぼし合い，衝突後にそれぞれの速度が v_1' と v_2' になったとします．また，質点1と質点2の質量はそれぞれ m_1 と m_2 であり，衝突によってそれぞれの質量は変化しないものとします．このとき，運動量保存の法則から

$$m_1 v_1 + m_2 v_2 = m_1 v_1' + m_2 v_2' \tag{3.22}$$

が成り立ちます．

衝突の問題では，衝突前の2つの質点の速度 v_1 と v_2 が与えられ，衝突後の質点の速度 v_1' と v_2' を求めることがよくあります．v_1' と v_2' を決定するためには，変数が2つあるため，(3.22) の他に v_1' と v_2' に対する条件式がもう1つ必要です．その条件式は，2つの質点の衝突前後での相対速度の変化の割合を表す

$$\frac{v_1' - v_2'}{v_1 - v_2} = -e \tag{3.23}$$

という式によって与えられます．ここで，e は**反発係数**や**跳ね返り係数**とよばれ，通常は $0 \leq e \leq 1$ の範囲にあります．

また，$e = 1$ の場合の衝突を**完全弾性衝突**あるいは単に**弾性衝突**，$0 \leq e < 1$ の場合の衝突を**非弾性衝突**，そして $e = 0$ の場合の衝突を**完全非弾性衝突**といいます．

例えば，質点2は衝突前後で動かない壁（つまり，$v_2 = v_2' = 0$）のようなものだとすると，完全弾性衝突の場合には，質点1は衝突後に衝突前と同じ速さで跳ね返ります．一方，完全非弾性衝突の場合には，質点1は衝突しても跳ね返りません．非弾性衝突の場合には，質点1の衝突後の速さは衝突前よりも遅くなります．

(3.22) と (3.23) より，衝突後の速度 v_1' と v_2' はそれぞれ

$$v_1' = \frac{(m_1 - em_2)v_1 + (1+e)m_2 v_2}{m_1 + m_2} \tag{3.24}$$

$$v_2' = \frac{(m_2 - em_1)v_2 + (1+e)m_1 v_1}{m_1 + m_2} \tag{3.25}$$

となります．

Exercise 3.2

速度 $\boldsymbol{v}_0$ で直進する質量 M のロケットが，質量 m の燃料を相対速度 $\boldsymbol{u}$ でロケットの後方に噴射して速度 $\boldsymbol{v}$ に変化しました．燃料を噴射した後のロケットの速度 $\boldsymbol{v}$ を求めなさい．

Coaching　運動量保存の法則より

$$(M + m)\boldsymbol{v}_0 = M\boldsymbol{v} + m(\boldsymbol{v} - \boldsymbol{u}) \tag{3.26}$$

となります．左辺は燃料の噴射前，右辺は噴射後の全運動量です．(3.26) を $\boldsymbol{v}$ について解くと

$$\boldsymbol{v} = \boldsymbol{v}_0 + \frac{m}{M + m}\boldsymbol{u} \tag{3.27}$$

となります．

この結果から，速度の増加分は燃料の噴射速度 $\boldsymbol{u}$ が大きいほど大きく，また，全質量 $(M + m)$ のうち燃料の質量 m の割合 $m/(M + m)$ が大きいほど大きくなることがわかります．■

Coffee Break

ニュートンと虹

ニュートンといえば「リンゴが木から落ちるのを見て万有引力を発見した」という逸話を思い出す人が多いことでしょう．ニュートンは，この逸話に象徴される力学の研究だけでなく，光についても重要な研究成果を残しています．

「光とは何か？」という，素朴でありながら深淵な問いに対して，ニュートンはレンズ，プリズム，望遠鏡，顕微鏡などの当時の最先端技術を駆使して研究を行っていました．そんな1665年のこと，ペストという感染症がヨーロッパで大流行し，ニュートンが所属していたケンブリッジ大学も閉鎖され，大学での研究活動を中断せざるを得ない状況になりました．そこでニュートンは，プリズムなどの実験器具を実家に持ち帰り，光の実験を開始しました．実家に帰ったニュートンは，家の扉に小さな穴を開け，そこから暗い部屋の中に太陽光を取り込み，太陽光線（白色光）をプリズムに入射しました．すると驚いたことに，白色光の太陽光線が虹色になって（赤色から紫色に分かれて）プリズムから放たれたのです．この実験結果に基づいてニュートンは，古代ギリシャ時代から信じられていたアリストテレスの考え（＝光の本性は白色）を覆して，「光は屈折率の異なる様々な色が混ざり合ったもの」であることを主張し，1704年には「Optics（光学）」という論文を出版しました．

実は，「虹は７色」と決めたのはニュートンだといわれています．ニュートン以前には，虹は３色（青・緑・赤）や５色（紫・青・緑・黄・赤）と考えられていましたが，ニュートンは「紫・あい・青・緑・黄・だいだい・赤」の７色と決めたのです．そもそも，虹色ははっきりと色分けされているわけでもないのに，なぜニュートンは７色といい切ったのでしょうか？

実は，その理由は意外なことに「音楽」と関係します．ニュートンの時代，ヨーロッパでは音楽が自然現象と結び付いていると考える研究者が多くいました．例えば，惑星の軌道の法則を発見したケプラーは，惑星が太陽の周りを周回する周期と音階を結び付けています（ケプラー音階といわれています）．ニュートンもこの潮流に従い，音階がド・レ・ミ・ファ・ソ・ラ・シの７音を基本とすることと結び付け，光も７色を基本とすると決めたのです．

本章のPoint

▶ **ニュートンの運動の3法則**

運動の第1法則（慣性の法則）：すべての物体は，力の作用を受けないとき，静止している物体は静止状態を続け，動いている物体は等速運動を続ける．

運動の第2法則（運動方程式）：物体の加速度 $\boldsymbol{a}$（$= d^2\boldsymbol{r}/dt^2$）は，その物体にはたらく力 $\boldsymbol{F}$ に比例し，物体の質量 m に反比例する．

$$m\frac{d^2\boldsymbol{r}}{dt^2} = \boldsymbol{F}$$

運動の第3法則（作用・反作用の法則）：物体Aから物体Bに力（作用 $\boldsymbol{F}_{\mathrm{BA}}$）が加わると，物体Bから物体Aに同じ大きさで反対向きの力（反作用 $\boldsymbol{F}_{\mathrm{AB}}$）がはたらく．

$$\boldsymbol{F}_{\mathrm{AB}} = -\boldsymbol{F}_{\mathrm{BA}}$$

▶ **慣性系と非慣性系**：運動の第1法則が成り立つ系を慣性系，これが成り立たない系を非慣性系という．

▶ **重さと質量**

重さ：物体にはたらく重力の大きさ．

質量：物体の慣性の大きさで，慣性質量ともいう．

▶ **運動量**：$\boldsymbol{p} = m\boldsymbol{v}$ によって定義される「運動の勢い」を表す物理量．ここで，m は物体の質量，$\boldsymbol{v}$ は物体の速度である．

▶ **力積**：加えた力 $\boldsymbol{F}$ とその力が作用した時間を掛けた物理量であり，力を加えた前後の物体の運動量の変化量 $\Delta\boldsymbol{p}$ を表す．

$$\Delta\boldsymbol{p} = \int_{t_1}^{t_2} \boldsymbol{F}\,dt$$

▶ **運動量保存の法則**：互いに内力を及ぼし合う2つの物体が，他から外力を受けないとき，2つの物体の重心の運動量は保存される．

▶ **反発係数とそれによる衝突の分類**：同一直線上を運動する2つの質点（質点1と質点2）が衝突するとき，質点1と質点2の衝突前後のそれぞれの速度を v_1, v_2 および v_1', v_2' とする．このとき，2つの質点の衝突前後での相対速度の比

$$\frac{v_1' - v_2'}{v_1 - v_2} = -e$$

によって定義される e を「反発係数」または「跳ね返り係数」という．

また，$e = 1$ の場合の衝突を完全弾性衝突，$0 \leq e < 1$ の場合の衝突を非弾性衝突，$e = 0$ の場合を完全非弾性衝突という．

Practice

[3.1] 力と加速度

図 3.7 に示すように，水平で滑らかな床の上に，質量 m_A, m_B, m_C の 3 つの物体 A, B, C を直線上に置き，A と B ならびに B と C を質量を無視できる軽い糸で連結させます（糸はたるまずにピンと張っているものとします）．物体 A に力 F を加えて引っ張ったときの運動について，次の問いに答えなさい．

(1) 連結した物体の加速度を求めなさい．

(2) 各物体と糸の間にはたらく力 F_1, F_2, F_3, F_4 を求めなさい．

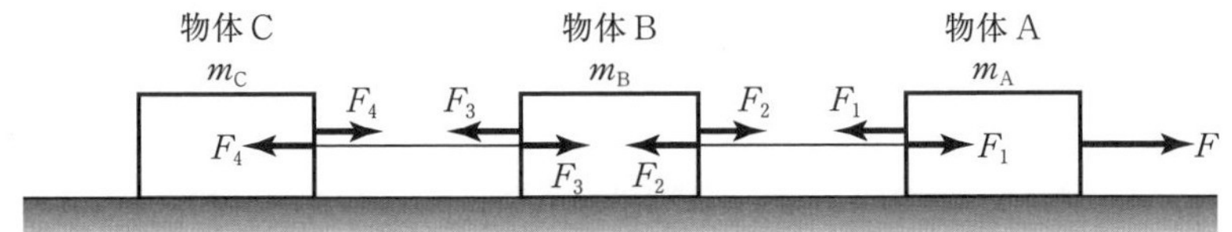

図 3.7 滑らかな水平面上に置かれた 3 つの連結した物体

[3.2] 力 積

時速 140 km/h のボール（質量 150 g）をバットで逆方向に打ち返したとき，ボールの速さは時速 200 km/h でした．

(1) バットがボールに与えた力積を求めなさい．

(2) ボールがバットに接触していた時間が 0.01 s であった場合，バットがボールに与えた平均の力の大きさを求めなさい．

[3.3] 跳ね返り係数

床面から高さ h の位置から物体を落としたところ，物体は床面と衝突した後に高さ $h/4$ の位置まで跳ね返りました．この衝突の跳ね返り係数を求めなさい．

（ヒント：高等学校の物理（あるいは本書の 7.3.2 項）で学ぶ「力学的エネルギー保存の法則」を利用するとよい）．

[3.4] ロケットの運動

燃料ガスを噴射しながら無重力空間を直進するロケットの運動について考えてみましょう．このロケットは $t=0$ において質量が M_0 で静止（$v=0$）していましたが，その後，ロケットから毎秒 γ (kg/s) のガスを噴射しながら直進しました．噴射されるガスの速さはロケットに対して v_0 であるとして，次の問いに答えなさい．

(1) ロケットの加速度を求めなさい．ただし，$0 \leq t < M_0/\gamma$ とします．

(2) ロケットの速度を求めなさい．ただし，$0 \leq t < M_0/\gamma$ とします．

様 々 な 力

第3章で述べたニュートンの運動方程式によると，質点（以下，物体と記すこともある）の運動は，その質点にはたらく力によって決まります．したがって，質点にどのような力がはたらいているかを見抜くことが，力学の重要な目的の1つです．本章では，自然界に存在する基本的な4つの力（**万有引力**，**電磁気力**，**強い力**，**弱い力**）を紹介した後，万有引力と電気力について解説します．その後，**垂直抗力**と**張力**，**摩擦力**，**粘性抵抗**と**慣性抵抗**，**弾性力**について，順を追って解説していきます．

4.1 自然界の基本的な4つの力

自然界で生じるあらゆる力の根源は，**万有引力**，**電磁気力**，**強い力**，**弱い力**の4種類です．これらの力を**自然界の基本的な4つの力**といいます．

▶ **自然界の基本的な4つの力**

万有引力：質量をもつ物体間にはたらく力で，力の到達距離は無限大．

電磁気力：電荷をもつ物体間にはたらく力で，力の到達距離は無限大．

強い力：例えば，核子（陽子と中性子）を結合させて原子核を構成する力で，力の到達距離は 10^{-15} m 程度．

弱い力：例えば，原子核の β 崩壊（原子核内の中性子が電子と反電子ニュートリノを放出して陽子となる変化）などを引き起こす力で，力の到達距離は 10^{-18} m 程度．

これら4つの力のうち，強い力と弱い力の2つは，本書で取り扱うような巨視的（マクロな）スケールでの物体の運動を考える際には直接考慮する必要はありません．そこで以下では，万有引力（および重力）と電磁気力（特にクーロン力と電場）について解説します．

4.2 万有引力と重力

4.2.1 万有引力

万有引力は，質量をもつ物体間にはたらく引力であり，その存在はニュートンによって発見されました．

▶ **万有引力の法則**：質量 m と質量 M の2つの物体間には，それらの質量の積 mM に比例し，その間の距離 r の2乗に反比例する引力 F がはたらく．

この法則を数式を用いて表すと

$$F = -G\frac{mM}{r^2} \tag{4.1}$$

となります．ここで右辺の負符号は，この力が引力であることを表します．また，比例定数の G は**万有引力定数**とよばれ，その値は

$$G = 6.67430 \times 10^{-11}\,\mathrm{m^3/kg{\cdot}s^2} \tag{4.2}$$

です．なお，(4.1) のように，物体間にはたらく力が，その間の距離 r の2乗に反比例する法則のことを**逆2乗則**といいます．逆2乗則に従う力としては，他にも（次節で解説する）「クーロン力（電気力）」があります．

図4.1に示すように，万有引力は物体同士を結ぶ線分に沿ったベクトルなので

$$\boldsymbol{F} = -G\frac{mM}{r^2}\boldsymbol{e}_r = -G\frac{mM}{r^2}\frac{\boldsymbol{r}}{r} \tag{4.3}$$

のように表すことができます．ここで，$\boldsymbol{r}$ は質量 M の物体を原点としたときの質量 m の

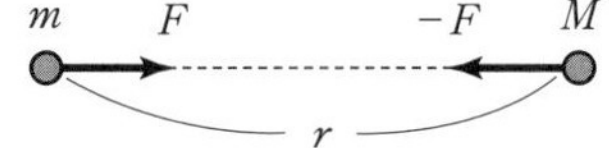

図4.1 2つの物体間にはたらく万有引力

物体の位置ベクトル，$\boldsymbol{e}_r \equiv \boldsymbol{r}/r$ は質量 M の物体から質量 m の物体に向かう単位ベクトルです．

質量 1kg の 2 つの物体が距離 10cm だけ隔てて置かれているとき，これら 2 つの物体間にはたらく万有引力の大きさを求めなさい．

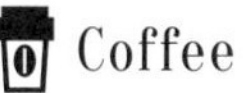

地上と天上の運動法則の統一

ニュートンによって万有引力が発見された 17 世紀頃,「力」は物体と物体が接触した際に生じるもの（**近接作用**）だと考えられており，接触していない物体間に力がはたらくとする万有引力の考え（**遠隔作用**の考え）は，あまりにも画期的なものでした．

遠隔作用としての万有引力の発想は，当時としてはにわかに信じがたい発想であったかもしれませんが，この発想を一旦受け入れると，天上での惑星の運動（ケプラーの法則）や地上での物体の落下運動（ガリレオらの実験事実）などがニュートンの運動方程式からすべて理論的に導かれるのです（ケプラーの法則については第 9 章で詳しく解説します）．こうして，それまで別々の世界だと考えられていた地上と天上の運動法則が，ニュートンの運動の 3 法則と万有引力の発見によって統一され，ニュートンの理論は万人に受け入れられるようになりました．

4.2.2　重　力

地上の物体が受ける重力は，地球からの万有引力と地球の自転による遠心力の和です（遠心力の詳しい解説は 10.2 節で行います）．遠心力は万有引力と比べてはるかに小さいので（一番寄与の大きくなる赤道上でも万有引力の 1/300 程度），遠心力の重力への寄与は無視できます．

いま，地球を半径 R の一様な球体とみなし，その質量を M とすると，地表から高さ h の位置にある質量 m の物体にはたらく重力の大きさは，(4.1) より

$$F = G\frac{mM}{(R+h)^2} \approx G\frac{mM}{R^2} = m\frac{GM}{R^2} \equiv mg \tag{4.4}$$

となります（図 4.2 を参照）．ここで，物体の位置は地表付近として，物体の高さ h は地球の半径 R より十分に小さい（$h \ll R$）としました．

なお，

$$g \equiv G\frac{M}{R^2} = 9.80665\,\mathrm{m/s^2} \tag{4.5}$$

は**重力加速度**の大きさです．ただし，重力加速度の実際の値は，自転による遠心力の影響や地球が完全な球体ではないなどの理由から，場所によって異なります．上記の値は，標準重力加速度であり，定義された値です．

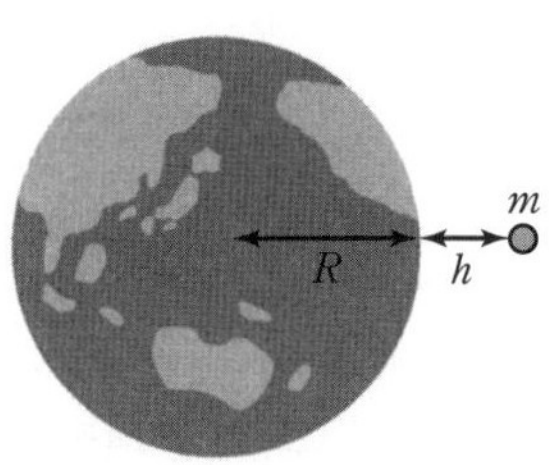

図 4.2 地表付近の物体

 Exercise 4.1

月の半径は地球の半径の 1/3.7 であり，月の質量は地球の質量の 1/81.3 です．これらの事実をもとに，月面上の重力 F_m と地球の重力 F_e の比 $F_\mathrm{m}/F_\mathrm{e}$ を求めなさい．

Coaching 地球（半径 R，質量 M_e）の地上において，質量 m の物体が地球から受ける万有引力の大きさ F_e は

$$F_\mathrm{e} = \frac{GmM_\mathrm{e}}{R^2} \tag{4.6}$$

です．一方，月（半径 r，質量 M_m）の表面において，この物体が月から受ける万有引力の大きさ F_m は

$$F_\mathrm{m} = \frac{GmM_\mathrm{m}}{r^2} \tag{4.7}$$

です．したがって，

$$\frac{F_\mathrm{m}}{F_\mathrm{e}} = \frac{M_\mathrm{m}}{M_\mathrm{e}}\left(\frac{R}{r}\right)^2 = \frac{1}{81.3}\cdot(3.7)^2 \approx 0.168 \tag{4.8}$$

となります．つまり，月面での重力は地上の 1/6 程度であることがわかります． ■

Coffee Break

慣性質量と重力質量

(4.1) の万有引力 (や (4.4) の重力) に含まれる質量 m や M は**重力質量** (m_G とおく) とよばれ，(3.1) のニュートンの運動方程式で定義される**慣性質量** (m_I とおく) とは概念的に異なります．**慣性質量は「物体の慣性」を表す物理量**であるのに対して，**重力質量は「2つの物体の結合の強さ」を表す物理量**です．

このように，m_I と m_G はそれぞれ定義が異なるので，これら2つの値が等しくなければならない理由はありません．したがって，地表付近で重力 $m_G g$ に引っぱられて落下する物体の加速度 a は，(3.1) より $m_I a = m_G g$ となるので，

$$a = \frac{m_G}{m_I} g \tag{4.9}$$

となります．さらに，すべての物体に対して落下の加速度 a が等しいとするガリレオの論証を認めると，m_G/m_I は物体によらず一定です．したがって，$m_G/m_I = 1$ と選ぶことで $m_I = m_G$ となります．実際，近年の精密な測定でも，慣性質量と重力質量が同等であることは 10^{-12} の精度で確かめられています．

また，アインシュタインは慣性質量と重力質量の同等性を基礎として**一般相対性理論**を構築し，重力に関する深い考察を行いました．

4.3 電磁気力

物体が帯びた電気のことを**電荷**といいます．そして，電荷の量 (**電気量**) の単位はC (クーロン) であり，次のように定義されます．

▶ **電気量の単位**：1Cは，1A (アンペア) の電流が1s間に運ぶ電気量であり，1C = 1A・s である．

また，電荷には**正の電荷と負の電荷**の2種類が存在します．これは，**質量が必ず正**であることとは決定的に異なります．

なお，電荷をもつ粒子のことを**荷電粒子**といいます．特に，荷電粒子を質点とみなせる場合には，その荷電粒子のことを**点電荷**といいます．

▶ **点電荷**：電荷を帯びた質点．

4.3.1 クーロンの法則とクーロン力

点電荷同士の間にはたらく力は，フランスの物理学者シャルル・ド・クーロンによって1785年に発見されました．

▶ **クーロンの法則**：2つの点電荷間には，それぞれの電気量（q_1 と q_2）の積に比例し，その間の距離 r の2乗に反比例する力 F がはたらく．

この法則を数式を用いて表現すると

$$F = k_0 \frac{q_1 q_2}{r^2} \tag{4.10}$$

となります．ここで k_0 は比例定数で，真空中での値は

$$k_0 = 8.9876 \times 10^9\,\mathrm{N \cdot m^2/C^2} \tag{4.11}$$

です．(4.10) の力を**クーロン力**といい，この式からわかるように，クーロン力は「逆2乗則」（前節を参照）に従います．

(4.10) のクーロン力の形は，(4.1) の万有引力によく似ています．相違点は，質量 m, M は必ず正であるために，万有引力には引力しか存在しないのに対して，電気量 q_1 と q_2 は正負のいずれの値もとり得るので，クーロン力には**引力**も**斥力**も存在することです．図4.3に示すように，q_1 と q_2 が異符号の場合は F は引力 $(F < 0)$，q_1 と q_2 が同符号の場合は F は斥力 $(F > 0)$ となります．

このように，クーロン力は2つの点電荷を結ぶ方向にはたらくベクトルなので，点電荷1を原点として，点電荷1から点電荷2に向かう単位ベクトル $\boldsymbol{e}_r \equiv \dfrac{\boldsymbol{r}}{r}$ を用いると

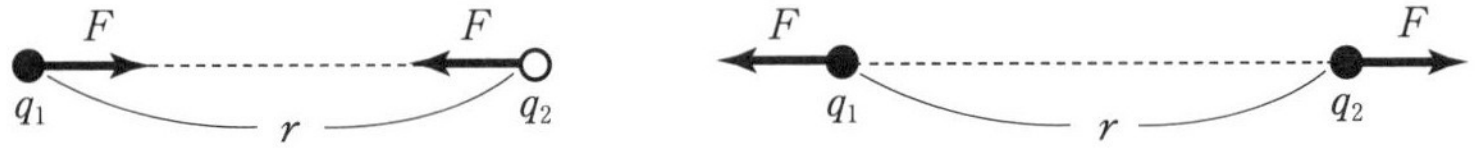

(a) 異符号の点電荷間にはたらく引力　(b) 同符号の点電荷間にはたらく斥力

図4.3 2つの点電荷間にはたらくクーロン力

$$\boldsymbol{F} = k_0 \frac{q_1 q_2}{r^2} \boldsymbol{e}_r = k_0 \frac{q_1 q_2}{r^2} \frac{\boldsymbol{r}}{r} \tag{4.12}$$

と表すことができます.

4.3.2　万有引力とクーロン力の大きさ

万有引力とクーロン力の大きさの違いを理解するために，まずは次の Exercise 4.2 に取り組んでみましょう.

Exercise 4.2

ボーアの水素原子模型では，基底状態（最もエネルギーが低く最安定な状態）にある水素原子は，陽子（質量 $M = 1.67 \times 10^{-27}$ kg，電荷 $e = 1.6 \times 10^{-19}$ C）を中心に半径 $a_{\mathrm{B}} = 0.53 \times 10^{-10}$ m（ボーア半径）の位置を，1 つの電子（質量 $m = 9.11 \times 10^{-31}$ kg，電荷 $-e = -1.6 \times 10^{-19}$ C）が円運動しています．水素原子の電子と陽子の間の万有引力 $F_{\text{万有引力}}$ とクーロン力 $F_{\text{クーロン力}}$ の大きさを比較しなさい.

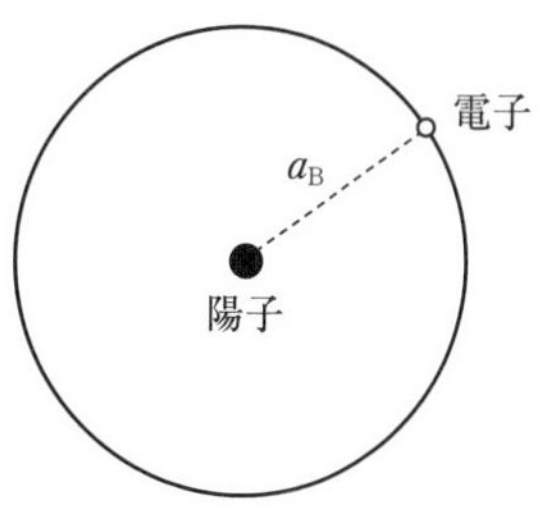

図 4.4　ボーアの水素原子模型

Coaching　電子と陽子の間の万有引力 $F_{\text{万有引力}}$ は，(4.1) より

$$F_{\text{万有引力}} = -G \frac{mM}{{a_{\mathrm{B}}}^2} \approx -3.6 \times 10^{-47}\,\mathrm{N} \tag{4.13}$$

となり，クーロン力 $F_{\text{クーロン力}}$ は，(4.10) より，

$$F_{\text{クーロン力}} = -k_0 \frac{e^2}{{a_{\mathrm{B}}}^2} \approx -8.2 \times 10^{-8}\,\mathrm{N} \tag{4.14}$$

となります.

したがって，万有引力とクーロン力の大きさの比は，

$$\left| \frac{F_{\text{クーロン力}}}{F_{\text{万有引力}}} \right| = \frac{k_0 e^2}{GmM} \approx 4.4 \times 10^{-40} \tag{4.15}$$

であり，万有引力はクーロン力よりも極めて小さく，水素原子の状態を議論する際には，無視しても構わないことがわかります.　■

このExercise 4.2では，クーロン力が万有引力よりもはるかに強いことを示しましたが，4.1節の最初に記した「強い力」はクーロン力よりもさらに強く（≈ クーロン力の 10^2 倍），「弱い力」はクーロン力よりも非常に弱い（≈ クーロン力の 10^{-3} 倍）ことから，それらの名前が付けられています．

4.3.3 クーロン力と電場

クーロン力は，荷電粒子同士の間にはたらく力です．クーロンは，この力は万有引力と同様，物体同士の間を飛び越えて遠隔的に作用すると考えました（前節のCoffee Breakを参照）．このような考え方を**遠隔作用**といいます（図4.5（a））．この遠隔作用の考え方では，クーロン力が空間を飛び越えて互いに作用する理由については何も言及しません．遠隔作用の考えに違和感を覚えたイギリスの物理学者マイケル・ファラデーは，クーロン力に対して，遠隔作用とは異なる考え方を提唱しました．

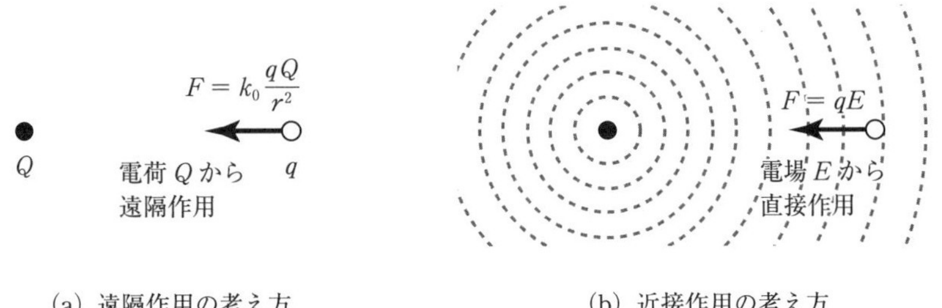

（a）遠隔作用の考え方　（b）近接作用の考え方

図4.5 クーロン力の遠隔作用と近接作用の考え方

ファラデーは，「何もない空間に荷電粒子を置くと，その周りの空間が歪み（場が変化し），歪んだ空間に別の荷電粒子を置くと，その荷電粒子は歪んだ空間の影響により力を受ける」と考えました（図4.5（b））．この「電気的な場」のことを**電場**といい，場の影響により力が生じる考え方を**近接作用**といいます．

図4.5のクーロン力を，近接作用の考え方に基づいて，(4.12) から次のように書き直してみましょう．

$$\boldsymbol{F} = k_0 \frac{qQ}{r^2} \boldsymbol{e}_r = q\left(k_0 \frac{Q}{r^2} \boldsymbol{e}_r\right) \equiv q\boldsymbol{E} \tag{4.16}$$

ここで，$\boldsymbol{e}_r$ は電気量 Q の荷電粒子を原点として電気量 Q の荷電粒子から電気量 q の荷電粒子に向かう単位ベクトルです．また，

$$\boldsymbol{E} = k_0 \frac{Q}{r^2} \boldsymbol{e}_r \tag{4.17}$$

は電気量 Q の荷電粒子がつくる電場です．単純な式変形ですが，(4.12) と (4.16) では意味合いが全く違います．(4.16) が意味するところは次の通りです．

▶ **クーロン力に対する近接作用の考え方**：電気量 Q の荷電粒子が存在することで周囲の空間が歪んで電場 $\boldsymbol{E}$ が発生し，その電場に触れた別の荷電粒子（電気量 q）に $\boldsymbol{F} = q\boldsymbol{E}$ の力がはたらく．

4.4　巨視的物体にはたらく様々な力

壁を手で押す力，摩擦力や抗力，気体や液体の粘性，バネの復元力など，身の回りの巨視的物体には様々な力がはたらいています．これらの力はいずれも物体の構成要素（アボガドロ定数[1)] くらいの膨大な数）の間にはたらく基本的な力（大抵の場合，電磁気力）の合力です．しかし，アボガドロ定数くらいの膨大な数の構成要素の間にはたらく基本的な力から合力を求めることはスーパーコンピュータを用いても無謀で，現実的ではありません．巨視的物体の運動を知るという目的の上では，力のミクロな起源を追求せずに，巨視的物体にはたらく力を既知の量として受け入れ，その力のもとで物体の運動を現象論的に調べることが有効です．

以下では，垂直抗力と張力（4.5 節），摩擦力（4.6 節），粘性抵抗と慣性抵抗（4.7 節），弾性力（4.8 節）などの巨視的物体にはたらく力について，順を追って解説していきます．

---

1)　物質量 1 mol を構成する粒子（原子や分子など）の個数で，具体的には $6.022 \times 10^{23}\,\mathrm{mol}^{-1}$.

4.5 垂直抗力と張力

地表付近の物体は，支えがなければ重力に引かれて落下しますが，机の上に置いたり，天井から糸で吊るしたりすれば落下しません．例えば，図4.6における机の上に置かれた物体には，鉛直下向きにはたらく重力の他に，これと大きさの等しい鉛直上向きの力が机から作用し，この力と重力がつり合っています．この力のことを**垂直抗力**といいます．

一方，天井から糸で吊るした物体は，鉛直下向きにはたらく重力の他に，これと大きさの等しい鉛直上向きの力でひもから引かれ，この力と重力がつり合っているために落下しません．この力のことを糸の**張力**といいます．

固い机上面からの垂直抗力や伸びない糸の張力のように，物体の運動を制限する力を，一般に**束縛力**といいます．

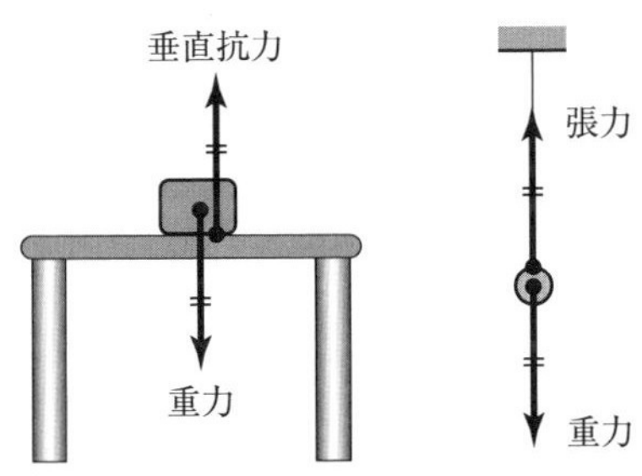

図4.6 机上面からの垂直抗力と糸の張力

4.6 摩 擦 力

摩擦の科学的研究は，ルネサンス期のイタリアの博学者レオナルド・ダ・ヴィンチによって始められ[2)]，その後，産業革命時（18世紀）にフランスの物理学者ギヨーム・アモントンや，同じくフランスの物理学者のクーロン（4.3節で解説した「クーロンの法則」の発見者のクーロン）によって発展してい

2） 余談ですが，日本ではレオナルド・ダ・ヴィンチのことを「ダ・ヴィンチ」と略して称することが多いですが，「ダ・ヴィンチ」は「ヴィンチ村出身の」を意味するので，略称としては「レオナルド」とするのが適切でしょう．

きました．本節では，**アモントン－クーロンの摩擦法則**とよばれる経験則について解説します．

4.6.1　静止摩擦力

水平で粗い面の上に置かれた物体に，水平方向に力を加えたとします[3]．加える力が小さいうちは，物体は動きません．これは，面と物体の間に**摩擦力**が生じ，加えた力と摩擦力がつり合っているためです．この，物体が静止しているときの摩擦力を**静止摩擦力**といいます（図 4.7 (a)）．静止摩擦力は，水平方向に加えた力と逆向きで同じ大きさをもつので，加える力を大きくすると静止摩擦力も大きくなります．

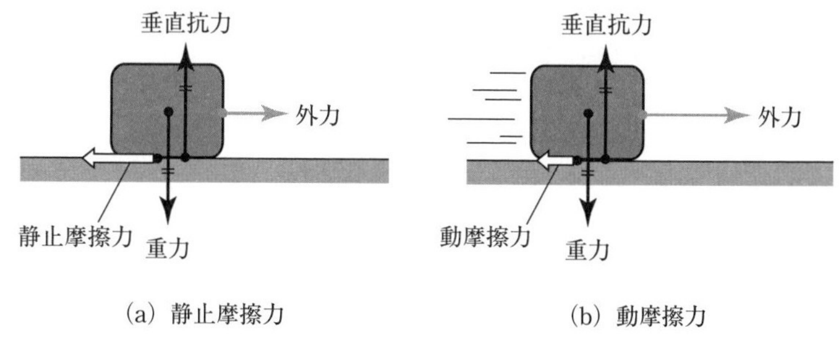

(a) 静止摩擦力　　(b) 動摩擦力

図 4.7　面から受ける力

そして，加える力を徐々に強め，力の大きさがある程度以上になると，物体は面上を滑り始めます．滑り始める直前の静止摩擦力を**最大摩擦力**といい，その大きさを $R_{\max}$ とすると

$$R_{\max} = \mu N \tag{4.18}$$

のように，**面からの垂直抗力の大きさ N に比例する**ことが実験的に知られています．ここで，比例定数 μ は**静止摩擦係数**といいます．また，**静止摩擦力は物体と面との（見かけの）接触面積に依存しない**ことが知られています．

3)　摩擦がある面を「粗い面」，摩擦がない面を「滑らかな面」といいます．

4.6.2 動摩擦力

物体に最大摩擦力 $R_{\max}$ より大きい外力が加えられ，物体が滑り始めた後，面上を移動している最中も，物体は面から摩擦力を受けます（図 4.7（b））．この，動いている物体にはたらく摩擦力を**動摩擦力**といい，このとき動摩擦力の大きさを R' とすると

$$R' = \mu' N \tag{4.19}$$

のように，**面からの垂直抗力の大きさ N に比例し，外力の強さや物体が面上を滑る速度（滑り速度）に依存せず一定**であることが実験的に知られています（図 4.8）．ここで，比例定数 μ' を**動摩擦係数**といいます．また静止摩擦力と同様，**動摩擦力も物体と面との（見かけの）接触面積に依存しない**ことが知られています．

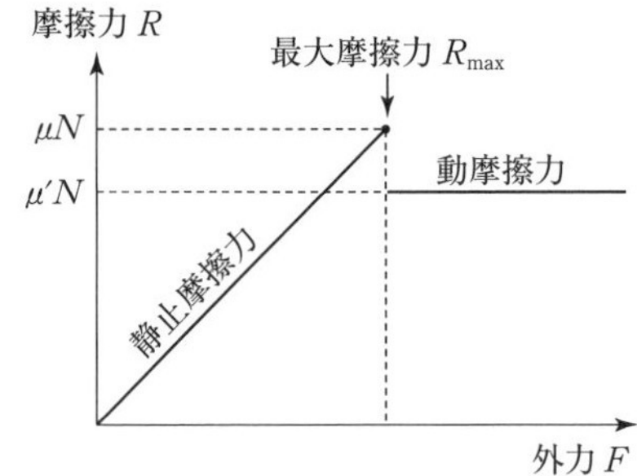

図 4.8　外力と摩擦力の関係

一般に，動摩擦力の大きさ R' は最大摩擦力の大きさ $R_{\max}$ よりも小さいので，（4.18）と（4.19）より

$$\mu' < \mu \tag{4.20}$$

となり，動摩擦係数 μ' は静止摩擦係数 μ よりも小さいことがわかります（図 4.8）．

以上の実験事実を総称して，**アモントン－クーロンの摩擦法則**といいます．ここで，この法則についてまとめます．

▶ アモントン－クーロンの摩擦法則

1. 摩擦力は垂直抗力に比例する．
2. 摩擦力は物体と面の（見かけの）接触面積に依存しない．
3. 動摩擦力は最大摩擦力よりも小さく，滑り速度に依存しない．

ただし，アモントン－クーロンの摩擦法則はある範囲（例えば，物体を動かす速さがゆっくりである場合）で成り立つ経験則ですが，常に成り立つわけではないので注意が必要です．

Exercise 4.3

傾斜角 θ の粗い斜面上に質量 m の物体が置かれています．θ を徐々に大きくしていくと，ある角度 θ_0 で物体が滑り始めました．このときの傾斜角を摩擦角といいます．重力加速度の大きさを g，斜面の静止摩擦係数を μ としたとき，次の問いに答えなさい．

(1)　傾斜角が θ のとき，物体にはたらく垂直抗力を求めなさい．

(2)　静止摩擦係数 μ と摩擦角 θ の関係を求めなさい．

Coaching　(1)　垂直抗力 N は，重力の斜面に垂直方向の成分 $mg\cos\theta$ とつり合っているので，$N = mg\cos\theta$ です．

(2)　重力の斜面に水平方向の成分は $mg\sin\theta$ です．傾斜角が摩擦角 θ_0 のとき，この成分と最大摩擦力 $\mu N = \mu mg\cos\theta_0$ がつり合っている（$mg\sin\theta_0 = \mu mg\cos\theta_0$）ので，静止摩擦係数 μ は摩擦角 θ_0 を用いて

$$\mu = \tan\theta_0 \tag{4.21}$$

と表すことができます．言い換えると，摩擦角 θ_0 は物体の質量 m に依存せず，静止摩擦係数のみで決まります（$\theta_0 = \tan^{-1}\mu$）．■

Training 4.2

粗い水平面の上に置かれた質量 15 kg の物体に水平方向に力を加えます．徐々に力を大きくしていったとき，静止摩擦係数を $\mu = 0.6$，動摩擦係数を $\mu' = 0.5$ として，次の問いに答えなさい．ただし，重力加速度の大きさを $9.8\,\mathrm{m/s^2}$ とします．

(1)　力の大きさが $F = 10\,\mathrm{N}$ のとき，静止摩擦力の大きさ R を求めなさい．

(2)　最大摩擦力の大きさ $R_{\max}$ を求めなさい．

(3)　動摩擦力の大きさ R' を求めなさい．

Coffee Break

私たちの生活とトライボロジー（摩擦学）

字を書いたり，歩いたり，構造物を建てるなど，私たちは日常生活の様々な場面で摩擦の恩恵を受けています．その反面，物体と地面との間の摩擦は荷物を運ぶ際の障害になり，また大陸プレート間の摩擦は巨大な地震を引き起こすなど，摩擦は私たちの生活へ障害や災害ももたらします．

図 4.9 紀元前 1880 年頃の古代エジプトの壁画（河野彰夫：『摩擦の科学』（裳華房，1989 年）による）

私たちは，摩擦を低減させるために知恵を絞ってきました．図 4.9 を見てください．これは紀元前 1880 年頃の古代エジプトの壁画です．壁画には，巨大な像を乗せたソリを運ぶ大勢の人たちが描かれていますが，ソリの前に注目してみると，1 人の人物が壺から地面に何らかの液体（水？）を注いでいる姿が見受けられます．これは，ソリと地面の間の摩擦を低減させるために工夫している様子ではないかといわれています．このような，摩擦を低減させる技術のことを「潤滑」といいます．

このように，接触した物体同士の動きを滑らかにする潤滑は，様々なところで私たちの生活を支えてくれています．

また，例えば自動車のエンジンの出力エネルギーの約 30％ は，タイヤと地面との摩擦やエンジン内のピストンとシリンダーとの摩擦によって無駄に消費されます．自動車産業に限らず，摩擦の性質を正確に理解して制御することは，航空産業，宇宙産業，半導体産業など多岐にわたる分野の重要な課題です．さらに，摩擦が生じる微視的原因の解明や摩擦によって生じる新奇物理現象の探索は，現代物理学の課題の 1 つでもあります．摩擦・摩耗・潤滑の科学と技術は，**トライボロジー**という学術・技術分野として活発に研究が進められています．

トライボロジーという言葉は，1966 年にピーター・ジョストがまとめた報告書（通称 JOST レポート）の中で彼が初めて使った言葉で，「擦る」を意味するギリシャ語の “tribos” と学問を意味する “ology” を合わせた造語です．ちなみに，エジプトの壁画に描かれた「ソリの前の人物」は「歴史に残る最初のトライボロジスト」といわれることもあります．

4.7　粘性抵抗と慣性抵抗

気体や液体などの流体の中を物体が運動するとき，物体は流体から抵抗力を受けます．これらの抵抗力の起源は**流体力学**という分野で学ぶことになりますが，本節では流体力学の詳細に立ち入らずに，その結論を簡潔に記します．

4.7.1　粘 性 抵 抗

流体の中を運動する物体について考えてみましょう．物体と流体の相対速度がある程度小さく，流体の流れに乱れがなく整然としている状態（図 4.10（a）のような**層流**とよばれる状態）では，物体が流体から受ける抵抗力は物体の速度に比例することが知られています．この抵抗力は流体の粘性（粘り気）に起因する抵抗力であることから，**粘性抵抗**といいます．

流体力学によると，半径 R の球体が速度 v で運動しているとき，粘性抵抗を F_{V} とすると，

$$F_{\mathrm{V}} = -6\pi\eta R v \tag{4.22}$$

で与えられ，この式を，発見者の名にちなんで**ストークスの抵抗法則**といいます．η（$\mathrm{N \cdot s/m^2}$）は，気体や液体の種類によって決まる**粘性係数**とよばれる定数です．参考のため，表 4.1 に摂氏 25℃の空気と水の粘性係数 η を示します．

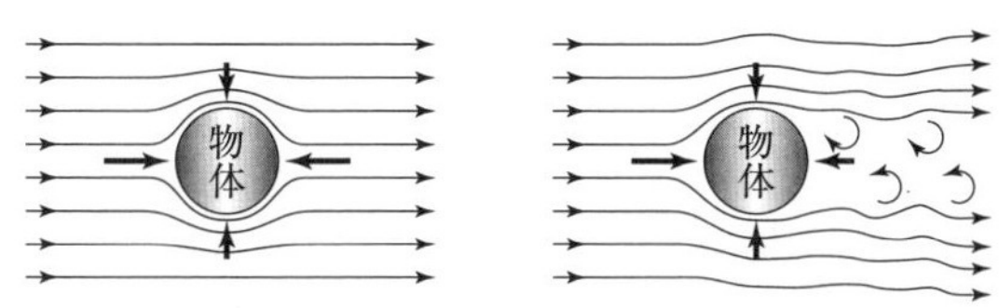

（a）物体と流体の相対速度が小さい層流の場合　　（b）相対速度がある程度大きい乱流の場合

図 4.10　物体の周りの流体の流れの様子．太い矢印は物体に加わる圧力を表し，細い矢印は流体の流れ（物体に対する相対的な流れ）を表す．

表 4.1 空気と水の粘性係数（25℃）

	η（N・s/m^2）
空気	1.8×10^{-5}
水	8.9×10^{-4}

4.7.2 慣性抵抗

物体と流体の相対速度がある程度大きくなると，流体の流れが不規則な状態（**乱流**）となります（図 4.10 (b)）．このとき，物体が流体から受ける抵抗力は（4.22）のように物体の速度に比例せず，速度の 2 乗に比例するようになります．この抵抗力は**慣性抵抗**とよばれ，物体の前方と後方の圧力の差によって生じます．慣性抵抗を受けながら運動する物体の例としては，「バドミントンのシャトルコック」や「スカイダイビングのパラシュート」が挙げられます．

流体力学によると，半径 R の球体に対する慣性抵抗の大きさを F_{I} とすると，

$$F_{\mathrm{I}} = \frac{1}{4}\pi\rho R^2 v^2 \tag{4.23}$$

と与えられます[4]．ここで，ρ（kg/m^3）は流体の密度です．（4.23）を，発見者の名にちなんで**ニュートンの抵抗法則**といいます．

4.8 弾性力（復元力）

形のある物体（主に固体）に外部から力を加えると変形しますが，変形が小さいうちは，物体は力を抜けば元の形状に復元します（図 4.11）．

物体のこの性質を**弾性**といい，弾性をもつ物体のことを**弾性体**といいます．また，変形した物体が元の形状に復元しようとする力を**弾性力**といいます．

弾性力は，物体の変形の大きさ x が小さいときは x に比例し，

$$F = -kx \tag{4.24}$$

の関係が成り立つことが知られています（**フックの法則**）．そして，この場合

4）速度がある程度以上に大きくなると，係数 1/4 は若干大きくなることが知られています．

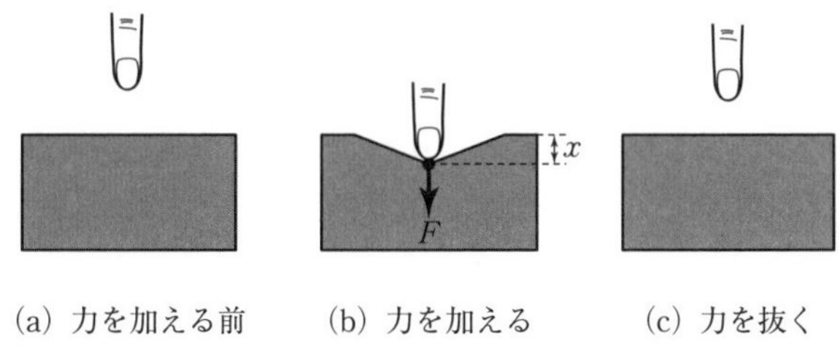

(a) 力を加える前　　(b) 力を加える　　(c) 力を抜く

図 4.11　物体の弾性力．例えば，こんにゃくなどを押すことを想像するとわかりやすいでしょう．

の弾性力を**フックの力**といい，比例定数 k (N/m) を**弾性係数**または**弾性率**といいます．特に弾性体が「バネ」の場合には，弾性係数のことを**バネ定数**といいます．

Exercise 4.4

図 4.12 のように，バネ定数 k_1 のバネとバネ定数 k_2 のバネが並列につながれ，バネ定数 k_3 のバネがそれと直列につながれているとき，この 3 つのバネの合成バネ定数を求めなさい．

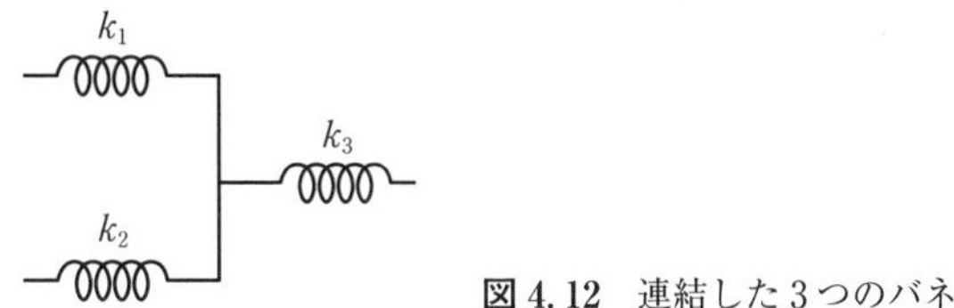

図 4.12　連結した 3 つのバネ

Coaching　バネ定数 k_1 と k_2 の 2 つのバネが並列につなげられているので，この 2 つのバネの合成バネ定数を K_{12} とすると，$K_{12} = k_1 + k_2$ です．つまり，バネ定数 K_{12} の合成バネとバネ定数 k_3 のバネが直列につながれていることになるので，全体の合成バネ定数を K とすると，

$$\frac{1}{K} = \frac{1}{K_{12}} + \frac{1}{k_3} = \frac{K_{12} + k_3}{K_{12}k_3} = \frac{k_1 + k_2 + k_3}{(k_1 + k_2)k_3} \tag{4.25}$$

を満たします．したがって，K は

$$K = \frac{(k_1 + k_2)k_3}{k_1 + k_2 + k_3} \tag{4.26}$$

となります．　■

Coffee Break

レイノルズ数

半径 R の球状の物体が，密度 ρ，粘性係数 η の流体中を速度 v で運動するとき，粘性抵抗 F_V と慣性抵抗 F_I のいずれが支配的であるかを表す量として，F_V と F_I の比

$$\frac{F_\mathrm{V}}{F_\mathrm{I}} = 24\frac{\eta}{\rho R v} \equiv \frac{24}{\mathrm{Re}} \qquad \left(\mathrm{Re} \equiv \frac{\rho R v}{\eta}\right) \tag{4.27}$$

があります．ここで，Re は**レイノルズ数**とよばれ，流体の粘性を特徴づける無次元量です．つまり，レイノルズ数が小さい状況では粘性抵抗 F_V が支配的，レイノルズ数が大きい状況では慣性抵抗 F_I が支配的となります．

(4.27) の表式からわかるように，レイノルズ数は物体のサイズ（いまの場合は球体の半径 R）に依存します．流体力学によると，「大きさは異なるが幾何学的に相似な 2 つの物体が，それぞれ異なる流体中を運動しているとき，もしそれらのレイノルズ数が等しければ，それぞれの物体の周りの流体の様子は相等しい」こと（力学的相似則）が知られています．そのため，飛行機などの模型実験を行う際には，ミニチュアを用いる代わりに，レイノルズ数が実物の場合と同じになるように，流体の密度 ρ，物体の速度 v，粘性係数 η を調整する必要があります．

本章のPoint

▶ **自然界の基本的な 4 つの力**

万有引力：質量をもつ物体間にはたらく力．

電磁気力：電荷をもつ物体間にはたらく力．

強い力：例えば，陽子と中性子を結合させて原子核を構成する力．

弱い力：例えば，原子核の β 崩壊を引き起こす力．

▶ **万有引力の法則**：質量 m と質量 M をもつ 2 つの物体の間には，それらの質量の積 mM に比例し，その間の距離 r の 2 乗に反比例する引力がはたらく（G は万有引力定数）．

$$\boldsymbol{F} = -G\frac{mM}{r^2}\frac{\boldsymbol{r}}{r}$$

▶ **クーロンの法則**：2 つの点電荷の間には，それぞれの電気量（q_1 と q_2）の積に比例し，その間の距離 r の 2 乗に反比例する力がはたらく（k_0 は真空に固有の定数）．

$$\boldsymbol{F} = k_0 \frac{q_1 q_2}{r^2} \frac{\boldsymbol{r}}{r}$$

▶ **垂直抗力**：物体が接触した面に及ぼす力の反作用．

▶ **張力**：物体（例えば，系）の内部の任意の断面において，断面の両側を引っ張り合う力．

▶ **静止摩擦力**：外力を加えても互いに静止している物体の接触している面と面の間にはたらく摩擦力．

▶ **最大摩擦力**：外力により物体が動き出す直前の静止摩擦力．

$$R_{\max} = \mu N \qquad (\mu \text{ は静止摩擦係数，} N \text{ は垂直抗力})$$

▶ **動摩擦力**：相対的に動いている物体同士の接触している面と面の間にはたらく摩擦力．一般に，動摩擦力は最大摩擦力より小さい．

$$R' = \mu' N \qquad (\mu' \text{ は動摩擦係数，} \mu' < \mu)$$

▶ **粘性抵抗**：流体の中を物体が運動するとき，物体と流体の相対速度がある程度小さく，層流の状態となっていれば，流体の粘性に起因する抵抗力が物体にはたらき，この力は速度に比例する．

▶ **慣性抵抗**：物体と流体の相対速度がある程度大きく乱流の状態になっているときに，物体にはたらく抵抗力で，速度の 2 乗に比例する．

▶ **フックの法則**：物体の変形の大きさ（変位）x が小さいとき，物体が元の形状に復元しようとする力は，$F = -kx$ のように変位 x に比例する（k は弾性係数）．

Practice

[4.1] 万有引力の大きさ

体重 60kg の 2 人が 1m 離れた位置にいるとき，この 2 人の間にはたらく万有引力の大きさを求めなさい．簡単のため，2 人とも質点とみなし，万有引力定数は $G = 6.7 \times 10^{-11}\,\mathrm{N \cdot m^2/kg^2}$ とします．

[4.2] 地表付近にある物体にはたらく力

地球を球体とみなし，その半径を $R = 6.4 \times 10^6\,\mathrm{m}$ とするとき，次の問いに答えなさい．ただし，万有引力定数 $G = 6.7 \times 10^{-11}\,\mathrm{N \cdot m^2/kg^2}$，重力加速度 $g = 9.8\,\mathrm{m/s^2}$ とします．

(1) 地球の自転の角速度 ω を数値で求めなさい．

(2) 赤道上にある物体が地球から受ける万有引力の大きさ F_g に対する遠心力の大きさ F_c の比 F_c/F_g を数値で求めなさい．ただし，遠心力の大きさは，地球の質量を m，速さを v，半径を R とするとき $F_c = mR\omega^2$ によって与えられます（10.2 節を参照）．

(3) 地球の質量 M と密度 ρ を数値で答えなさい．

[4.3] 電気双極子がつくる電場

真空中に，電気量 $+q(>0)$ の正電荷と $-q(<0)$ の負電荷が距離 d だけ隔てて置かれているとき（**電気双極子**といいます），この電気双極子がつくる電場 $\boldsymbol{E}$ を，電気双極子モーメント $\boldsymbol{p} \equiv q\boldsymbol{d}$（$\boldsymbol{d}$ は負電荷から正電荷に向かうベクトル）を用いて表しなさい．ただし，電場を観測する位置 r は電気双極子から十分に離れているとします．なお，電気双極子がつくる電場 $\boldsymbol{E}$ は，正電荷がつくる電場 $\boldsymbol{E}_+$ と負電荷がつくる電場 $\boldsymbol{E}_-$ の重ね合わせ（$\boldsymbol{E} = \boldsymbol{E}_+ + \boldsymbol{E}_-$）によって与えられます．

[4.4] 粗い水平面の摩擦係数

粗い水平面の上に置かれた質量 2.0kg の物体に，水平方向に力 F を加えたとき，重力加速度の大きさを $g = 9.8\,\mathrm{m/s^2}$ として，次の問いに答えなさい．

(1) $F = 10\,\mathrm{N}$ のとき，物体は静止したままでした．このとき，物体にはたらく摩擦力の大きさを求めなさい．

(2) $F = 20\,\mathrm{N}$ になったとき，物体は動き始めました．このとき，物体と面の間の静止摩擦係数を求めなさい．

[4.5] 天井からバネで吊り下げた物体

バネ定数 k の軽いバネの一端を天井に取り付け，他端に質量 m の物体を取り付けて静止させました．このときの，バネの自然長からの伸びを求めなさい．ただし，重力加速度の大きさを g とします．

[4.6]　ミリカンの実験

ミリカンは次のような手順を踏んで，電子の電気量を実験的に求めました．ミリカンの手順にならって，次の問いに答えなさい．なお，重力加速度の大きさを g，油滴の密度を ρ とします．

(1)　霧吹きを用いて帯電した油滴をつくり，油滴が落下する様子を観察したところ，油滴にはたらく重力と空気抵抗（粘性抵抗）がつり合うことで，油滴は一定の速度 v_0 で落下していました．この実験により，v_0 と油滴の半径 R を測定したとして，粘性係数 η を求めなさい．

(2)　鉛直上向きの電場 E の中で (1) と同じ実験を行うと，油滴には重力と粘性抵抗の他に，電場によるクーロン力がはたらきます．この実験では3つの力がつり合い，油滴は一定の速度 v_1 で上昇していました．この実験で v_1 を測定したとして，油滴の電気量 q を求めなさい．

(3)　(2) までの実験を通して得られた油滴の電気量 q を表4.2に記します．この表を用いて，電子の電気量 $-e$ を求めなさい．

表 4.2　油滴の電気量の測定値

	油滴 1	油滴 2	油滴 3	油滴 4	油滴 5	油滴 6
$\times 10^{-19}$C	-3.21	-3.19	-4.81	-6.42	-6.40	-8.05

(4)　ミリカン以前に，J.J. トムソンによって電子の比電荷（電子の電気量の大きさ（**電気素量**）e と質量 m の比）が

$$\frac{e}{m} \approx 1.758820 \times 10^{11}\,\mathrm{C/kg} \tag{4.28}$$

であることが知られていました．これより，電子の質量 m を求めなさい．

質点の様々な運動（I）
～自由落下と抵抗のある落下運動～

本章では，第 4 章で述べた重力，摩擦力，粘性抵抗，慣性抵抗のもとでの質点の運動について解説します．これらの運動はいずれも単純な運動ではありますが，そこには力学の基本的な考え方や本質が多く含まれており，ここで習得する数学的手法や物理学的な考え方は，複雑な力学現象を理解・制御する上でとても役立ちます．

5.1　自由落下

地表付近での質量 m の物体の落下運動について考えてみましょう．まず，地表に座標原点（$x=0$）をとり，x 軸を鉛直上向きにとることにします．このとき，この質点に対するニュートンの運動方程式（3.1）は

$$m\frac{d^2x}{dt^2} = -mg \tag{5.1}$$

となります（ここで，g は重力加速度の大きさ）．したがって，この質点の加速度 $a\left(=\dfrac{d^2x}{dt^2}\right)$ は

$$a = -g \tag{5.2}$$

となり，地表付近で物体が落下する際の加速度は質量に依存せず，重力加速度に等しいことがわかります．これは，ガリレオが行ったと伝えられている，

有名な「ピサの斜塔の実験」の結果を示すものです[1]．

次に，この質点の速度 $v(t)$ を求めるためには加速度 $a(t) = dv(t)/dt$ を時間 t で積分する必要があります．そこで，(5.2) を時間 t で積分すると

$$v(t) = \int a\,dt = -gt + v_0 \qquad (v_0\text{ は積分定数}) \tag{5.3}$$

が得られ，地表付近で質点が落下する速さは，時間 t に比例して大きくなることがわかります．さらに，この質点の位置を求めるために，(5.3) を時間 t で積分すると次の式が得られます．

$$x(t) = \int v\,dt = -\frac{1}{2}gt^2 + v_0 t + x_0 \qquad (x_0\text{ は積分定数}) \tag{5.4}$$

Exercise 5.1

時刻 $t = 0$ において地表から高さ h の位置から質量 m の物体を静かに落としたとき，

(1)　落下までに要した時間 T

(2)　落下時の物体の速度 $v(T)$

をそれぞれ求めなさい．ただし，重力加速度の大きさを g とします．

Coaching　(1)　$t = 0$ で高さ h の位置から静かに物体を落としたのだから，初期条件として $v(0) = 0$ と $x(0) = h$ をそれぞれ (5.3) と (5.4) に代入することで，積分定数 v_0 と x_0 はそれぞれ $v_0 = 0$ と $x_0 = h$ と得られます．こうして，時刻 t でのこの物体の速度と位置は，それぞれ

$$v(t) = -gt \tag{5.5}$$

$$x(t) = -\frac{1}{2}gt^2 + h \tag{5.6}$$

となります．

---

1)　ガリレオは，ピサの斜塔の上から質量の異なる2つの金属球を同時に落下させ，それらが同時に地上に落下することを観測し，それまで信じられていた「質量の大きい物体ほど速く落下する」という「アリストテレスの学説」に対して実験的に反論したと伝えられています．制御された条件のもとで実験を行い，再現性のある事実を発見するこの手法は「近代科学的」といえるでしょう．この意味で，ガリレオはしばしば「近代科学の父」といわれます．

物体が地面（$x=0$）に到達したときの時刻を $t=T$ とすると，(5.6) より

$$0=-\frac{1}{2}gT^2+h \tag{5.7}$$

となるので

$$T=\sqrt{\frac{2h}{g}} \tag{5.8}$$

となり，落下に要する時間は物体の質量 m に依存しないことがわかります．

(2)　(5.8) を (5.5) に代入することで

$$v(T)=-gT=-\sqrt{2gh} \tag{5.9}$$

が得られ，落下時の速度も物体の質量とは無関係であることがわかります．■

Training 5.1

地表から高さ $h=50\,\mathrm{m}$ の地点から鉄球を落下させたとき，

(1)　鉄球が地表に落下するまでに要した時間 T

(2)　地表に落下する直前の鉄球の速度 $v(T)$

をそれぞれ求めなさい．ただし，重力加速度の大きさを $g=9.8\,\mathrm{m/s^2}$ とします．

5.2　粗い面を滑る質点の運動

図 5.1 に示すように，摩擦のある水平な面（粗い水平面）の上を運動する質量 m の質点とみなせる物体について考えてみましょう．なお，初期条件として時刻 $t=0$ における物体の位置を $x(0)=0$，物体の速さを $v(0)=v_0$ とします．

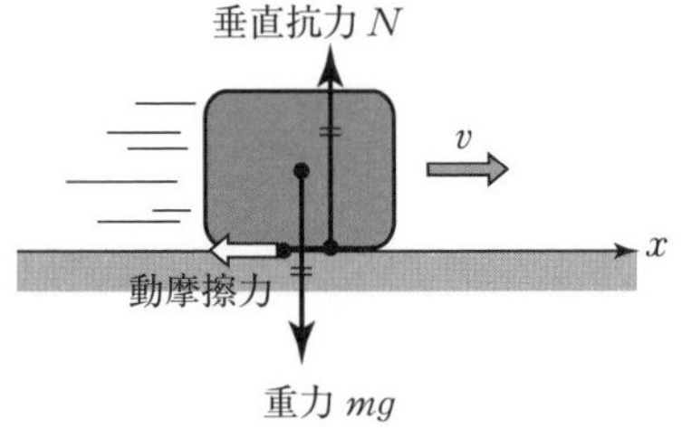

図 5.1　粗い水平面上を滑る物体にはたらく力

この物体にはたらく重力 mg と垂直抗力 N はつり合っているので，$N=mg$ です．また，物体が面から受ける動摩擦力の大きさは，(4.19) より，$R'=\mu' N=\mu' mg$（μ' は動摩擦係数）です．したがって，$t\geq 0$ において，この物体に対するニュートンの運動方程式は

$$m\frac{d^2x}{dt^2} = -\mu' mg \tag{5.10}$$

となります．ここで，物体が進む方向を x 軸の正の向きとしました．

(5.10) より，物体の加速度 $a(t) = \dfrac{d^2x}{dt^2}$ は

$$a(t) = -\mu' g \tag{5.11}$$

となり，時間に依存せずに一定であることがわかります．実際，(5.11) を時間 t で積分することで物体の速度 $v(t)$ は

$$v(t) = \int(-\mu' g)\,dt = -\mu' gt + v_0 \tag{5.12}$$

と求まります．ここで，初期条件の $v(0) = v_0$ を用いました．さらに，(5.12) を時間 t で積分することで，物体の位置 $x(t)$ は

$$x(t) = \int(-\mu' gt + v_0)\,dt = -\frac{1}{2}\mu' gt^2 + v_0 t \tag{5.13}$$

と求まります．ここで，初期条件の $x(0) = 0$ を用いました．

図 5.2 に，(5.12) の速度 $v(t)$ と (5.13) の位置 $x(t)$ を示します．次の Exercise 5.2 で図 5.2 で示した物体の速度と位置について取り上げるので，ぜひとも取り組んでみてください．

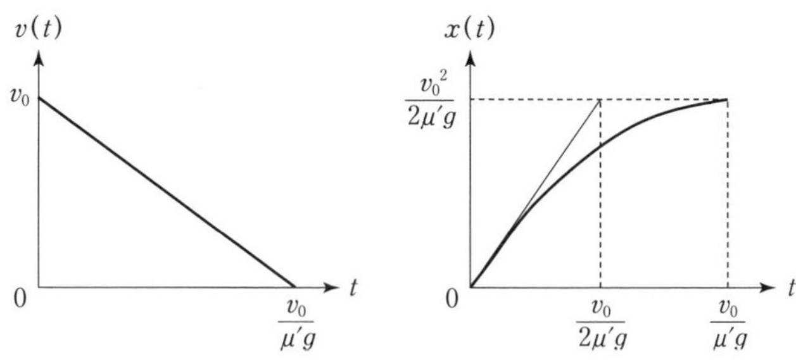

図 5.2　粗い水平面を滑る物体の速度 $v(t)$ と位置 $x(t)$

Exercise 5.2

初速度 v_0 で発射された物体が，動摩擦係数 μ' の粗い水平面上を運動しています．この物体が静止するまでに要した時間 T，および，その間に移動した距離 L を求めなさい．ただし，重力加速度の大きさを g とします．

Coaching　$t = T$ において $v(T) = 0$ であるから，(5.12) より

$$T = \frac{v_0}{\mu' g} \tag{5.14}$$

となります．そして，この物体の速度は，(5.12) より時間 t に比例して遅くなり，最終的には $T = \sqrt{v_0/\mu' g}$ で静止します．静止するまでの時間 T は初速度 v_0 が小さいほど短く，動摩擦係数 μ' が大きいほど短くなることがわかります．

また，移動距離 L は，(5.13) に (5.14) を代入することで

$$L = x(T) = \frac{{v_0}^2}{2\mu' g} \tag{5.15}$$

となります．つまり，L は初速度 v_0 が大きいほど長くなり，動摩擦係数 μ' が大きいほど短くなります．■

Training 5.2

Exercise 5.2 において，$v_0 = 1.0\,\mathrm{m/s}$, $\mu' = 0.5$, $g = 9.8\,\mathrm{m/s^2}$ とするとき，T と L を数値的に求めなさい．

5.3　粘性抵抗を受けながら落下する質点

速度 $v(t)$ に比例する粘性抵抗（$F_{\mathrm{V}} = -\gamma v, \gamma > 0$）を受けながら落下する質量 m の質点の運動について考え，速度 v を求めてみましょう．この質点に対するニュートンの運動方程式は，図 5.3 より

$$m\frac{dv}{dt} = mg - \gamma v \qquad (\gamma > 0) \tag{5.16}$$

となり（鉛直下向きを座標軸の正の向きに選びました），(5.16) の両辺を質量 m で割ると次のようになります．

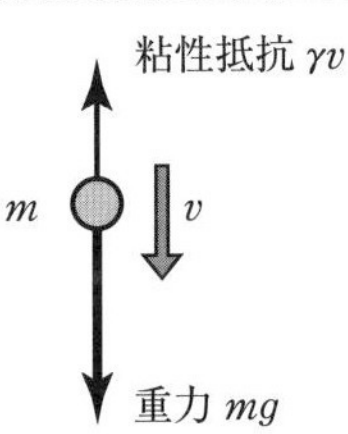

図 5.3　粘性抵抗を受けながら落下する質点にはたらく力

$$\frac{dv}{dt} = -\frac{\gamma}{m}\left(v - \frac{mg}{\gamma}\right) \tag{5.17}$$

いま，$f(t) = -\gamma/m$, $g(v) = v - mg/\gamma$ とおくと，(5.17) は

$$\frac{dv}{dt} = f(t)\,g(v) \tag{5.18}$$

となります．この式の右辺は，独立変数である時刻 t だけの関数 $f(t)$（いまの場合は時刻と共に変化しないので $f(t)$ は定数）と従属変数である速度 v だけの関数 $g(v)$ に分離されています．(5.18) の形の微分方程式は**変数分離形**とよばれ，次のような手順（**変数分離法**）で解析的に解くことができます．

まず，(5.18) の両辺を $g(v)$ で割り，その両辺を時間 t で積分すると

$$\int \frac{1}{g(v)} \frac{dv}{dt}\,dt = \int f(t)\,dt \tag{5.19}$$

となります．ここで $\dfrac{dv}{dt}\,dt = dv$ なので (5.19) は

$$\int \frac{1}{g(v)}\,dv = \int f(t)\,dt \tag{5.20}$$

となります．速度 v は，この式の両辺の積分をそれぞれ実行して，速度 v について整理すれば求まることになります．

いまの場合は，$f(t) = -\gamma/m$, $g(v) = v - mg/\gamma$ なので，

$$\int \frac{1}{v - \dfrac{mg}{\gamma}}\,dv = -\frac{\gamma}{m}\int dt \tag{5.21}$$

となり，両辺をそれぞれ積分すると

$$\ln\left|v - \frac{mg}{\gamma}\right| = -\frac{\gamma}{m}t + C \tag{5.22}$$

となります．ここで，左辺に現れる関数 $\ln x \equiv \log_e x$ は自然対数関数で，自然指数関数 e^x の逆関数を表します．また，(5.21) の両辺をそれぞれ積分した際に現れる積分定数をまとめて C と書きました．

それでは，(5.22) を整理して速度 v を求めてみましょう．まず，(5.22) の両辺の逆関数を求めると

$$\left|v - \frac{mg}{\gamma}\right| = Be^{-\frac{\gamma}{m}t} \qquad (\text{ただし，} B \equiv e^{C} \text{ は正の定数}) \tag{5.23}$$

となります．ここで，$e^{X+Y} = e^X e^Y$ の関係式を用いました．そして，(5.23) の絶対値をはずして，速度 v について整理すると

$$v(t) = \frac{mg}{\gamma} + Ae^{-\frac{\gamma}{m}t} \qquad (\text{ただし，} A \equiv \pm B \text{ は任意の実数}) \tag{5.24}$$

となります．こうして，(5.16) の一般解が得られました[2)]．

5.3.1 与えられた初期条件のもとでの運動

上の場合について，時刻 $t = 0$ で，質点を静かに落下させた場合 ($v(0) = 0$) の質点の速度 $v(t)$ を求めてみましょう．この初期条件を (5.24) に課すと，積分定数 A は

$$A = -\frac{mg}{\gamma} \tag{5.25}$$

と定まります．

したがって，この初期条件のもとでの質点の落下速度 $v(t)$ は，(5.25) を (5.24) に代入することで

$$v(t) = \frac{mg}{\gamma}\left(1 - e^{-\frac{\gamma}{m}t}\right) \tag{5.26}$$

となります．これをグラフに描くと，図 5.4 のようになります．この結果の考察は次項で行いましょう．

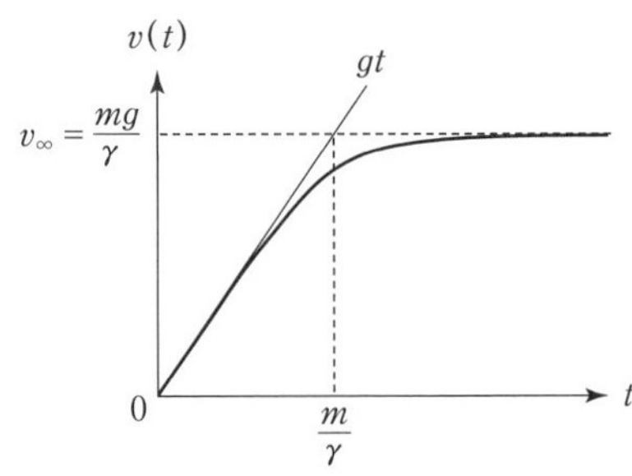

図 5.4 粘性抵抗を受けながら落下する質点の速度の時間変化

5.3.2 結果の物理的考察

(5.26) と図 5.4 の運動を理解するために，質点が静かに落下した直後（時刻 $t \ll m/\gamma$）と落下してから十分に時間が経過した後 ($t \gg m/\gamma$) の，落下速度 $v(t)$ について考えてみましょう．このように，物理学では注目する変数（いまの場合は時間 t）の両極限で何が起きているかを把握することで，現象

2) 微分方程式の一般解とは，積分定数を含む解のことです．

の全体像を捉えようとします．ここでの手続きは，まさにその一例です．

落下直後（$t \ll m/\gamma$）

時刻が $t \ll m/\gamma$ すなわち $\gamma t/m \ll 1$ のとき，$e^{-\frac{\gamma}{m}t} \approx 1-(\gamma/m)t$ のように近似できるので[3]，質点の速度は（5.26）より $v = gt$ となります．これは5.1節で述べた重力のもとで自由落下する質点の速度（5.5）と同じです．（ただし，5.1節と座標軸の向きを反対に選んだので，速度 v の符号が反対であることに注意しましょう．）落下直後に質点が自由落下する理由は，落下直後は質点の速度 v が非常に小さく，粘性抵抗 $F_{\mathrm{V}} = -\gamma v$ を無視できるためです．この状況では，ガリレオの考察のように，落下速度は質量に依存しません（5.1節を参照）．

▶ 落下直後（$t \ll m/\gamma$）の質点は，重力加速度の大きさ g で自由落下する．

十分に時間が経過した後（$t \gg m/\gamma$）

時刻が $t \gg m/\gamma$ すなわち $\gamma t/m \gg 1$ のとき，$e^{-\frac{\gamma}{m}t} \approx 0$ なので，質点の速度は（5.26）より $v_\infty = mg/\gamma$ となり，質点は一定の速度（**終端速度**）で落下します．終端速度は質点にはたらく重力 mg が大きいほど大きく，粘性抵抗の係数 γ が小さいほど大きくなります．この状況では，アリストテレスの考察のように，質量の大きい物体の方が落下速度が速いことがわかります（3.1節を参照）．

▶ $t \gg m/\gamma$ において，質点は一定の終端速度（$v_\infty = mg/\gamma$）で等速落下する．

この質点の運動の振る舞いは次のように理解できます．落下する質点の速度 v は時間が経過すると共に大きくなり，そのうち粘性抵抗 $F_{\mathrm{V}} = -\gamma v$ と重力 mg がつり合います．このとき，質点は力がはたらいていない状態になるので，慣性の法則に従って質点は等速運動します（図5.4）．

以上の考察からわかるように，粘性抵抗を受けながら落下する質点は，時間 $\tau = m/\gamma$ を境に自由落下（加速度一定）から等速落下（速度一定）へと運

3）巻末の付録のAのテイラー展開を参照．より詳しく学びたい方は，本シリーズの『物理数学』などを参照してください．

動形態を切り替えます．τ は運動量 $p = mv$ の変化が和らぐ時間であることから，**緩和時間**といいます[4]．

Exercise 5.3

(5.26) のような速度で落下する質点の位置 $x(t)$ を求めなさい．なお，$t = 0$ での質点の位置を $x(0) = 0$ とします．

Coaching (5.26) を時間 t で積分すると

$$x(t) = \frac{mg}{\gamma}\left(t + \frac{m}{\gamma}e^{-\frac{\gamma}{m}t}\right) + X \qquad (X \text{ は積分定数}) \tag{5.27}$$

となります．この式に，初期条件 $x(0) = 0$ を代入して積分定数 X を決定すると $X = -m^2 g/\gamma^2$ となるので，

$$x(t) = \frac{mg}{\gamma}\left\{t - \frac{m}{\gamma}(1 - e^{-\frac{\gamma}{m}t})\right\} \tag{5.28}$$

が得られます．■

Training 5.3

半径 $R = 0.1\,\mathrm{mm}$，密度 $\rho = 1.0\,\mathrm{g/cm^3}$ の球状の雨滴が摂氏 25℃の大気中を落下しているとき，ストークスの抵抗法則 (4.22) と表 4.1 を用いて雨滴の終端速度を求めなさい．なお，重力加速度の大きさは $g = 9.8\,\mathrm{m/s^2}$ とします．

Coffee Break

スーパーコンピュータによる雨滴の落下シミュレーション

天気予報や地球温暖化・寒冷化の予測では，気象モデルや気候モデルを用いた大規模なシミュレーションが行われます．この分野の発展は著しく，2021 年には「地球温暖化の予測のための気候変動モデルの開発」に多大な貢献をした眞鍋淑郎氏とクラウス・ハッセルマン氏の他，複雑系の分野に関連して，ジョルジオ・パリージ氏の計 3 名にノーベル物理学賞が授与されました．

スーパーコンピュータによる気象や気候の予測を行うための気象モデルや気候

4) 緩和時間 $\tau = m/\gamma$ が重力加速度 g によらないということは，粘性抵抗を受けながら落下する質点の運動形態が切り替わるタイミングは，地球に限らず，他の惑星の上でも同じであることを意味します．

モデルでは，驚くべきことに，雨滴の落下速度の違いによって地球温暖化の予測結果が変わってしまいます．本章では，雨滴を質点として取り扱いましたが，雨滴の直径が大きくなると質点モデルの精度が悪くなります．大きな雨滴の場合には，雨滴の形状変形や雨滴内部の水の流れや周辺の空気の流れの影響までを取り入れたシミュレーションを行う必要があります．そのような影響を取り入れたシミュレーション結果を図 5.5 に示します．

図 5.5 (a) は，雨滴の落下速度の時間変化を様々な大きさの雨滴（直径 0.025 mm, 0.05 mm, 0.1 mm, 0.2 mm, 0.3 mm, 0.4 mm, 0.5 mm）に対してプロットしたものです．この図からわかるように，雨滴の直径が大きくなると緩和時間と終端速度のいずれもが大きくなります．この計算から得られる「雨滴の直径と終端速度の関係」を図 5.5 (b) にプロットしています．黒丸がシミュレーションの結果です．直径の小さい 0.025 mm と 0.05 mm の場合には，終端速度は雨滴の直径の 2 乗に比例し，質点モデルで精度良く雨滴の落下を再現できることがわかります．（図 5.5 (b) の点線）[5)]．

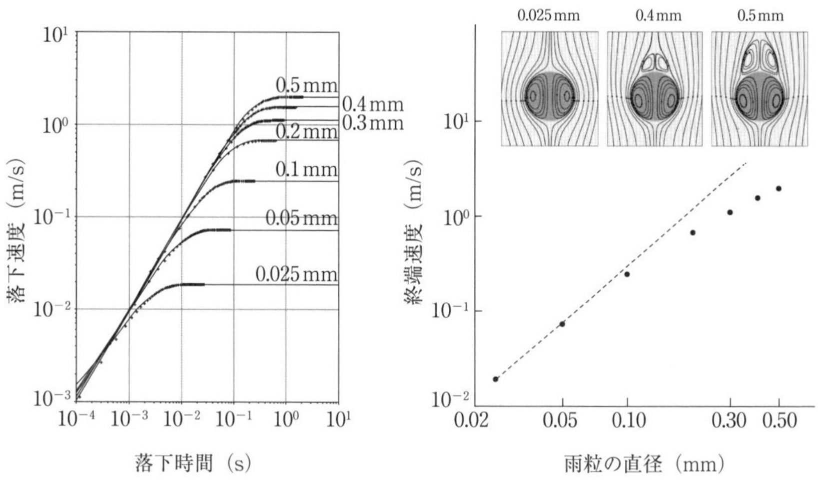

(a) 雨滴の落下速度の時間依存性　　(b) 終端速度の雨滴の粒径依存性

図 5.5　スーパーコンピュータ「富岳」によって計算された雨滴の落下運動
（C. R. Ong, *et al.*: J. Atmospheric Sci. **78** (2021) 1129 による）

5）雨滴の直径を d とすると，雨滴の質量 m は $m \propto d^3$ であり，雨滴の粘性抵抗の係数 γ はストークスの抵抗法則 (4.22) より $\gamma \propto d$ なので，雨滴の終端速度 v_∞ は $v_\infty = mg/\gamma \propto d^2$ のように雨滴の直径の 2 乗に比例します．

直径が0.1mmより大きくなると，シミュレーションで得られた終端速度（黒丸）は点線からずれてくることがわかります．これは，「粘性抵抗のもとでの質点モデル」の精度が悪くなったことを意味します．その理由を説明するために，図5.5(b)の上部に，直径0.025mm，0.4mm，0.5mmの雨滴内部とその周りの空気の流れの様子を示しました．この図からわかるように，直径が小さいとき（0.025mm）には，空気の流れは雨滴を回り込むだけなので「雨滴は空気から粘性抵抗を受ける」というモデルで十分に雨滴の落下を記述できます．しかし，直径が大きいとき（0.4mmと0.5mm）には，雨滴の上部に複雑な渦流が生じており，この複雑な流体の挙動が雨滴の運動に影響を与えるため，「粘性抵抗のもとでの質点モデル」のようなシンプルなモデルでは雨滴の落下速度を精度良く求めることができなくなります．

5.4　慣性抵抗を受ける質点の落下運動

速度vの2乗に比例する慣性抵抗（$F_{\mathrm{I}} = -\beta v^2, \beta > 0$）を受けながら落下する質量$m$の質点の運動について考え，速度$v$を求めてみましょう．この質点に対するニュートンの運動方程式は

$$m\frac{dv}{dt} = mg - \beta v^2 \qquad (\beta > 0) \tag{5.29}$$

となります（ただし，鉛直下向きを座標軸の正の向きに選びました）．

まず，物体を落下させてから十分に時間が経過したときの物体の運動（前節で述べたように，重力mgと慣性抵抗$-\beta v^2$がつり合い，等速直線運動$dv/dt = 0$をしている状態）では，(5.29)より$mg - \beta v^2 = 0$なので，質点の速度（終端速度v_∞）は

$$v_\infty = \sqrt{\frac{mg}{\beta}} \tag{5.30}$$

であることがわかります．これより，終端速度は質点にはたらく重力mgが大きいほど大きく，慣性抵抗の係数βが小さいほど大きくなることがわかります．

(5.29)の計算の見通しを良くするために，次のように書き直しましょう．

$$\frac{dv}{dt} = -\frac{\beta}{m}\left(v^2 - \frac{mg}{\beta}\right)$$

$$= -\frac{\beta}{m}(v^2 - v_\infty{}^2) \tag{5.31}$$

ここで，$v_\infty = \sqrt{mg/\beta}$ は (5.30) の終端速度です．いま，$f(t) = -\beta/m$，$g(v) = v^2 - v_\infty{}^2$ とおくと，(5.31) は

$$\frac{dv}{dt} = f(t)\,g(v) \tag{5.32}$$

となります．この式の右辺は，独立変数である時間 t だけの関数 $f(t)$（いまの場合は定数）と従属変数である速度 v だけの関数 $g(v)$ に分離された変数分離形なので，前節と同様に変数分離法によって解いていくと，(5.31) は

$$\int \frac{1}{v^2 - v_\infty{}^2}\,dv = -\frac{\beta}{m}\int dt \tag{5.33}$$

となります．この式の右辺はすぐさま計算できて

$$-\frac{\beta}{m}\int dt = -\frac{\beta}{m}t + A \qquad (A\ \text{は積分定数}) \tag{5.34}$$

となります．一方，(5.33) の左辺は，被積分関数を部分分数分解することで

$$\int \frac{1}{v^2 - v_\infty{}^2}\,dv = \frac{1}{2v_\infty}\int\left(\frac{1}{v - v_\infty} - \frac{1}{v + v_\infty}\right)dv$$

$$= \frac{1}{2v_\infty}(\ln|v - v_\infty| - \ln|v + v_\infty|) + B \qquad (B\ \text{は積分定数})$$

$$= \frac{1}{2v_\infty}\ln\left|\frac{v - v_\infty}{v + v_\infty}\right| + B \tag{5.35}$$

のように積分を実行できます．

こうして，(5.33) は

$$\frac{1}{2v_\infty}\ln\left|\frac{v - v_\infty}{v + v_\infty}\right| = -\frac{\beta}{m}t + C \qquad (C\ (= A - B)\ \text{は積分定数}) \tag{5.36}$$

となります．この式を v について（前節と同様の計算の手続きに従って）計算すると

$$v(t) = \frac{1 + D\exp\left(-\dfrac{2\beta v_\infty}{m}t\right)}{1 - D\exp\left(-\dfrac{2\beta v_\infty}{m}t\right)}v_\infty \qquad (D\ (= e^{2v_\infty C})\ \text{は任意の実数}) \tag{5.37}$$

となり，(5.29) の一般解が得られました．

5.4.1 与えられた初期条件のもとでの運動

時刻 $t = 0$ において，上で求めた質点を静かに落下させた場合 ($v(0) = 0$) の速度 $v(t)$ を求めてみましょう．この初期条件を (5.37) に課すことにより，定数 D は

$$D = -1 \tag{5.38}$$

と定まります．ここで，$v_\infty = 0$ でないことを仮定しました．なぜなら，いま考えている初期条件 ($v(0) = 0$) において終端速度が $v_\infty = 0$ ということは，物体は常に静止 ($v(t) = 0$) していることになり，これは自明な解だからです．よって，考察の対象としないことにします．

したがって，この初期条件のもとでの質点の落下速度 $v(t)$ は，(5.38) を (5.37) に代入することで

$$\begin{aligned} v(t) &= v_\infty\frac{1 - \exp\left(-\dfrac{2\beta v_\infty}{m}t\right)}{1 + \exp\left(-\dfrac{2\beta v_\infty}{m}t\right)} = v_\infty\frac{\exp\left(\dfrac{\beta v_\infty}{m}t\right) - \exp\left(-\dfrac{\beta v_\infty}{m}t\right)}{\exp\left(\dfrac{\beta v_\infty}{m}t\right) + \exp\left(-\dfrac{\beta v_\infty}{m}t\right)} \\ &= v_\infty\tanh\left(\frac{\beta v_\infty}{m}t\right) \end{aligned} \tag{5.39}$$

となります．ここで，$\tanh x$（ハイパボリック・タンジェント・エックスと読みます）は双曲線正接関数とよばれ，自然指数関数 ($e^{\pm x}$) を用いて $\tanh x = (e^x - e^{-x})/(e^x + e^{-x})$ と表されます[6]．

---

6) 双曲線関数は自然指数関数 $e^{\pm x}$ を用いて，$\sinh x = \dfrac{e^x - e^{-x}}{2}$，$\cosh x = \dfrac{e^x + e^{-x}}{2}$ と定義され，それぞれ双曲線正弦関数，双曲線余弦関数といいます．したがって，$\tanh x$ は $\sinh x$ と $\cosh x$ を用いて $\tanh x = \dfrac{\sinh x}{\cosh x}$ のように定義されます．

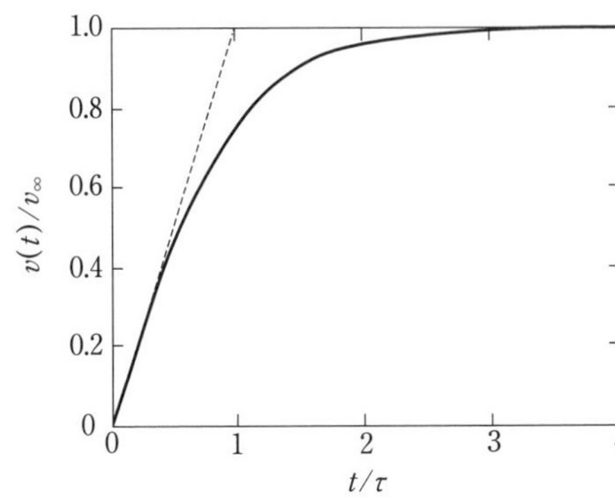

図 5.6　慣性抵抗を受けながら落下する質点の速度．ここで，$\tau = m/\beta v_\infty$ は緩和時間である．破線は自由落下の速度 $v = gt$ を表す．

縦軸を $v(t)/v_\infty$，横軸を t/τ（ここで，$\tau = m/\beta v_\infty$）として (5.39) をプロットすると，図 5.6 のようになります．以下では，図 5.6 の振る舞いについて考えてみましょう．

5.4.2　結果の物理的考察

質点が静かに落下した直後（$t \ll m/\beta v_\infty$）と落下してから十分に時間が経過した後（$t \gg m/\beta v_\infty$）の，落下速度 $v(t)$ について考えてみましょう．

落下直後（$t \ll m/\beta v_\infty$）

このとき，$\tanh\left(\dfrac{\beta v_\infty}{m}t\right) \approx \dfrac{\beta v_\infty}{m}t$ のように近似できるので，質点の速度は (5.39) より $v \approx \dfrac{\beta {v_\infty}^2}{m}t = gt$ となります（図 5.6 の破線）．ここで，(5.30) の $v_\infty = \sqrt{mg/\beta}$ を用いました．これは重力 mg のもとで自由落下する質点の速度 (5.5) と同じです．（ただし，5.1 節と座標軸の向きを反対に選んだので，速度 v の符号が反対であることに注意しましょう．）落下直後に質点が自由落下する理由は，落下直後は質点の速さ v が非常に小さく，慣性抵抗 $F_\mathrm{I} = -\beta v^2$ を無視できるためです．この事情は，前節で述べた「粘性抵抗を受けて落下する質点」の場合と同じです．

▶ 落下直後（$t \ll m/\beta v_\infty$）の質点は，重力加速度の大きさ g で自由落下する．

十分に時間が経過した後 $(t \gg m/\beta v_\infty)$

このとき，$\tanh\left(\dfrac{\beta v_\infty}{m}t\right) \approx 1$ なので，質点の速度は (5.39) より $v = v_\infty \, (= \sqrt{mg/\beta})$ となり，終端速度に達します．

以上の考察からわかるように，慣性抵抗を受けながら落下する質点は，緩和時間 $\tau = m/\beta v_\infty$ を境に自由落下（加速度一定）から等速落下（速度一定）へと運動形態を切り替えます．

Training 5.4

地表付近でのバドミントンのシャトルコックは，重力の他に慣性抵抗力 $(F_\mathrm{I} = -\beta v^2)$ を受けることが知られています．シャトルコックを静かに落下させたところ，その終端速度が $v_\infty = 6.5\,\mathrm{m/s}$ であったとき，このシャトルコックが受ける（単位質量当たりの）慣性抵抗力の係数 β/m を求めなさい．ここで，重力加速度の大きさは $9.8\,\mathrm{m/s^2}$ とします．

Exercise 5.4

速度 v によって粘性抵抗力 $(F_\mathrm{V} = -\gamma v,\ \gamma > 0)$ と慣性抵抗力 $(F_\mathrm{I} = -\beta v^2,\ \beta > 0)$ を受けて落下する質量 m の物体の終端速度 v_∞ を求めなさい．ただし，重力加速度の大きさを g とします．

Coaching　この物体の運動方程式は

$$m\frac{dv}{dt} = mg - \gamma v - \beta v^2 \qquad (\gamma > 0,\ \beta > 0) \tag{5.40}$$

となります（ただし，鉛直下向きを座標軸の正の向きに選びました）．物体を落下させてから十分に時間が経ったときの物体の運動（重力と，粘性抵抗力と慣性抵抗力の合力がつり合い，等速直線運動 $dv/dt = 0$ をしている状態）は，$mg - \gamma v_\infty - \beta {v_\infty}^2 = 0$ なので，終端速度 v_∞ は

$${v_\infty}^2 + \frac{\gamma}{\beta}v_\infty - \frac{mg}{\beta} = 0 \tag{5.41}$$

を満たします．この2次方程式を解くと，終端速度 v_∞ は

$$v_\infty = -\frac{\gamma}{2\beta} + \sqrt{\left(\frac{\gamma}{2\beta}\right)^2 + \frac{mg}{\beta}} \tag{5.42}$$

となることがわかります（ここで，$v_\infty > 0$ の解を選びました）．■

本章のPoint

- **自由落下**：物体が空気抵抗などの影響を受けずに，重力だけによって地表に向かって落下する現象．このとき，重力加速度 g となり，落下の加速度は物体の質量に依存しない．
- **粘性抵抗や慣性抵抗のもとでの質点の落下運動**：地表付近で落下する質点に粘性抵抗や慣性抵抗のような空気抵抗がはたらいているとき，緩和時間より十分に短い時間では質点は自由落下し，緩和時間より十分に長い時間が経った後では重力と空気抵抗がつり合って等速直線運動をする．

Practice

[5.1]　粘性抵抗のもとでの投射運動

地表付近で，質量 m の質点を水平から角度 θ をなす方向に初速度 v_0 で投射します．この質点に重力と速度に比例する粘性抵抗がはたらいているとき，この質点の運動に関する次の問いに答えなさい．ただし，粘性抵抗の係数を γ とします．

(1)　t 秒後の質点の速度を求めなさい．

(2)　終端速度を求めなさい．

(3)　7 秒後の質点の位置を求めなさい．

[5.2]　金属のドルーデ模型とオームの法則

金属に電場 $\boldsymbol{E} = (-E, 0, 0)$（$x$ 軸の負の向き）を印加すると，金属中の自由電子（質量 m，電気量 $q = -e(<0)$）が電場からクーロン力 $-e\boldsymbol{E}$ を受ける他に，金属中の不純物に衝突することで速度に比例する粘性抵抗を受けます．このとき，金属中の電子の x 方向の運動方程式は

$$m\frac{dv}{dt} = eE - \frac{m}{\tau}v \tag{5.43}$$

によって表されます（ドルーデ模型）．ここで，τ は電子が不純物に衝突する時間の平均値です（平均衝突時間または緩和時間といいます）．この電子の運動に関する

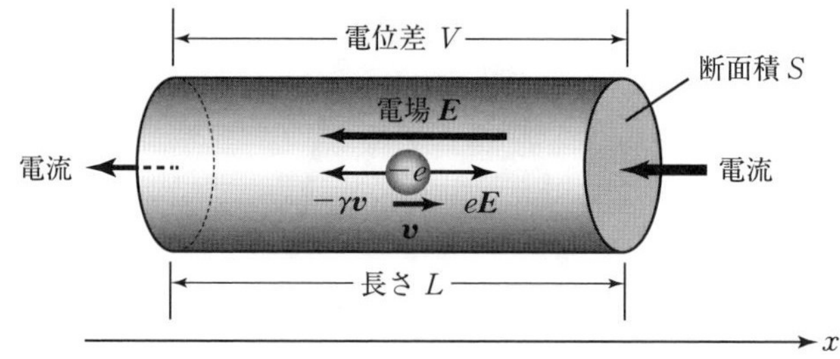

図 5.7 長さ L，断面積 S の金属の導線の中にある質量 m，電気量 $q = -e$ の自由電子にはたらく力

次の問いに答えなさい．ただし，金属中の電子の密度を n とします．

(1) 電子の終端速度 v_∞ を求めなさい．

(2) この金属を流れる電流密度の平均値は $j = -env_\infty$ によって与えられます．電流密度 j と電場 E が比例関係 ($j = \sigma E$) にあること（オームの法則）を示し，電気伝導率 σ の表式を導きなさい．

(3) 0℃において，断面積 $1\,\mathrm{mm}^2$ の銅線に 1A の電流が流れているとき，電子の緩和時間（平均の衝突時間）を求めなさい．ただし，銅の電子密度 $n = 8.5 \times 10^{22}$ 個/cm^3，電子の質量 $m = 9.1 \times 10^{-31}\,\mathrm{kg}$，電荷素量 $e = 1.6 \times 10^{-19}\,\mathrm{C}$，0℃での銅の電気伝導率 $\sigma = 6.45 \times 10^7\,\mathrm{m}$ とします．

[5.3] 慣性抵抗があるときの鉛直運動

地表付近で，質量 m の質点を初速度 v_0 で鉛直上向きに投げ上げます．この質点に重力と速度の 2 乗に比例する慣性抵抗がはたらいているとき，この質点の最高到達点の高さ h を求めなさい．

[5.4] 一様な電場の中での荷電粒子の運動

2 枚の導体板（極板）を平行に置き，一方の極板を正に，もう一方の極板を負に帯電させて極板の間に一様な電場 $\boldsymbol{E}$ をつくります．極板間に質量 m で電気量 q の荷電粒子を極板に平行な向きに速さ v_0 で入射し，この荷電粒子が極板に沿って距離 L だけ進んだとき，極板に垂直な方向にどれだけずれるかを求めなさい．

[5.5] 粘性抵抗と慣性抵抗のもとでの落下運動

粘性抵抗 ($F_{\mathrm{V}} = -\gamma v, \gamma > 0$) と慣性抵抗 ($F_{\mathrm{I}} = -\beta v^2, \beta > 0$) の両方を受けながら地表付近を落下する質量 m の質点の速度を求めなさい．ただし，重力加速度の大きさは g とします．

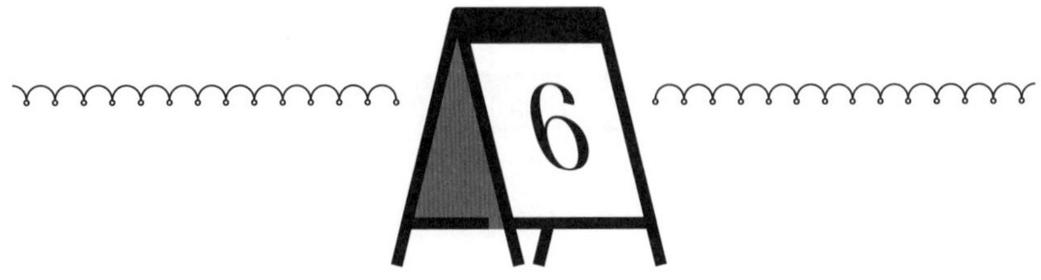

質点の様々な運動（Ⅱ）
〜振動現象〜

私たちの身の回りには様々な**振動現象**が存在します．空気の振動である音や地震による建物の揺れも，振動現象の典型的な例です．また，振動現象はニュートン力学に限らず，電磁気学や量子力学など様々な分野で共通の現象です．「振動現象を制するものは物理を制する」といっても過言ではないほど振動現象は重要なので，ぜひ，本章で質点の振動現象の基本を身に付けましょう．

6.1 弾性力のもとでの質点の運動

振動現象の本質を理解するために最も教育的な系は，高等学校の物理でもお馴染みの**バネ振り子**です．バネ振り子は，バネ定数（弾性係数）k（N/m）のつる巻きバネに質量 m の質点を付けたシンプルな力学系ですが，このシンプルな系に振動現象の本質が凝集されているので，本書でも最初に「バネ振り子」の運動について解説します．

図 6.1 に示すように，滑らかな水平面上に置かれたバネ振り子の運動について考えてみましょう．この質点にはたらく力は（4.24）のフックの力なので，この質点に対するニュートンの運動方程式は

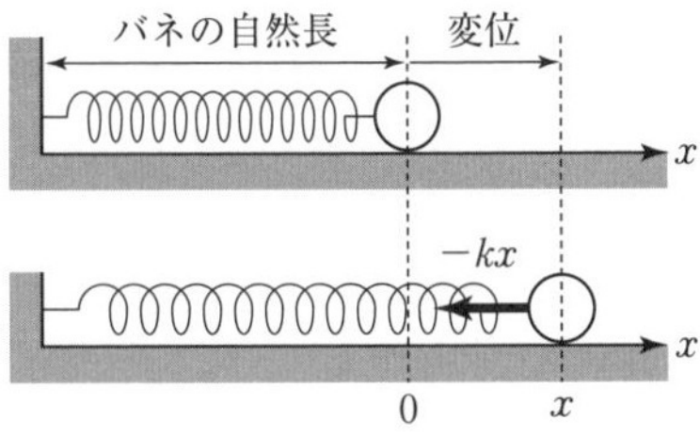

図 6.1 フックの法則に従うバネの弾性力

$$m\frac{d^2x}{dt^2} = -kx \tag{6.1}$$

で与えられます．ここで，x はバネの自然長からの変位です[1]．

これから (6.1) を解き，バネ振り子の運動を決定するわけですが，式の煩雑さを避けるために，ここでは，(6.1) の両辺を質量 m で割って，

$$\frac{d^2x}{dt^2} = -{\omega_0}^2 x \tag{6.2}$$

のように変形しておきます．ここで，${\omega_0}^2 = k/m\,(>0)$ とおきました．

この後の2つの項（6.1.1項と6.1.2項）では，それぞれ2つの異なる方法を用いて (6.2) の一般解を導出します．

6.1.1 一般解の直観的な導出

まず，(6.2) の一般解を直観的に探してみましょう．すぐにわかるように，(6.2) の解 $x(t)$ は時間 t で2度微分すると元の関数形 $x(t)$ に戻り，係数と符号だけを変えるような関数です．そのような関数としてすぐに思いつくのは，

$$\sin\omega_0 t \quad や \quad \cos\omega_0 t$$

のような三角関数でしょう．実際，これらの関数を (6.2) に代入し，合成関数の微分公式

$$\frac{d}{dt}\sin\omega_0 t = \frac{d(\omega_0 t)}{dt}\frac{d}{d(\omega_0 t)}\sin\omega_0 t = \omega_0\cos\omega_0 t$$

$$\frac{d}{dt}\cos\omega_0 t = \frac{d(\omega_0 t)}{dt}\frac{d}{d(\omega_0 t)}\cos\omega_0 t = -\omega_0\sin\omega_0 t$$

を用いることで，$\sin\omega_0 t$ や $\cos\omega_0 t$ が (6.2) の解であることを確かめることができます．

一般解と特解

(6.2) は2階微分 d^2x/dt^2 を含む（つまり，x を求めるために2度積分する必要がある）ので，一般にその解には2つの定数（積分定数）が含まれる

1) 力を加えられていないバネが静止しているときの長さを**自然長**といいます．

はずです．そこで，そのような一般解として，$\sin \omega_0 t$ と $\cos \omega_0 t$ の和（線形結合）である

$$x(t) = c_1 \sin \omega_0 t + c_2 \cos \omega_0 t \tag{6.3}$$

を導入してみましょう．ここで，c_1 と c_2 は任意の実数です．

(6.3) が (6.2) の一般解であることは，(6.2) に代入することで容易に確かめられます．そして，この一般解に含まれる任意定数 c_1 と c_2 に何らかの特別な値を与えて得られる解のことを**特殊解**または**特解**といいます．例えば，$c_1 = 1$, $c_2 = 0$ に選んだ場合の特解は $\sin \omega_0 t$ となり，$c_1 = 0$, $c_2 = 1$ に選んだ場合の特解は $\cos \omega_0 t$ となります．

一般解の別表現

任意の実数 c_1 と c_2 をそれぞれ $c_1 = A \cos \delta$ と $c_2 = A \sin \delta$（A, δ はいずれも実数）に書き換えると，(6.3) は三角関数の加法定理を用いて

$$x(t) = A \sin (\omega_0 t + \delta) \tag{6.4}$$

となり，$c_1 = -B \sin \theta$ と $c_2 = B \cos \theta$（B, θ はいずれも実数）のように選べば，

$$x(t) = B \cos (\omega_0 t + \theta) \tag{6.5}$$

となります．(6.4) と (6.5) のいずれも，(6.2) の一般解なのでどちらを用いてもよいのですが，本書では適宜使い分ける（便利そうな方を使う）ことにします．

(6.4) と (6.5) の三角関数は図 6.2 に示すような周期関数で，波のように振動する関数であり，定数 A や B を**振幅**といいます．また，(6.4) や (6.5) の三角関数の引数 $\omega_0 t + \delta$ や $\omega_0 t + \theta$ を**位相**といい，δ や θ を**初期位相**とい

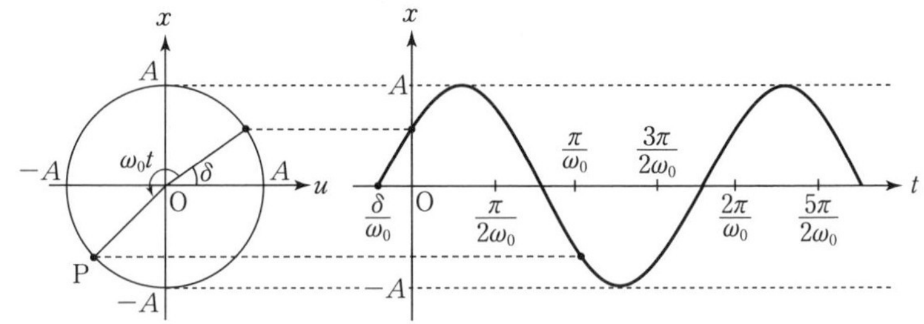

図 6.2　単振動 $x(t) = A \sin (\omega_0 t + \delta)$

います．位相や初期位相の単位は**ラジアン**（rad）で，無次元量です．

解の物理的意味

（6.4）は，図 6.2 において，半径 A の円の円周上を角速度 $\omega_0 = \sqrt{k/m}$ で等速円運動をしている点 P の x 座標の時間変化を表し，(6.5) は u 座標の時間変化を表していると見ることもできます．このような見方をすると，質点の運動を知るには点 P の x 座標に注目すればよく，点 P の x 座標は $x=0$ を中心に $|x| \leq A$ の範囲を往復運動（振動）します．すなわち，バネにつながれた質点は，原点（バネの自然長の位置）$x=0$ を中心に $|x| \leq A$ の範囲を往復運動します．この直線上の往復運動のことを**単振動**といいます．

この単振動において，1 往復に要する時間 T（**周期**）は，(2.49) より

$$T = \frac{2\pi}{\omega_0} = 2\pi\sqrt{\frac{m}{k}} \tag{6.6}$$

と与えられます．単振動の特徴の 1 つは，(6.6) からわかるように，**周期 T が振幅 A に依存しない**ことで，この性質を**等時性**といいます．また，単振動する質点のことを**調和振動子**といいます．

さて，ここでは $\omega_0 = \sqrt{k/m}$ を等速円運動の角速度と述べましたが，実際の運動は直線上の単振動なので，この場合の角速度 ω_0 は**角振動数**といいます．同様に，等速円運動の回転数（(2.50) を参照）を表す

$$\nu = \frac{1}{T} = \frac{\omega_0}{2\pi}$$

$$= \frac{1}{2\pi}\sqrt{\frac{k}{m}} \tag{6.7}$$

も，実際には，単位時間当たりに調和振動子が行った往復運動の回数なので，**振動数**（単位は Hz）といいます．

Training 6.1

バネ定数が $k = 20\,\mathrm{N/m}$ のバネを用いて，周期が 1s のバネ振り子をつくるためには，バネの先端に何 g の物体を付ければよいでしょうか？

 **Exercise 6.1**

自然長 ℓ_0 のつる巻きバネを天井からぶら下げ，つる巻きバネの下端に質量 m の質点を取り付けたところ，つる巻きバネの長さは ℓ になりました．さらに，つる巻きバネを a だけ下方に伸ばして静かに手を離したところ，質点は単振動しました．この質点の振動の周期 T を求めなさい．ただし，重力加速度の大きさを g，つる巻きバネのバネ定数を k とし，つる巻きバネの質量は質点の質量と比べて十分小さいものとします．

Coaching 質点をつる巻きバネに吊るした後に，質点が静止した状態での力のつり合いの条件は

$$mg = k(\ell - \ell_0) \tag{6.8}$$

となるので，このバネ定数 k は

$$k = \frac{mg}{\ell - \ell_0} \tag{6.9}$$

と表されます．

鉛直方向下向きを x 軸の正の向きに選ぶと，つり合いの位置からの変位 x は

$$m\frac{d^2x}{dt^2} = -kx \tag{6.10}$$

の運動方程式を満たすので，この運動方程式の一般解は，(6.5) より

$$x = A\cos(\omega_0 t + \delta) \tag{6.11}$$

となります（もちろん，(6.4) の形を用いても構いません）．ここで，バネの角振動数 ω_0 は

$$\omega_0 \equiv \sqrt{\frac{k}{m}} = \sqrt{\frac{g}{\ell - \ell_0}} \tag{6.12}$$

であり，A, δ は任意の実数です．

したがって，この振動子の周期 T は

$$T = \frac{2\pi}{\omega_0} = 2\pi\sqrt{\frac{\ell - \ell_0}{g}} \tag{6.13}$$

となります．なお，初期条件（$t = 0$ で $x = a$, $v = 0$）より変位 x は

$$x = a\cos\omega_0 t \tag{6.14}$$

となります． ■

6.1.2 特性方程式を用いた一般解の導出

前項で，調和振動子に対する運動方程式 (6.2) の一般解 (6.3)～(6.5) を示しましたが，この項では「特性方程式」とよばれる手法を用いた解法を紹介します．この方法は，前項の直観的な導出よりも汎用性が高く，単振動以外の振動現象（例えば，「空気抵抗がある場合のバネ振り子の運動」など）にも適用できるという利点があります．

まず，(6.2) の特解（一般解において任意定数を特定の値にしたもの）として，自然指数関数

$$x(t) = e^{\lambda t} \tag{6.15}$$

を仮定し，λ は，(6.15) が (6.2) を満足するように決定されるパラメータとします．実際，(6.15) を (6.2) に代入すると，

$$(\lambda^2 + {\omega_0}^2)e^{\lambda t} = 0 \tag{6.16}$$

となり，この式が任意の時刻 t において成り立つためには $e^{\lambda t} > 0$ なので，λ が

$$\lambda^2 + {\omega_0}^2 = 0 \tag{6.17}$$

を満たせばよいことになります（$e^{\lambda t} = 0$ の解はつくれないことに注意しましょう）．

この方程式は λ を決定するための方程式で，**特性方程式**といいます．この特性方程式は容易に解くことができて，

$$\lambda_{\pm} = \pm i\omega_0 \tag{6.18}$$

となります．ここで，2つの解を区別するために，λ の添字に $\pm$ を付けました．

以上から，運動方程式 (6.2) の2つの独立な特解は $e^{\pm i\omega_0 t}$ であり，(6.2) の一般解は，これら2つの特解の線形結合として

$$\begin{aligned} x(t) &= ae^{i\omega_0 t} + be^{-i\omega_0 t} \\ &= a(\cos\omega_0 t + i\sin\omega_0 t) + b(\cos\omega_0 t - i\sin\omega_0 t) \\ &= (a+b)\cos\omega_0 t + i(a-b)\sin\omega_0 t \end{aligned} \tag{6.19}$$

のように与えられます．ここで，a と b は任意定数で，また2番目の等号に移る際に，オイラーの公式

$$e^{\pm i\omega_0 t} = \cos\omega_0 t \pm i\sin\omega_0 t \tag{6.20}$$

を用いました．

(6.19) は少々奇妙に感じるかもしれません．なぜなら，左辺の $x(t)$ は物

体の変位を表す「実数」なのに，右辺は一見「複素数」のように見えるからです．もちろんそんなことはなく，この等号が成り立つためには（6.19）の右辺も実数でなければならないので，$a - b = -ic_1$（純虚数）と $a + b = c_2$（実数）であればよいことがわかります．こうして，（6.19）は新しく導入した実数 c_1 と c_2 を用いて

$$x(t) = c_1 \sin \omega_0 t + c_2 \cos \omega_0 t \tag{6.21}$$

となり，前項で求めた（6.3）が導かれます．

6.2　振り子の微小振動

図 6.3 に示すように，質量が無視できる張力 R の糸に取り付けられた質量 m の質点の運動について考えてみましょう．

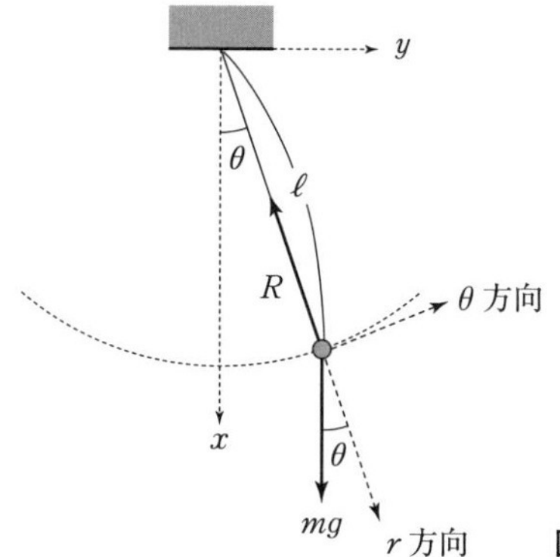

図 6.3　振り子の微小振動

この質点には張力 R と重力 mg がはたらいているので，図 6.3 より，質点の運動方程式は（3.3）を用いて極座標で書くと，

$$r\ \text{方向の運動方程式}：-m\ell\left(\frac{d\theta}{dt}\right)^2 = mg\cos\theta - R \tag{6.22}$$

$$\theta\ \text{方向の運動方程式}：m\ell\frac{d^2\theta}{dt^2} = -mg\sin\theta \tag{6.23}$$

となります．ここで，ℓ は糸の長さです．また，糸の長さが一定（$r = \ell =$ 一定）なので，$dr/dt = 0$ を用いました．

(6.23) の θ 方向の運動方程式は，$|\theta|$ が非常に小さい ($|\theta| \ll 1$) とき $\sin\theta \approx \theta$ と近似できるので

$$\frac{d^2\theta}{dt^2} = -\frac{g}{\ell}\sin\theta \approx -\frac{g}{\ell}\theta \tag{6.24}$$

と表せます．いま，$\omega_0 = \sqrt{g/\ell}$ とおくと，この運動方程式は

$$\frac{d^2\theta}{dt^2} = -\omega_0{}^2\theta \tag{6.25}$$

となります．これは前節で述べたバネ振り子に対する運動方程式 (6.2) と全く同じ形をしているので，前節と同様の手続きを踏むことで解くことができます．ぜひ，復習を兼ねてもう一度解いてみてください．

したがって，(6.25) の一般解 $\theta(t)$ は，(6.4) の $x(t)$ を $\theta(t)$ に置き換えて，

$$\theta(t) = A\sin(\omega_0 t + \delta) \qquad (A, \delta\text{は実定数}) \tag{6.26}$$

となります．

微小振動する振り子の周期 T は，(2.49) に $\omega_0 = \sqrt{g/\ell}$ を代入することで，

$$T = \frac{2\pi}{\omega_0} = 2\pi\sqrt{\frac{\ell}{g}} \tag{6.27}$$

となり，周期 T は系の長さ ℓ にのみ依存し，振り子の振幅に依存しないことがわかります（振り子の等時性）[2]．

Exercise 6.2

質量を無視できる長さ ℓ の糸に取り付けられた質量 m の質点から成る振り子が微小振動をしているとき，この振り子の糸の張力 R を求めなさい．

Coaching 糸の張力 R は (6.26) を (6.22) に代入することで，

$$R = mg\{1 + A^2\cos^2(\omega_0 t + \delta)\} \tag{6.28}$$

のように表されます．ここで，$\cos\theta \approx 1$ ($|\theta| \ll 1$) を用いました． ■

2) 振り子の等時性は，ガリレオが弱冠 19 歳のとき，ピサの大聖堂の天井に吊るされたシャンデリアの揺れ（一説にはランプの揺れ）を見てひらめいたといわれています．

6.3 振り子の等時性の破れ　発展

前節において，**微小振動する**振り子の周期 T は（6.27）となり，振り子の振幅に依存しないこと，いわゆる「振り子の等時性」について述べました．では，振り子の振幅が大きい場合にも「振り子の等時性」は成り立つのでしょうか？

この問いに答えるためには，（6.23）を $\sin\theta \approx \theta$ の近似をせず厳密に解き，振り子の周期を求める必要があります．以下では，周期を求めることを目的として，（6.23）を巧みに解いてみたいと思います．

（6.23）の両辺に $d\theta/dt$ を掛けて両辺を整理すると

$$\frac{d^2\theta}{dt^2}\frac{d\theta}{dt} + \frac{g}{\ell}\frac{d\theta}{dt}\sin\theta = 0 \tag{6.29}$$

となります．この式をよく見てみると

$$\frac{d}{dt}\left\{\frac{1}{2}\left(\frac{d\theta}{dt}\right)^2 - \frac{g}{\ell}\cos\theta\right\} = 0 \tag{6.30}$$

と書き直せることがわかります（わからない場合には，（6.30）の時間微分を実行してみて，（6.29）が導かれることを確かめるとよいでしょう）．そして，（6.30）の両辺を積分すると

$$\frac{1}{2}\left(\frac{d\theta}{dt}\right)^2 - \frac{g}{\ell}\cos\theta = E \text{（= 定数）} \tag{6.31}$$

が得られます（こうして，（6.23）を厳密に解くことができました）．（6.31）によって定義される新しい物理量 E は，振り子が運動している最中は常に一定であり，このような恒久的な量のことを，力学では**運動の恒量**や**運動の積分**，**保存量**などといいます[3)]．この保存量 E は，初期条件が与えられると値が確定します．そこで，初期条件として次のような状態を考えましょう．

初期条件：$t = 0$ において，$\theta = \theta_{\mathrm{m}}$ かつ $d\theta/dt = 0$ とする（図 6.4）．ただし，糸がたるまないように $0 \le \theta_{\mathrm{m}} \le \pi/2$ とする．

この初期条件を（6.31）に課すと，E は

3）（6.31）の保存量は，第 7 章で解説する**力学的エネルギー**に比例する量です．

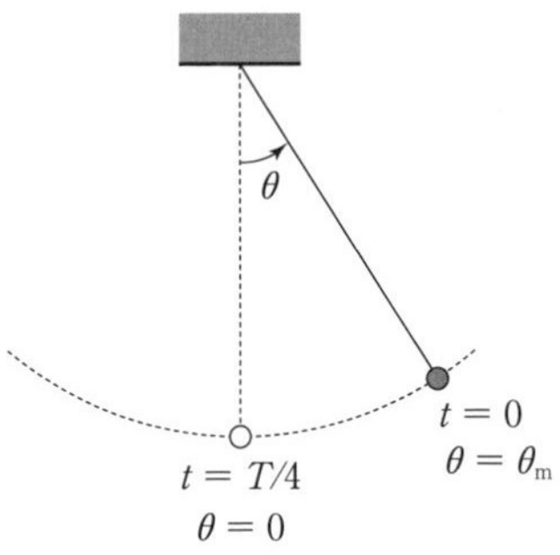

図 6.4　振り子の振動

$$E = -\frac{g}{\ell}\cos\theta_{\mathrm{m}} \qquad (6.32)$$

と定まります（これ以後，初期の角度 θ_{m} のことを「角振幅」ということにします）．この式を（6.31）に代入して整理すると

$$\left(\frac{d\theta}{dt}\right)^2 = \frac{2g}{\ell}(\cos\theta - \cos\theta_{\mathrm{m}}) \qquad (6.33)$$

が得られます．

いま，振り子が $\theta = 0$ に最初に到達するまでの時間（周期 T の 1/4）について考えることにしましょう（図 6.4）．この時間内では $d\theta/dt < 0$（θ が θ_{m} から 0 に単調減少）なので

$$\frac{d\theta}{dt} = -\sqrt{\frac{2g}{\ell}(\cos\theta - \cos\theta_{\mathrm{m}})} \qquad (6.34)$$

となります．いま考えている時間 $0 \leq t \leq T/4$（$\theta_{\mathrm{m}} \geq \theta \geq 0$）では $\cos\theta \geq \cos\theta_{\mathrm{m}}$ なので，（6.34）が負（$d\theta/dt < 0$）であることは容易に理解できるでしょう．

こうして求めた角速度 $d\theta/dt$ を用いることで，周期 T を次のように計算することができます．上述の計算では時間 $0 \leq t \leq T/4$（1/4 周期）での $d\theta/dt$ について計算したので，周期 T は $0 \leq t \leq T/4$ の区間を用いて

$$T = 4 \times \frac{T}{4} = 4\int_0^{T/4} dt \qquad (6.35)$$

のように書いておきましょう．そして，t を θ に変数変換（$dt = \frac{dt}{d\theta}d\theta$）することで，周期 T は

$$T = -4\int_{\theta_{\mathrm{m}}}^0 \frac{1}{\sqrt{\frac{2g}{\ell}(\cos\theta - \cos\theta_{\mathrm{m}})}}\,d\theta = 2\sqrt{\frac{2\ell}{g}}\int_0^{\theta_{\mathrm{m}}} \frac{1}{\sqrt{\cos\theta - \cos\theta_{\mathrm{m}}}}\,d\theta \qquad (6.36)$$

のように表されます．（6.36）の 2 番目の等号において，積分範囲の上限と下限を入れ換え，全体の符号を変えました．（6.36）の積分を解析的に解くこと

はできませんが[4]，この式から次の重要な事実を知ることができます．

(6.36) の積分が角振幅 $\theta_{\rm m}$ に依存することからわかるように，振り子の周期 T は振幅に依存する．すなわち，**振り子の等時性が破綻**していることがわかります．言い換えると「振り子の等時性」は，振り子の振幅が小さい微小振動の場合にのみ近似的に成り立つ性質です．

「振り子の等時性の破綻」の解説については以上になりますが，実際に振り子の周期 T を得るためには，コンピュータを用いて (6.36) の中の積分を数値的に求める必要があります．その際にはそのままの形では厄介なので，数値計算しやすいように次のように式変形することが多いです．

まず，三角関数の「半角の公式」

$$\cos\theta = 1 - 2\sin^2\frac{\theta}{2} \tag{6.37}$$

を用いて (6.36) を書き直すと

$$T = 2\sqrt{\frac{\ell}{g}}\int_0^{\theta_{\rm m}} \frac{1}{\sqrt{\sin^2\dfrac{\theta_{\rm m}}{2} - \sin^2\dfrac{\theta}{2}}}\,d\theta \tag{6.38}$$

となります．さらに，式を見やすくするために $m \equiv \sin\dfrac{\theta_{\rm m}}{2}$ とおき，

$$\sin\frac{\theta}{2} = m\sin\phi \tag{6.39}$$

を満たす新しい変数 ϕ を導入して (6.38) を書き直すと[5]，周期 T は

$$T = 4\sqrt{\frac{\ell}{g}}\int_0^{\pi/2} \frac{1}{\sqrt{1-m^2\sin^2\phi}}\,d\phi \equiv \frac{4}{\omega_0}K(m) \tag{6.40}$$

となります．ここで，$\omega_0 \equiv \sqrt{g/\ell}$ は微小振動する振り子の角振動数，$K(m)$ は

$$K(m) \equiv \int_0^{\pi/2} \frac{1}{\sqrt{1-m^2\sin^2\phi}}\,d\phi \tag{6.41}$$

4）「解析的に解く」とは「既知の関数や定数を用いて表現する」ことを意味します．

5）ここで，(6.39) より得られる関係 $d\theta = \dfrac{2m\cos\phi}{\sqrt{1-m^2\sin^2\phi}}\,d\phi$ を用いました．また，(6.39) より $\theta = 0$ のとき $\phi = 0$，$\theta = \theta_{\rm m}$ のとき $\phi = \pi/2$ であることを用いました．

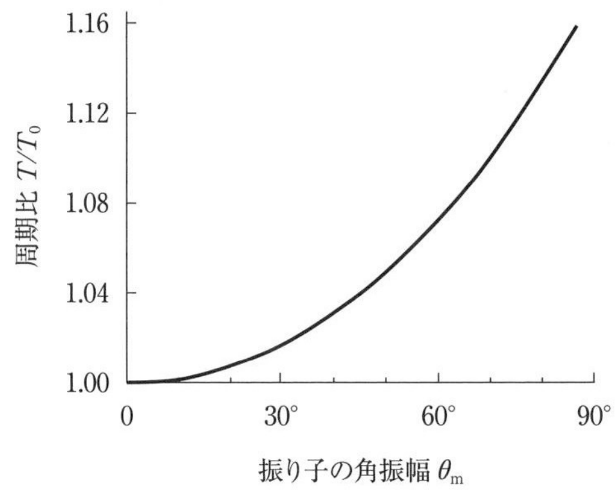

図 6.5　振り子の周期 T の角振幅 θ_m 依存性．$T_0 = 2\pi\sqrt{\ell/g}$ は微小振動する振り子の周期．

によって定義される**第一種完全楕円積分**とよばれるものであり，数値計算などがしやすい形となっています（詳細は省略）．

図 6.5 に，第一種完全楕円積分を数値計算して得られた振り子の周期 T と微小振動する振り子の周期 $T_0 = 2\pi/\omega_0 = 2\pi\sqrt{\ell/g}$ を比較した結果（周期比 T/T_0）を示します．図からわかるように，角振幅 θ_m が小さい微小振動の場合には，振り子の周期 T は $T_0 = 2\pi\sqrt{\ell/g}$ と一致します（周期比 $= 1$）．しかし，角振幅 θ_m が大きくなると周期 T は T_0 よりも長くなり，振り子の等時性が破れることがわかります．とはいえ，図 6.5 に示したように，広い範囲の θ_m にわたって周期 T の T_0 からのずれはとても小さく（周期比 ≈ 1），振り子の運動を微小振動とみなす近似がかなり精度の高い近似であることがわかります．

6.4　粘性抵抗のもとでの振動子の運動

図 6.6 に示すように，滑らかな水平面上に置かれた振動子（質量 m，バネ定数 k）が，速度 v に比例する粘性抵抗を受けながら運動している場合を考えてみましょう．この振動子の運動方程式は

$$m\frac{d^2x}{dt^2} = \underbrace{-kx}_{\text{バネの弾性力}} \underbrace{- \gamma\frac{dx}{dt}}_{\text{粘性抵抗}} \qquad (\gamma > 0) \tag{6.42}$$

で与えられます．ここで，x はバネの自然長の位置からの質点の変位です．

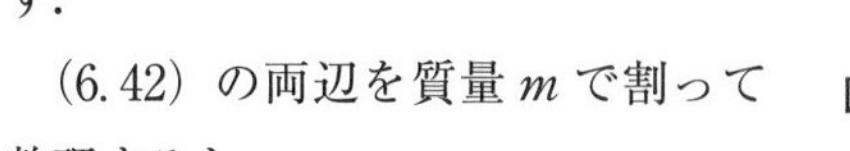

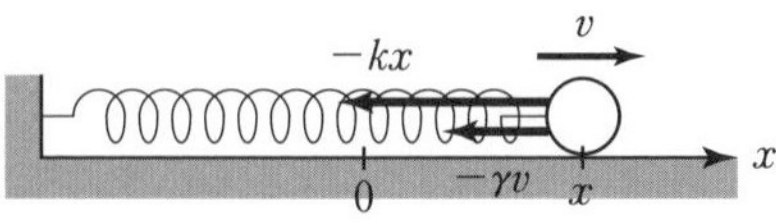

図 6.6　粘性抵抗を受ける振動子にはたらく力（x 軸に対して正の向きに速度をもつ場合）

(6.42) の両辺を質量 m で割って整理すると

$$\frac{d^2x}{dt^2} + 2\kappa\frac{dx}{dt} + {\omega_0}^2 x = 0 \quad (6.43)$$

となります．ここで，$\omega_0 = \sqrt{k/m}\ (> 0)$ および $2\kappa = \gamma/m\ (> 0)$ とおきました[6]．ω_0 はフックの力（バネの弾性力）の強さを表すパラメータであり，κ は粘性抵抗の大きさを表すパラメータです．この 2 つのパラメータの大小関係（2 つの異なる力の競合）によって，この振動子が異なった運動形態を示すことを以下で解説します．

ここでは，(6.43) の一般解を求めるために，6.1.2 項で行った「特性方程式を用いた一般解の導出方法」を用いましょう．まず，$x(t) = e^{\lambda t}$ とおいて (6.43) に代入すると，λ に対する特性方程式として

$$\lambda^2 + 2\kappa\lambda + {\omega_0}^2 = 0 \quad (6.44)$$

が得られます．この方程式の解は，2 次方程式の解の公式より

$$\lambda = -\kappa \pm \sqrt{\kappa^2 - {\omega_0}^2} \quad (6.45)$$

となります[7]．

(6.45) は，κ と ω_0 の大小関係により，次の 3 つのケースに場合分けされます．

（i）　$\kappa < \omega_0$ の場合は，異なる 2 つの複素数の解をもつ．

（ii）　$\kappa > \omega_0$ の場合は，異なる 2 つの実数解をもつ．

（iii）　$\kappa = \omega_0$ の場合は，1 つの実数解（重解）をもつ．

以下では，これら 3 つのケースについて順次解説します．なお，これら 3 つのケースは，その運動形態の特徴からそれぞれ，

減衰振動（$\kappa < \omega_0$），　　**過減衰**（$\kappa > \omega_0$），　　**臨界減衰**（$\kappa = \omega_0$）

とよばれています．

---

6)　係数の “2” は，後の計算式が煩雑にならないための便宜です．

7)　(6.43) の左辺第 2 項の係数を “2κ” のように，“2” を付けて定義したのは，(6.45) の 2 次方程式の解を簡潔に表すためです．

6.4.1 減衰振動（$\kappa < \omega_0$）

$\kappa < \omega_0$ の場合，λ は（6.45）より

$$\lambda = -\kappa \pm i\omega_1 \qquad (\text{ただし，} \omega_1 \equiv \sqrt{{\omega_0}^2 - \kappa^2} > 0) \tag{6.46}$$

となります．したがって，（6.43）の2つの独立な解は，

$$e^{-\kappa t}e^{i\omega_1 t}, \qquad e^{-\kappa t}e^{-i\omega_1 t} \tag{6.47}$$

であり，一般解は，これら2つの特解の線形結合として

$$x(t) = e^{-\kappa t}(c_1 e^{i\omega_1 t} + c_2 e^{-i\omega_1 t}) = Ae^{-\kappa t}\cos(\omega_1 t + \delta) \tag{6.48}$$

となります．ここで，c_1 と c_2 は任意の複素数の定数であり，A と δ は任意の実数です．また，2番目の等号に移る際に，$c_1 = \dfrac{A}{2}e^{i\delta}$, $c_2 = \dfrac{A}{2}e^{-i\delta}$ とおき，余弦関数（$\cos x$）と複素指数関数（$e^{\pm ix}$）との関係式 $\cos x = (e^{ix} + e^{-ix})/2$ を用いました．

Exercise 6.3

$\kappa < \omega_0$ の場合の振動子について考えてみましょう．時刻 $t = 0$ において，振動子の変位と速度がそれぞれ $x(0) = X_0$, $v(0) = V_0$ のとき，任意の時刻 t における振動子の変位 $x(t)$ を求めなさい．

Coaching 初期条件 $x(0) = X_0$ を（6.48）に代入すると，

$$\cos\delta = \frac{X_0}{A} \tag{6.49}$$

が得られます．一方，振動子の速度 $v(t)$ は，（6.48）を時間 t で微分すると，

$$v(t) = -Ae^{-\kappa t}\{\kappa\cos(\omega_1 t + \delta) + \omega_1\sin(\omega_1 t + \delta)\} \tag{6.50}$$

となり，（6.49）と初期条件 $v(0) = V_0$ を（6.50）に代入すると，

$$\sin\delta = -\frac{V_0 + \kappa X_0}{A\omega_1} \tag{6.51}$$

が得られます．

したがって，（6.49）と（6.51）を（6.48）に代入することで，この初期条件のもとでの振動子の変位 $x(t)$ は

$$\begin{aligned} x(t) &= Ae^{-\kappa t}(\cos\omega_1 t\cos\delta - \sin\omega_1 t\sin\delta) \\ &= e^{-\kappa t}\left(X_0\cos\omega_1 t + \frac{V_0 + \kappa X_0}{\omega_1}\sin\omega_1 t\right) \end{aligned} \tag{6.52}$$

と表されます．なお，振幅 A は，$\sin^2\delta + \cos^2\delta = 1$ なので（6.49）と（6.51）より，

$$A = \sqrt{{X_0}^2 + \left(\frac{V_0 + \kappa X_0}{\omega_1}\right)^2} \tag{6.53}$$

となります. ■

図 6.7 に, (6.52) において $X_0 = 0$ の場合の変位 $x(t)$ を示します. (6.52) からわかるように, この振動子の振幅は $(V_0/\omega_1)e^{-\kappa t}$ となり, 指数関数的に減衰します.

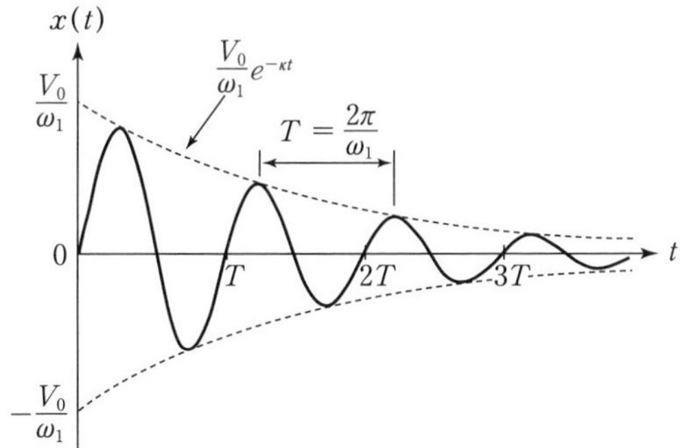

図 6.7　減衰振動する振動子の変位. ただし, 初期条件として $t = 0$ で $x = 0$, $v = V_0$ とした.

また, 変位 $x(t)$ の極大値が一定の間隔（$= 2\pi/\omega_1$）で現れることがわかります. この一定の間隔をあえて“周期”ということにすると[8], 周期 T は

$$T = \frac{2\pi}{\omega_1} = \frac{2\pi}{\sqrt{{\omega_0}^2 - \kappa^2}} \tag{6.54}$$

で与えられます. (6.54) と単振動の周期 $T = 2\pi/\omega_0$ を比べるとわかるように, $\omega_1 < \omega_0$ なので, 減衰振動する振動子の周期 T は, 摩擦のない場合と比べて長いことがわかります. また, 単振動のときと同様, 周期 T は振幅に依存しません. すなわち, 減衰振動する振動子の場合にも**等時性**が成り立っていることがわかります.

6.4.2　過減衰（$\kappa > \omega_0$）

$\kappa > \omega_0$ の場合, λ は (6.45) より

$$\lambda = -\kappa \pm \sqrt{\kappa^2 - {\omega_0}^2} \tag{6.55}$$

となります. したがって, (6.43) の 2 つの独立な解は

$$e^{-\kappa t}e^{\sqrt{\kappa^2 - {\omega_0}^2}\,t}, \qquad e^{-\kappa t}e^{-\sqrt{\kappa^2 - {\omega_0}^2}\,t} \tag{6.56}$$

8)　減衰振動は周期運動ではないので, (6.54) は正確には周期ではありません.

であり，一般解は

$$
\begin{aligned}
x(t) &= e^{-\kappa t}(c_1 e^{\sqrt{\kappa^2-\omega_0{}^2}\,t} + c_2 e^{-\sqrt{\kappa^2-\omega_0{}^2}\,t}) \\
&= Ae^{-\kappa t}\cosh(\sqrt{\kappa^2-\omega_0{}^2}\;t+\delta)
\end{aligned}
\tag{6.57}
$$

となります．ここで，c_1, c_2, A, δ はいずれも任意の実数です．また，2番目の等号に移る際に，$c_1 = (A/2)e^{\delta}$，$c_2 = (A/2)e^{-\delta}$ とおき，双曲線余弦関数 $(\cosh x)$ と自然指数関数 $(e^{\pm x})$ との関係式 $\cosh x = (e^x + e^{-x})/2$ を用いました．

図 6.8 に，過減衰 $(\kappa = 1.5\omega_0)$ の場合の振幅 $x(t)$ を実線で示します．この図からわかるように，過減衰の場合には振動子は振動せず，単調に減衰します．そして，時間が十分に経過した後 $(t \gg 1/\sqrt{\kappa^2 - \omega_0{}^2})$ には，振動子の振幅は，(6.57) より

$$
x(t) \quad \to \quad c_1 e^{-(\kappa-\sqrt{\kappa^2-\omega_0{}^2})t} \tag{6.58}
$$

のように減衰します．

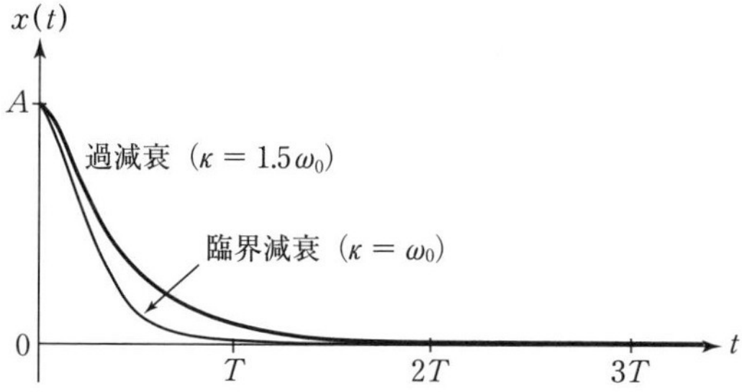

図 6.8 過減衰 $(\kappa = 1.5\omega_0)$ と臨界減衰 $(\kappa = \omega_0)$ の様子（ただし，(6.57) の初期位相を $\delta = 0$ とした．）

6.4.3 臨界減衰 $(\kappa = \omega_0)$

$\kappa = \omega_0$ の場合，特性方程式 (6.45) の解は

$$
\lambda = -\kappa = -\omega_0 \qquad (\text{重解}) \tag{6.59}
$$

の1つだけです．したがって，この方法によって得られる (6.43) の解も

$$
x(t) = Ae^{-\omega_0 t} \tag{6.60}
$$

の1つだけになり，これは定数を1つ (A) しか含んでいません．このことからわかるように，(6.60) は (6.43) の特解にすぎません（2階の微分方程式の一般解には必ず2つの定数が含まれます）．

そこで (6.43) の一般解を探すために，(6.60) の中の定数 A を時間 t の関

数 $A(t)$ に拡張し，

$$x(t) = A(t)e^{-\omega_0 t} \tag{6.61}$$

とします．このように，定数を変数に置き換えて解を探す方法を**定数変化法**といいます．(6.61) の t での1階微分と2階微分はそれぞれ

$$\frac{dx}{dt} = \left\{\frac{dA(t)}{dt} - \omega_0 A(t)\right\}e^{-\omega_0 t} \tag{6.62}$$

$$\frac{d^2x}{dt^2} = \left\{\frac{d^2A(t)}{dt^2} - 2\omega_0\frac{dA(t)}{dt} + \omega_0{}^2A(t)\right\}e^{-\omega_0 t} \tag{6.63}$$

となるので，これらを (6.43) に代入すると，$\dfrac{d^2A(t)}{dt^2}e^{-\omega_0 t} = 0$ が得られます．この方程式があらゆる時刻 t に対して成り立つためには，$A(t)$ は

$$\frac{d^2A(t)}{dt^2} = 0 \tag{6.64}$$

を満足しなければならないことがわかります．

この (6.64) は容易に解け，

$$A(t) = at + b \qquad (a, b \text{ は任意の実数}) \tag{6.65}$$

となるので，(6.65) を (6.61) に代入することで

$$x(t) = (at + b)e^{-\omega_0 t} \tag{6.66}$$

が得られます．この式は，2つの定数（a と b）を含むことからわかるように，(6.43) の一般解です．

図6.8には，臨界減衰（$\kappa = \omega_0$）の場合の振幅 $x(t)$ も示しました．図からわかるように，臨界減衰の場合も過減衰（$\kappa > \omega_0$）の場合と同様，振動子の変位 $x(t)$ は振動せず，単調に減衰します．また，臨界減衰の変位 $x(t)$ は過減衰の場合よりも素早く $x = 0$ に収束していることがわかります．このことは，減衰振動，過減衰，臨界減衰の変位の $t \to \infty$ での漸近形が，それぞれ

$$x_{減} \;\to\; Ae^{-\kappa t}\cos\omega_1 t \qquad (\kappa < \omega_0) \tag{6.67}$$

$$x_{過} \;\to\; c_1 e^{-(\kappa - \sqrt{\kappa^2 - \omega_0{}^2})t} \qquad (\kappa > \omega_0) \tag{6.68}$$

$$x_{臨} \;\to\; ate^{-\omega_0 t} \qquad (\kappa = \omega_0) \tag{6.69}$$

のように振る舞うので，

$$\lim_{t\to\infty}\frac{|x_{臨}|}{|x_{減}|}=0, \qquad \lim_{t\to\infty}\frac{|x_{臨}|}{|x_{過}|}=0 \tag{6.70}$$

となり，$|x_{臨}|$ が $|x_{減}|$ と $|x_{過}|$ よりも速やかにゼロとなる（= 制動が効く）ことからもわかります．

Coffee Break

臨界減衰の身近な応用

アナログの体重計やキッチンスケールで物体の重さを測ったとき，針は減衰振動しながら適切な目盛を指します（図 6.9 (a)）．粗末な体重計やキッチンスケールを使うと，針の振動がなかなか止まずヤキモキしますが，高級な体重計やキッチンスケールは針が素早く適切な値を指します．これは，臨界減衰を実現することで，針が適切な値に素早く収束するように設計されているためです．

(a) アナログのキッチンスケール

(b) ドアクローザー

図 6.9 臨界減衰の身近な例

他の臨界減衰の応用例として，図 6.9 (b) のドアクローザーがあります．ドアクローザーが設置されているドアは，音を立てずに素早く閉まります．一方，ドアクローザーが設置されていなかったり調整されていなかったりすると，ドアは大きな音を立てて閉まり，不快な思いをすることもあるでしょう．

いま，ドアの開き具合を x とし，ドアが閉まっている状態を $x=0$ とします．ドアクローザーの調整に不備があり，減衰振動の状態にあったとすると，ドアは大きな音を立てて閉まります．逆に，過減衰にあったとすると，今度は大きな音はたてないものの，ドアが閉まるのに時間がかかりすぎてしまいます．大きな音を立てないように素早くドアを閉める（$x=0$ にする）ためには，臨界減衰となるようにドアクローザーを調整すればよいことになります．

6.5 周期的な外力のもとでの振動子の運動

前節で述べたように，粘性抵抗を受けながら運動する振動子はいずれ静止するので，それを振動し続けさせるためには，外部から周期的に力を加える必要があります．このように，周期的な外力によって物体が振動する現象を**強制振動**といいます．

6.5.1 身の回りの強制振動の例

強制振動の詳しい解説を行う前に，身近な強制振動の例をいくつか紹介します．

ブランコの揺れ

強制振動の最初の例は，公園のブランコです．揺れるブランコをそのまま放っておくといずれ静止しますが，周期的に背中を押してやるとブランコは揺れ続けます．さほど大きな力を加えなくても，タイミングさえ合わせればブランコの振幅はどんどん大きくなります．

この例からわかるように，タイミングがピタリと合った周期的な外力は，物体に大きな振動を生じさせます．大きな振動を生じさせるような振動数は物体によって異なり，この振動数のことを**固有振動数**（または**共振周波数**）といいます．そして，外力の振動数が物体のもつ固有振動数にピタリと合った際に，物体に大きな振動が生じる現象を**共振**といいます．

地震によるビルの揺れ

地震による建造物の倒壊も共振と関係します．地震の揺れの振動数が建造物のもつ固有振動数とピタリと一致すると，共振を起こした建造物は強く揺れて倒壊する恐れがあります．最近の高層ビルには，ビルの固有振動数を地震の振動数よりも小さく（固有周期を長周期化）することで共振を防ぐ免震装置が設置されており，地震からビルを守っています．

通信機器での信号受信

私たちの生活の中には，共振現象を応用した電子機器がたくさんあります．例えば，テレビ，ラジオ，携帯電話などの無線通信には，コイルとコンデンサーから成る同調回路というものが組み込まれており，コイルやコンデンサーの値を調節することで特定の周波数に同調させて，目的の信号（情報）のみを受信する仕組みになっています．

これら以外にも身近な共振現象やその応用例はたくさんあるので，ぜひ探してみてください．

6.5.2 周期的な外力のもとでの振動子の運動

強制振動を理解して制御することは，前項の例からもわかるように工学的応用において非常に重要です．ここでは，強制振動の本質を理解するための簡単なモデルとして，周期的な外力のもとでの振動子の運動について解説します．

振幅 F_0，角振動数 Ω で周期的に時間変動する外力（$= F_0 \cos \Omega t$）のもとでバネ定数 k のバネに取り付けられた質点の運動方程式は

$$m\frac{d^2x}{dt^2} = \underbrace{-kx}_{\text{バネの弾性力}} \; \underbrace{+ F_0 \cos \Omega t}_{\text{周期的な外力}} \tag{6.71}$$

で与えられます．

(6.71) の両辺を質量 m で割り，式を整理することで

$$\frac{d^2x}{dt^2} + {\omega_0}^2 x = f_0 \cos \Omega t \tag{6.72}$$

となります．ここで，${\omega_0}^2 = k/m$，$f_0 = F_0/m$ とおきました．(6.72) の微分方程式の右辺には，独立変数 t の関数があります．このように右辺の関数がゼロでない微分方程式を**非斉次方程式**といいます．

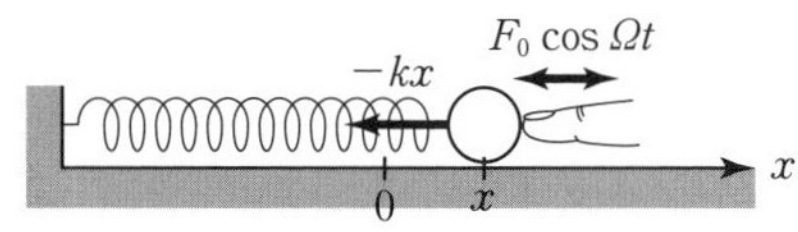

図 6.10 周期的な外力を受けて運動する振動子の様子

微分方程式の解法で知られているように，非斉次方程式の一般解 $x(t)$ は，右辺がゼロの場合（**斉次方程式**）の一般解 $x_c(t)$ に非斉次方程式の特解 $x_p(t)$ を付加した

$$x(t) = x_c(t) + x_p(t) \tag{6.73}$$

で与えられます（巻末の付録の B を参照）．

(6.72) に対する斉次方程式は右辺をゼロとした

$$\frac{d^2x}{dt^2} + {\omega_0}^2 x = 0 \tag{6.74}$$

であり，これは (6.2) と一致します．したがって，(6.74) の一般解 $x_{\mathrm{c}}(t)$ は，(6.5) より次のようになります．

$$x_{\mathrm{c}}(t) = A\cos(\omega_0 t + \delta) \qquad (A, \delta \text{ は実定数}) \tag{6.75}$$

次に，(6.72) の特解 $x_{\mathrm{p}}(t)$ を探してみましょう．いま，特解 $x_{\mathrm{p}}(t)$ を，外力と同じ角振動数 Ω で振動する関数として

$$x_{\mathrm{p}}(t) = X\cos\Omega t \qquad (X \text{ は実定数}) \tag{6.76}$$

と仮定します．(6.76) を (6.72) に代入することで，振幅 X は

$$X = \frac{f_0}{{\omega_0}^2 - \Omega^2} \tag{6.77}$$

と求められるので，これを (6.76) に代入すると，特解 $x_{\mathrm{p}}(t)$ は

$$x_{\mathrm{p}}(t) = \frac{f_0}{{\omega_0}^2 - \Omega^2}\cos\Omega t \tag{6.78}$$

となります．

したがって，(6.72) の一般解は，(6.75) と (6.78) を (6.73) に代入して次のようになります．

$$x(t) = A\cos(\omega_0 t + \delta) + \frac{f_0}{{\omega_0}^2 - \Omega^2}\cos\Omega t \qquad (A, \delta \text{ は実定数}) \tag{6.79}$$

(6.79) からわかるように，外力の角振動数 Ω が振動子の角振動数 ω_0 に等しいとき ($\Omega = \omega_0$)，(6.79) の第 2 項が発散します．この発散は，物理的には振動子の変位が極めて大きくなること，すなわち，振動子が**共振**を起こすことを意味します．仮に外力の大きさ $f_0(= F_0/m)$ が小さくても，$\Omega = \omega_0$ で振動子は共振を起こすことになります．

6.5.3 うなりと共振

(6.79) に対する典型的な初期条件として，時刻 $t=0$ での振動子の変位 $x(t)$ と速度 $v(t)$ がそれぞれ $x(0)=v(0)=0$ の場合を考えてみましょう．このとき，任意の時刻 t での変位 $x(t)$ は，(6.79) より $\delta=0$, $A=-\dfrac{f_0}{{\omega_0}^2-\Omega^2}$ となるので

$$
\begin{aligned}
x(t) &= \frac{f_0}{{\omega_0}^2-\Omega^2}(\cos\Omega t-\cos\omega_0 t) \\
&= \frac{2f_0}{\Omega^2-{\omega_0}^2}\sin\frac{(\Omega-\omega_0)t}{2}\sin\frac{(\Omega+\omega_0)t}{2} \qquad (6.80)
\end{aligned}
$$

となります．ここで 2 番目の等号に移る際に，三角関数の公式

$$
\cos\theta-\cos\phi=-2\sin\left(\frac{\theta-\phi}{2}\right)\sin\left(\frac{\theta+\phi}{2}\right) \qquad (6.81)
$$

を用いました[9)]．

う な り

外力の角振動数 Ω が調和振動子の角振動数 ω_0 に近いとき ($\Omega\approx\omega_0$), (6.80) は

$$
\begin{aligned}
x(t) &= \frac{2f_0}{(\Omega+\omega_0)(\Omega-\omega_0)}\sin\frac{(\Omega-\omega_0)t}{2}\sin\frac{(\Omega+\omega_0)t}{2} \\
&\approx \frac{f_0\sin\varepsilon t}{2\varepsilon\omega_0}\sin\omega_0 t \qquad (6.82)
\end{aligned}
$$

と表されます．ここで，$\varepsilon\equiv(\Omega-\omega_0)/2$ は微小量です．(6.82) の $\sin\omega_0 t$ は周期 $2\pi/\omega_0$ で振動する波であるのに対して，$\sin\varepsilon t$ の周期 $2\pi/\varepsilon$ は $2\pi/\omega_0$ よりずっと長いです．

(6.82) を図 6.11 に示します．この図のように，角振動数がわずかに異なる 2 つの振動が重ね合わさり，振動の振幅がゆっくりと周期的に変化する現

9) (6.81) は三角関数の加法定理

$$
\cos(\alpha+\beta)=\cos\alpha\cos\beta-\sin\beta\sin\alpha
$$
$$
\cos(\alpha-\beta)=\cos\alpha\cos\beta+\sin\beta\sin\alpha
$$

の 2 式を辺々引き算し，$\alpha=\dfrac{\theta+\phi}{2}$ と $\beta=\dfrac{\theta-\phi}{2}$ とおくことで得られます．

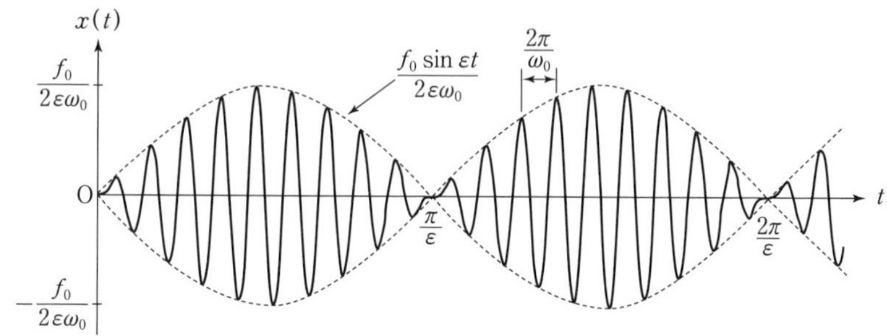

図 6.11　うなり

象のことを**うなり**といいます．ちなみに，音叉（おんさ）を用いたギターやバイオリンの調弦は，うなりの周期を聞いて調整しています．

共　振

ここでは，Ω が ω_0 と一致する極限 $\varepsilon = \dfrac{\Omega - \omega_0}{2} \to 0$ を考えてみましょう．この極限において，(6.82) は次のようになります．

$$x(t) \quad \to \quad \frac{f_0 t}{2\omega_0} \sin \omega_0 t \tag{6.83}$$

図 6.12 に (6.83) を示します．この図からもわかるように，このとき振動子は周期 $2\pi/\omega_0$ で振動しながら，振幅が時間 t に比例して発散します．長周期地震が発生したとき，震源から遠く離れた場所でもビルが強く揺れることがあるのは，このためです．

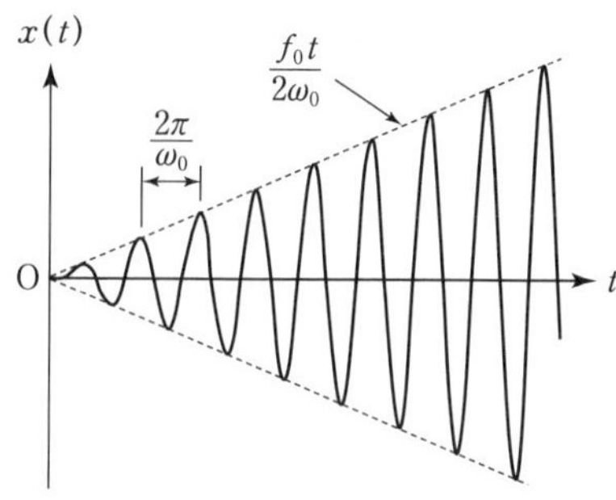

図 6.12　共鳴

以上のように，共振は系に特定の振動数（固有振動数）の外力を加えた際に，その系の振動の振幅が急激に増大する現象です[10]．

現実の振動子には摩擦がはたらくため，振動子の振幅が発散することはありませんが，Ω と ω_0 の値が一致するとき，もしくはその値の付近で振幅は非常に大きくなります．このことについては次節で解説します．

Exercise 6.4

図 6.13 に示すように，質量 m の質点を吊るした，バネ定数が k で長さが ℓ のつる巻きバネの上端 x_0 を $x_0 = X\cos\Omega t$（X, Ω は実定数）で振動させたときの質点の変位を求めなさい．

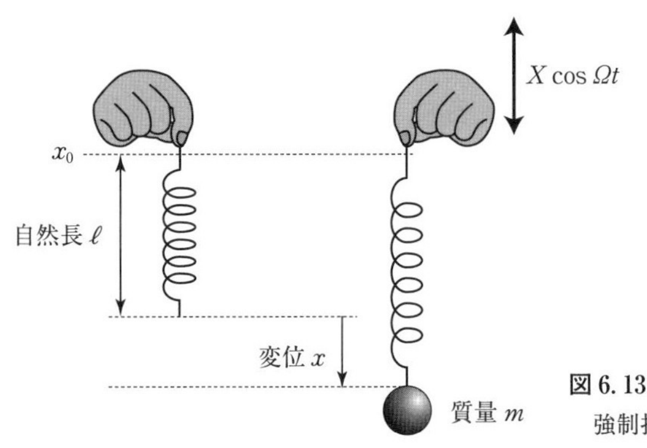

図 6.13 バネで吊るした質点の強制振動の様子

Coaching 鉛直方向の下向きを x 軸の正の向きに選ぶと，この質点の運動方程式は

$$
\begin{aligned}
m\frac{d^2x}{dt^2} &= mg - k(x - x_0 - \ell) \\
&= mg - k(x - X\cos\Omega t - \ell) \qquad (6.84)
\end{aligned}
$$

と表せます．ここで，$\xi = x - \left(\ell + \dfrac{mg}{k}\right)$ とおくと

$$
m\frac{d^2\xi}{dt^2} = -k\xi + kX\cos\Omega t \qquad (6.85)
$$

10）空気などの振動が共振すると大きな音が鳴り響くので，音の共振のことを**共鳴**ということがあります．

となります．この方程式は，(6.71) で $x \to \xi$, $F_0 \to kX$ と置き換えた形をしています．したがって，この方程式の一般解は，(6.79) を同様に置き換えることで

$$\xi = A\cos(\omega t + \delta) + \frac{kX}{m(\omega^2 - \Omega^2)}\cos\Omega t \tag{6.86}$$

となります．ここで，$\omega = \sqrt{k/m}$, A, δ は実定数です．■

Coffee Break

史上最悪の橋梁（きょうりょう）事故

形ある物体は固有振動数をもち，固有振動数と等しい振動数の外力を物体に加えると，物体は外力と共振して壊れることもあります．共振による物体の破壊といえば，声を発するだけでワイングラスを割ってみせる人をテレビで見たので，著者も挑戦してみようと思いましたが，万が一うまく行ったときには危険なので止めました．

ここでは，共振現象が原因とされる過去の大惨事を紹介します．1850 年 4 月 16 日，史上最悪の橋梁事故がフランスのアンジェ川に架かるバス・シェーヌ橋で起こりました．この吊橋を 500 人の歩兵隊が足並みをそろえて行進したために，橋が激しく振動し，400 人以上の歩兵隊員が吊橋と共に川に投げ出され，226 人の隊員が犠牲となったとされています．事故の原因は，歩兵隊のリズムの良い足踏みが橋の固有振動数と共振したことで橋に激しい揺れを引き起こし，腐食を起こしていたケーブルワイヤが切れたためとされています．

6.6　周期的な外力と粘性抵抗のもとでの振動子の運動

振動子の運動の集大成として，粘性抵抗と周期的な外力の両方の作用を受けて運動する振動子について解説します（図 6.14）．

この振動子の運動方程式は

$$m\frac{d^2x}{dt^2} = -kx - \gamma\frac{dx}{dt} + F_0\cos\Omega t \tag{6.87}$$

となります．ここで，x はバネの自然長の位置からの質点の変位，(6.87) の右辺第 1 項はバネ定数 k のバネの弾性力（フックの力），第 2 項は速度に比例する粘性抵抗（γ は正の定数），第 3 項は振幅 F_0，角振動数 Ω で時間変動

する周期的な外力です．

(6.87) の両辺を質量 m で割り，式を整理することで

$$\frac{d^2x}{dt^2} + 2\kappa\frac{dx}{dt} + {\omega_0}^2 x = f_0 \cos \Omega t \tag{6.88}$$

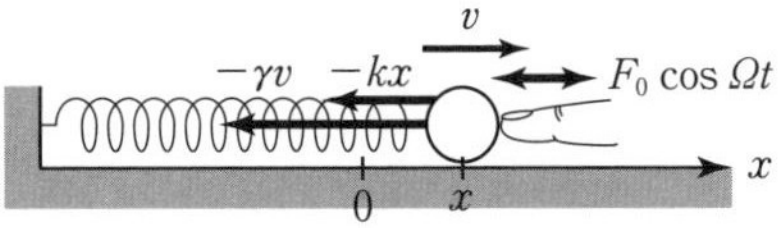

図 6.14　周期的な外力と粘性抵抗のもとで運動する振動子にはたらく力（x 軸に対して正の向きに速度をもつ場合）

となります．ここで，

$$ {\omega_0}^2 = \frac{k}{m}, \qquad \kappa = \frac{\gamma}{2m}, \qquad f_0 = \frac{F_0}{m}$$

とおきました．

(6.88) の解は，「$f_0 = 0$ の斉次方程式の一般解」と「非斉次方程式の特解」の線形結合で与えられます．斉次方程式は (6.43) で書けますが，6.4 節で述べたように，「斉次方程式の一般解」は時間の経過と共に減衰してしまうので，十分に時間が経過した後のこの系の振る舞いは特解によって決まります．

そこで，(6.88) の特解を

$$x(t) = A\cos(\Omega t + \delta) \qquad (A, \delta \text{ は実定数}) \tag{6.89}$$

と仮定して，(6.88) を満足する A と δ を決定しましょう．次の Exercise 6.5 で計算するように，(6.89) を (6.88) に代入して，A と δ を求めると

$$A = \frac{f_0}{\sqrt{({\omega_0}^2 - \Omega^2)^2 + 4\kappa^2\Omega^2}} \tag{6.90}$$

$$\tan\delta = \frac{-2\kappa\Omega}{{\omega_0}^2 - \Omega^2} \qquad (-\pi \leq \delta \leq 0) \tag{6.91}$$

となります（図 6.15）．

こうして，(6.88) の特解は

$$x(t) = \frac{f_0}{\sqrt{({\omega_0}^2 - \Omega^2)^2 + 4\kappa^2\Omega^2}}\cos(\Omega t + \delta), \qquad \tan\delta = \frac{-2\kappa\Omega}{{\omega_0}^2 - \Omega^2} \tag{6.92}$$

であることがわかります．

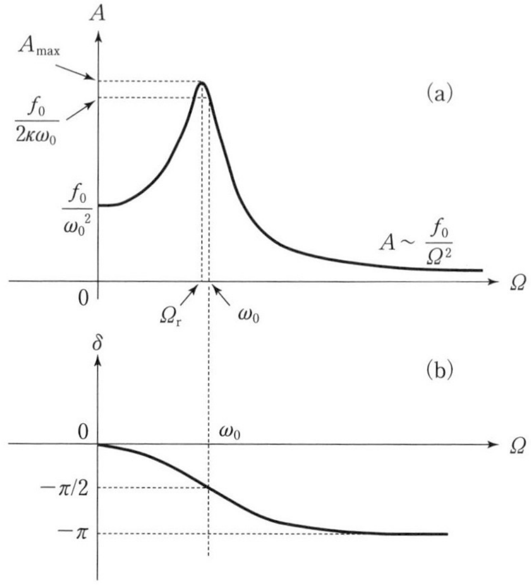

図 6.15　(a) 強制振動子の振幅 A と外力の角振動数 Ω の関係（周波数特性）
(b) 位相 δ と Ω の関係

 **Exercise 6.5**

(6.89) を (6.88) に代入することで，(6.89) の振幅 A と位相 δ を求めなさい．

Coaching　(6.89) を (6.88) に代入し，三角関数の加法定理を用いると

$$A\{({\omega_0}^2-\Omega^2)\cos\delta-2\kappa\Omega\sin\delta\}\cos\Omega t \\ -A\{({\omega_0}^2-\Omega^2)\sin\delta+2\kappa\Omega\cos\delta\}\sin\Omega t=f_0\cos\Omega t \tag{6.93}$$

となり，この式の両辺を比較することで

$$A\{({\omega_0}^2-\Omega^2)\cos\delta-2\kappa\Omega\sin\delta\}=f_0 \tag{6.94}$$

$$A\{({\omega_0}^2-\Omega^2)\sin\delta+2\kappa\Omega\cos\delta\}=0 \tag{6.95}$$

の 2 つの式が得られます．これらの式より

$$A\sin\delta=-\frac{2\kappa\Omega f_0}{({\omega_0}^2-\Omega^2)^2+4\kappa^2\Omega^2} \tag{6.96}$$

$$A\cos\delta=\frac{({\omega_0}^2-\Omega^2)f_0}{({\omega_0}^2-\Omega^2)^2+4\kappa^2\Omega^2} \tag{6.97}$$

となるので，A と δ は

$$A = \frac{f_0}{\sqrt{({\omega_0}^2 - \Omega^2)^2 + 4\kappa^2\Omega^2}} \tag{6.98}$$

$$\tan\delta = \frac{-2\kappa\Omega}{{\omega_0}^2 - \Omega^2} \qquad (-\pi \leq \delta \leq 0) \tag{6.99}$$

のように求まります. ■

(6.92) を次のように変形することで, この振動子の運動の特徴が見やすくなります. 右辺の分母を平方完成すると

$$\begin{aligned}\sqrt{({\omega_0}^2 - \Omega^2)^2 + 4\kappa^2\Omega^2} &= \sqrt{\Omega^4 - 2({\omega_0}^2 - 2\kappa^2)\Omega^2 + {\omega_0}^4} \\ &= \sqrt{\{\Omega^2 - ({\omega_0}^2 - 2\kappa^2)\}^2 - ({\omega_0}^2 - 2\kappa^2)^2 + {\omega_0}^4} \\ &= \sqrt{\{\Omega^2 - ({\omega_0}^2 - 2\kappa^2)\}^2 + 4\kappa^2({\omega_0}^2 - \kappa^2)}\end{aligned} \tag{6.100}$$

となるので, 外力の角振動数 Ω が

$$\Omega_{\mathrm{r}} = \sqrt{{\omega_0}^2 - 2\kappa^2} \tag{6.101}$$

のときに, (6.90) の振幅 A は最大値

$$A_{\max} = \frac{f_0}{2\kappa\sqrt{{\omega_0}^2 - \kappa^2}} \tag{6.102}$$

となります (図 6.15).

粘性抵抗がない場合には前節で述べたように振幅は発散しましたが, 粘性抵抗があると発散はしません. しかし, κ が小さい場合には, Ω が Ω_{r} に近づくと振幅が急激に大きくなります. この振幅が急激に大きくなる現象も**共振**といい, (6.101) の角振動数 Ω_{r} を**固有振動数** (**共振周波数**) といいます. 粘性抵抗がある場合の Ω_{r} は, 粘性抵抗がない場合 ($\Omega_{\mathrm{r}} = \omega_0$) と比べてずれることにも注意しましょう.

一方, (6.101) からわかるように, κ が大きく $\kappa > \omega_0/\sqrt{2}$ を満たすときには Ω_{r} が虚数になり, このような場合には共振が起こらないことを意味します.

本章のPoint

- **直線上を運動する調和振動子の運動**：振幅を減衰させることなく，直線上を往復運動（単振動）し続ける．
- **等時性**：物体の単振動の周期が，振動の振幅に依存しない性質のこと．
- **振り子の等時性**：微小振動する振り子は等時性を満たすが，振幅が大きくなると等時性は破れる．
- **粘性抵抗を受けながら運動する振動子の運動**：バネ定数の強さで決まる角振動数 ω_0 と粘性抵抗の大きさで決まるパラメータ κ の大小関係によって，次の3つの運動形態に分類される．

(1)　**減衰振動**（$\kappa < \omega_0$）：物体は振動するものの，その振幅は指数関数的に減衰する．

(2)　**過減衰**（$\kappa > \omega_0$）：物体は振動することなく，その振幅は指数関数的に単調減少する．

(3)　**臨界減衰**（$\kappa = \omega_0$）：物体は振動することなく，その振幅は減衰振動と過減衰の場合よりも速やかに減衰する．

- **周期的な外力のもとでの振動子の運動**：外力の角振動数が振動子の振動数に近い場合には**うなり**が起こり，両者が一致する極限では**共振**が起こる．

Practice

[6.1]　支点を振動させた場合の単振り子

長さ ℓ のひもの下端に質量 m のおもりを取り付けた単振り子が微小振動しています．この単振り子の上端（支点 x_0）を水平方向に $x_0 = X_0 \sin \omega t$ で振動させたとき，このおもりの位置を求めなさい．ただし，重力加速度の大きさを g とします．

[6.2]　時間に比例する外力のもとでの振動子

壁に固定されたつる巻きバネ（バネ定数 k）に質量 m の質点を取り付け，滑らかな水平面上に置きます．この質点に対して時間に比例する外力 $F(t) = at$（$a > 0$ の定数）を加えたとき，バネの自然長からの質点の変位 x は，

$$m\frac{d^2x}{dt^2} = -kx + at \tag{6.103}$$

の運動方程式を満たします．$t=0$ において，この質点がバネの自然長の位置 ($x=0$) に静止していたとして，質点の変位 x を求めなさい．

[6.3] 共鳴半値幅と Q 値

強制振動する振動子の振幅 (6.90) の 2 乗 A^2 が，(6.102) の 2 乗 ${A_{\max}}^2$ になる Ω の値を Ω_+ と Ω_- としたとき，それらの差 $\Delta\Omega \equiv \Omega_+ - \Omega_-$ を**共振半値幅**といいます．図 6.15 (a) の振幅 A の周波数特性の鋭さ（尖鋭度）を表す指標として **Q 値** $Q = \dfrac{\Omega_{\mathrm{r}}}{\Delta\Omega}$ を導入します．$\kappa \ll \Omega_{\mathrm{r}}$ のとき，$\Delta\Omega \approx 2\kappa$ で $Q \approx \dfrac{\Omega_0}{2\kappa}$ となることを示しなさい．

[6.4] 万有引力による単振動

地球の中心 O を通る直線状のトンネルがあるとします．地球は完全な球体（半径 R）かつ密度は一様として，次の問いに答えなさい．ただし，地球の質量は M，万有引力定数は G，重力加速度の大きさは g とします．

(1) 中心 O から距離 r に位置する質量 M の質点にはたらく力の大きさ F を求めなさい．（ヒント：この力は，半径 r の球内の質量が中心 O に集まった質点との間にはたらく万有引力に等しいことを利用しなさい．）

(2) 地球から静かに落下させた質点が，地球の裏側に到達するまでの時間 T を求めなさい．

(3) 質点が中心 O を通過するときの速さ v を求めなさい．

[6.5] RLC 直列回路

電気抵抗 R の抵抗，自己インダクタンス L のコイル，電気容量 C のコンデンサーを交流電源に直列に接続した回路（***RLC* 直列回路**）について考えます．電源の発信する電圧を $V(t) = V_0 \cos \Omega t$ とするとき，この回路を流れる電流 $I(t)$ が従う微分方程式を求めなさい．さらに，その結果を (6.87) と比較し，力学的な振動と電気的な振動の対応関係について考察しなさい．

力学的エネルギーとその保存則

エネルギー資源の枯渇，クリーンエネルギー，再生可能エネルギーなど，エネルギーに関連した話題が新聞やテレビなどのマスメディアで頻繁に取り上げられています．エネルギーは最も身近な物理量の1つであり，サステナブル社会（持続可能な社会）の実現に向けて重要なキーワードでもあります．本章では，力学におけるエネルギー（**力学的エネルギー**）の定義を行い，その概念と意義について解説します．

7.1 仕　事

仕事という言葉は「労働」や「職業」という意味で日常的に使われることが多いですが，物理学における「仕事」は，これとは異なります．本節では，物理学における「仕事」を定義することから始めます．

7.1.1 一定の力がする仕事

図7.1に示すように，物体が（他の物体から）一定の力 $\boldsymbol{F}$ を受けながら $\boldsymbol{s}$ だけ移動したとき，力 $\boldsymbol{F}$ が物体にした仕事 W は

$$W = \boldsymbol{F}\cdot\boldsymbol{s} = Fs\cos\theta \tag{7.1}$$

のように，力 $\boldsymbol{F}$ と変位ベクトル $\boldsymbol{s}$ の**内積**（**スカラー積**ともいう）によって定義されます（内積については巻末の付録のCを参照）．ここで，$F = |\boldsymbol{F}|$ は

力の大きさ，$s = |\boldsymbol{s}|$ は移動距離であり，θ は力と移動方向のなす角です．

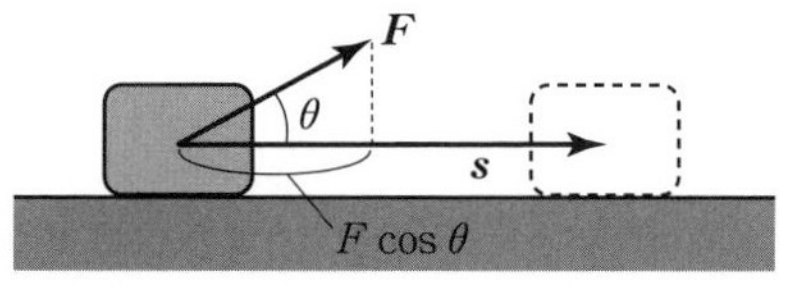

図 7.1　仕事 $W = \boldsymbol{F}\cdot\boldsymbol{s} = Fs\cos\theta$

(7.1) からわかるように，θ が鋭角 $(-\pi/2 < \theta < \pi/2)$ のときは $\cos\theta > 0$ なので，仕事は正の値 $(W > 0)$ となり，特に，力 $\boldsymbol{F}$ の向きと移動方向が等しいとき $(\theta = 0)$，仕事 W は最大となります．

一方，θ が鈍角 $(\pi/2 < \theta < 3\pi/2)$ のときは $\cos\theta < 0$ なので，仕事は負の値 $(W < 0)$ となります．力の方向と移動方向が垂直な場合 $(\theta = \pi/2)$ には $\cos\theta = 0$ となり，この力は仕事をしません $(W = 0)$．

(7.1) からわかるように，仕事の単位は，力の単位 $(\mathrm{N} = \mathrm{kg\cdot m/s^2})$ と距離の単位 (m) の積 $(\mathrm{N\cdot m} = \mathrm{kg\cdot m^2/s^2})$ で与えられますが，これを**ジュール**（記号 J）と定義すると次の関係が得られます．

$$1\,\mathrm{J} = 1\,\mathrm{N\cdot m} = 1\,\mathrm{kg\cdot m^2/s^2} \tag{7.2}$$

 **Training 7.1**

次の 2 つの方法で，質量 $m = 5\,\mathrm{kg}$ の物体を高さ $h = 1\,\mathrm{m}$ の位置までゆっくりと移動させたとき，この物体を移動させた人が物体にした仕事を求めなさい．ただし，重力加速度の大きさを $g = 9.8\,\mathrm{m/s^2}$ とします．

(1)　床の上に置かれた物体に垂直方向に力を加え，高さ h までゆっくりとまっすぐ持ち上げた場合．

(2)　角度 ϕ の斜面に沿って物体に力を加え，高さ h まで物体をゆっくりとまっすぐ移動させた場合．

7.1.2　仕事の一般式

ここまでは，一定の力がする仕事について述べてきました．しかし，調和振動子のように，質点の変位に応じて力の強さや向きが変わるような場合には，(7.1) では仕事を計算することはできません．

ここでは，質点の位置 $\boldsymbol{r}$ に依存する力 $\boldsymbol{F}(\boldsymbol{r})$ がする仕事について解説します．

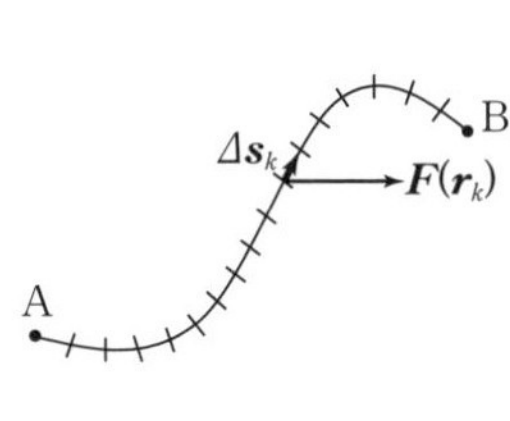

(a) 経路の分割と線素 Δs_k ($k = 1, 2, \cdots, N$)

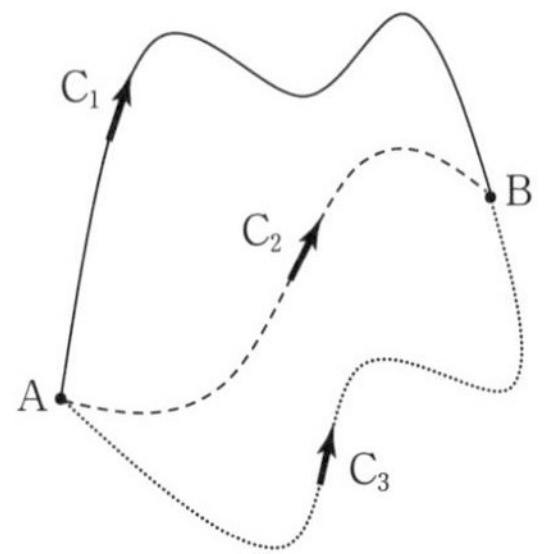

(b) 始点と終点が同じ様々な経路 (C_1, C_2, C_3)

図 7.2

点 A にあった質点が，図 7.2 (a) に示すような経路を経て点 B まで移動する場合を考えてみましょう．質点は移動の最中に，その位置 $\boldsymbol{r}$ に依存する力 $\boldsymbol{F}(\boldsymbol{r})$ を受けるものとします．また，点 A から点 B までの経路を N 個の微小区間に分割し，この微小区間を**線素**とよび，k 番目の線素を指定する位置ベクトルを $\boldsymbol{r}_k$，線素の長さを Δs_k とします．なお，1 つの線素上では力は一定とみなせるものとしましょう．

このように経路を線素に分割する理由は，質点の変位に応じて力の強さや向きが変わるような場合でも，それぞれの線素上での仕事を (7.1) によって計算できるようになるからです．以下では，実際の線素上の仕事の計算を行ってみましょう．

いま，位置 $\boldsymbol{r}_k$ にある質点が，一定の力 $\boldsymbol{F}(\boldsymbol{r}_k)$ を受けながら，位置 $\boldsymbol{r}_{k+1} = \boldsymbol{r}_k + \Delta \boldsymbol{s}_k$ まで線素 1 つ分だけ移動したとします．ここで，$\Delta \boldsymbol{s}_k$ は図 7.2 (a) に示すような経路上の微小変位ベクトルで，その大きさは線素の長さ Δs_k に等しく ($|\Delta \boldsymbol{s}_k| = \Delta s_k$)，軌道の接線方向を向いているものとします．このとき，力 $\boldsymbol{F}(\boldsymbol{r}_k)$ がした仕事は (7.1) より

$$\Delta W_k = \boldsymbol{F}(\boldsymbol{r}_k) \cdot \Delta \boldsymbol{s}_k \tag{7.3}$$

で与えられます．

さて，点 A から点 B まで移動した際に力がする全仕事 W_{AB} は，(7.3) の ΔW_k をすべての線素について加え合わせればよいので，

$$W_{\mathrm{AB}} = \sum_{k=1}^{N} \Delta W_k = \sum_{k=1}^{N} \boldsymbol{F}(\boldsymbol{r}_k)\cdot\Delta\boldsymbol{s}_k \tag{7.4}$$

となります．さらに，線素の長さを無限小 ($\Delta s_k \to 0$) にとり，分割数 N を無限大 ($N \to \infty$) にすると，(7.4) の和は積分で表現することができて，

$$W_{\mathrm{AB}} = \lim_{N\to\infty} \sum_{k=1}^{N} \boldsymbol{F}(\boldsymbol{r}_k)\cdot\Delta\boldsymbol{s}_k$$

$$= \int_{\boldsymbol{r}_{\mathrm{A}}}^{\boldsymbol{r}_{\mathrm{B}}} \boldsymbol{F}(\boldsymbol{r})\cdot d\boldsymbol{s} \tag{7.5}$$

と書き直されます．ここで，$\boldsymbol{r}_1 \equiv \boldsymbol{r}_{\mathrm{A}}$ は点 A の位置ベクトル，$\boldsymbol{r}_N \equiv \boldsymbol{r}_{\mathrm{B}}$ は点 B の位置ベクトルです．

(7.5) を用いて仕事 W_{AB} を計算するためには，始点 A と終点 B を指定するだけでなく，AB 間の道筋 (経路) を指定する必要があります (図 7.2 (b))．そこで，どの経路を辿ったときの仕事であるかを明確にするために，(7.5) に経路を指定する記号 C を付けて

$$W_{\mathrm{AB}}^{(\mathrm{C})} = \int_{\boldsymbol{r}_{\mathrm{A}}(\mathrm{C})}^{\boldsymbol{r}_{\mathrm{B}}} \boldsymbol{F}(\boldsymbol{r})\cdot d\boldsymbol{s} \tag{7.6}$$

と表すことにします．このように，物理学では「曲線上に沿って存在する物理量 (いまの場合は力 $\boldsymbol{F}(\boldsymbol{r})$) を積分する」ことが度々あり，(7.6) のような積分を**線積分**といいます[1)]．

Exercise 7.1

図 7.3 に示すような粗い水平面上の 2 つの経路 C_1 と C_2 を辿って，質量 m の物体を点 A から点 B まで移動させるとき，経路 C_1 と C_2 について摩擦力がする仕事 $W_{\mathrm{AB}}^{(\mathrm{C}_1)}$ と $W_{\mathrm{AB}}^{(\mathrm{C}_2)}$ を求めなさい．ただし，この物体と水平面の間の動摩擦係数を μ' としなさい．

1) 高等学校の数学で登場する積分では，原始関数を求めたり，曲線で囲まれた面積を求めたりしたことでしょう．その他にも，積分は「曲線の長さ」を求めることもできます．また，物理学では曲線の長さを求めるだけでなく，曲線上に定義される物理量を積分することがあります．このような積分のことを**線積分**といいます．詳しくは，本シリーズの『物理数学』などを参照してください．

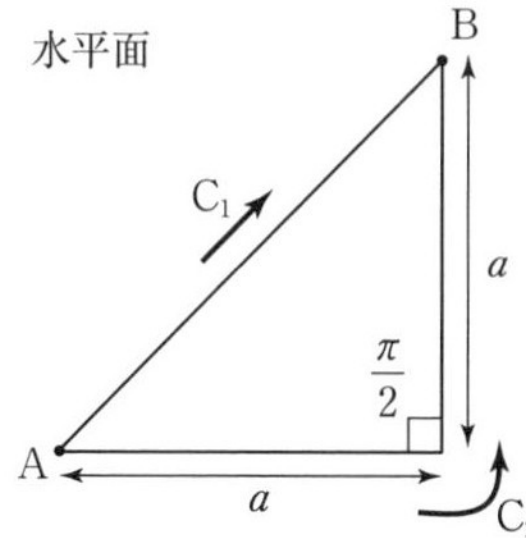

図 7.3　粗い水平面上の 2 つの経路 C_1 と C_2

Coaching　図 7.4 に示すように，この物体にはたらく重力 mg と垂直抗力 N はつり合っているので，垂直抗力は $N = mg$ です．したがって，物体と水平面の間の動摩擦力の大きさは (4.19) より $R' = \mu' N = \mu' mg$ であり，その方向は常に移動方向と逆向きです．よって，物体が経路 C_1 を辿って点 A から点 B の間の距離 $\sqrt{2}a$ の区間を移動する際に，摩擦力がする仕事 $W_{\mathrm{AB}}^{(\mathrm{C}_1)}$ は

$$W_{\mathrm{AB}}^{(\mathrm{C}_1)} = -R' \cdot \sqrt{2}a = -\sqrt{2}\mu' mga \tag{7.7}$$

となります．ここで右辺の負符号は，動摩擦力の向きと移動方向が逆向きであることを表します．

同様に，物体が経路 C_2 を辿って AB 間の距離 $2a$ を移動する際に，動摩擦力がする仕事 $W_{\mathrm{AB}}^{(\mathrm{C}_2)}$ は

$$W_{\mathrm{AB}}^{(\mathrm{C}_2)} = -R' \cdot 2a = -2\mu' mga \tag{7.8}$$

となります．

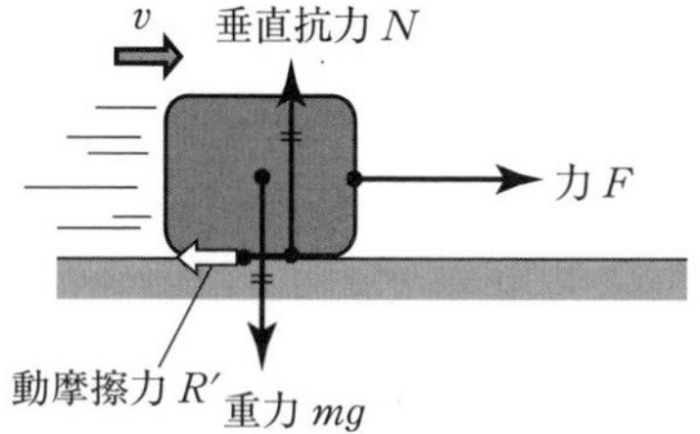

図 7.4　粗い水平面上の 2 つの経路 C_1 と C_2　■

7.2　保存力とポテンシャルエネルギー

7.2.1　保存力と非保存力

前節で述べたように，仕事は一般に始点と終点だけで決まらず，途中の経路に依存します．このことは，前節の Excercise 7.1 からも理解できるでしょう．

一方，前節の Training 7.1 では，物体を鉛直方向に高さ h までゆっくり持ち上げようが，斜面に沿って高さ h までゆっくり持ち上げようが，人が重力に逆らってした仕事（$= mgh$）は同じでした．言い換えると，重力がする仕事（$= -mgh$）は経路に依存せず，始点と終点の高低差だけで決まることになります．

前節の重力の例からわかるように，力の中には，仕事が途中の経路に依存せず，始点と終点のみで決まるものがあります．このような力を**保存力**といい，仕事が経路に依存する力を**非保存力**といいます．つまり，仕事という観点で力を分類すると，

▶ **保存力**：仕事が経路に依存せず，始点と終点だけで決まる力．

▶ **非保存力**：仕事が始点と終点だけでなく，その間の経路にも依存する力．

の 2 種類に分かれます．それぞれの力が「保存力」と「非保存力」とよばれる理由については，次節で解説します．

Exercise 7.2

次に示す 2 つの力

(1)　$\boldsymbol{F} = (F_x, F_y) = (x^2 - y^2, xy)$　　(2)　$\boldsymbol{F} = (F_x, F_y) = (xy^2, x^2y)$

を，xy 平面上の 2 つの経路

(i)　$(0, 0) \to (1, 0) \to (1, 1)$　　(ii)　$(0, 0) \to (0, 1) \to (1, 1)$

で線積分することで，(1) と (2) の力が保存力であるか否かを調べなさい．

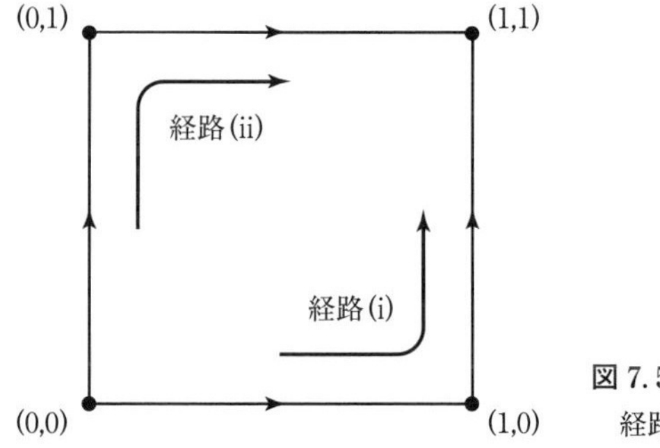

図 7.5　2 つの異なる経路 (i) と (ii)

Coaching (1)　まず，経路 (i) での仕事 $W^{(\mathrm{i})}$ を求めてみましょう．経路 (i) の区間 $(0,0) \to (1,0)$ では x 軸に沿って物体が移動しているので，線積分の線素は $d\boldsymbol{s} = dx\,\boldsymbol{e}_x$ です．一方，区間 $(1,0) \to (1,1)$ では y 軸に沿って物体が移動しているので，線素は $d\boldsymbol{s} = dy\,\boldsymbol{e}_y$ です．したがって，仕事 $W^{(\mathrm{i})}$ を計算する際には，積分区間を区間 $(0,0) \to (1,0)$ と区間 $(1,0) \to (1,1)$ に分けて

$$
\begin{aligned}
W^{(\mathrm{i})} &= \int_0^1 F_x(x,0)\,dx + \int_0^1 F_y(1,y)\,dy \\
&= \int_0^1 x^2\,dx + \int_0^1 y\,dy \\
&= \frac{5}{6}
\end{aligned}
\tag{7.9}
$$

のように計算することができます．

一方，経路 (ii) での仕事 $W^{(\mathrm{ii})}$ は

$$
\begin{aligned}
W^{(\mathrm{ii})} &= \int_0^1 F_y(0,y)\,dy + \int_0^1 F_x(x,1)\,dx \\
&= \int_0^1 0\,dy + \int_0^1 (x^2-1)\,dx \\
&= -\frac{2}{3}
\end{aligned}
\tag{7.10}
$$

となります．

このように，$W^{(\mathrm{i})} \neq W^{(\mathrm{ii})}$ となって仕事が経路に依存するので，この力は非保存力といえます．

(2)　まず，経路 (i) での仕事 $W^{(\mathrm{i})}$ は

$$
\begin{aligned}
W^{(\mathrm{i})} &= \int_0^1 F_x(x,0)\,dx + \int_0^1 F_y(1,y)\,dy \\
&= \int_0^1 0\,dx + \int_0^1 y\,dy \\
&= \frac{1}{2}
\end{aligned}
\tag{7.11}
$$

となります．

一方，経路 (ii) での仕事 $W^{(\mathrm{ii})}$ は

$$
\begin{aligned}
W^{(\mathrm{ii})} &= \int_0^1 F_y(0,y)\,dy + \int_0^1 F_x(x,1)\,dx \\
&= \int_0^1 0\,dy + \int_0^1 x\,dx \\
&= \frac{1}{2}
\end{aligned}
\tag{7.12}
$$

となります．

このように，$W^{(\mathrm{i})} = W^{(\mathrm{ii})}$ なので，この力は保存力です．■

7.2.2 ポテンシャルエネルギー（位置エネルギー）

力 $\boldsymbol{F}$ が保存力の場合には，$\boldsymbol{F}$ がする仕事は始点 A と終点 B だけで決まり，途中の経路に依存しません．したがって，この場合の仕事は (7.6) から経路 C の指定を外し，

$$W_{\mathrm{AB}} = \int_{\boldsymbol{r}_\mathrm{A}}^{\boldsymbol{r}_\mathrm{B}} \boldsymbol{F}\cdot d\boldsymbol{s} \tag{7.13}$$

と表すことができます．

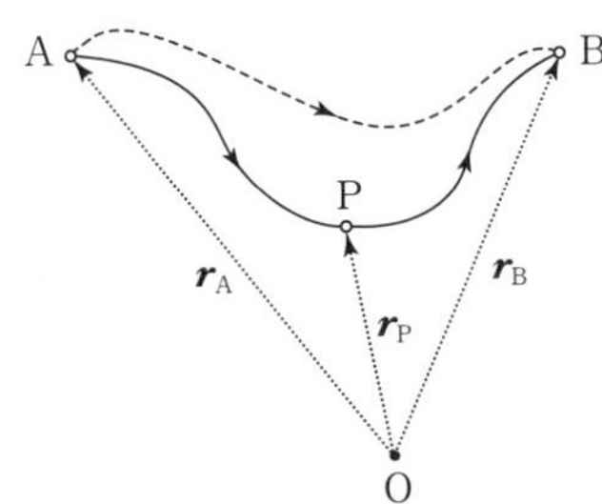

図 7.6 点 A から基準点 P を経由して点 B に向かう経路．点線で描かれた矢印は，それぞれの点の位置ベクトルを表す．

いま，仕事を測る基準の位置として点 P を選び，図 7.6 のように点 A から点 P を経由して点 B に向かう経路を考えると，この経路に対する仕事 W_{AB} は

$$\begin{aligned} W_{\mathrm{AB}} &= \int_{\boldsymbol{r}_\mathrm{A}}^{\boldsymbol{r}_\mathrm{P}} \boldsymbol{F}\cdot d\boldsymbol{s} + \int_{\boldsymbol{r}_\mathrm{P}}^{\boldsymbol{r}_\mathrm{B}} \boldsymbol{F}\cdot d\boldsymbol{s} \\ &= -\int_{\boldsymbol{r}_\mathrm{P}}^{\boldsymbol{r}_\mathrm{A}} \boldsymbol{F}\cdot d\boldsymbol{s} + \int_{\boldsymbol{r}_\mathrm{P}}^{\boldsymbol{r}_\mathrm{B}} \boldsymbol{F}\cdot d\boldsymbol{s} \end{aligned} \tag{7.14}$$

と表すことができます．ここで，2 番目の等号に移る際に，後の便宜のため，右辺第 1 項と第 2 項のいずれも基準点（点 P）を積分の下限にしました．

(7.14) の右辺に現れる量

$$V(\boldsymbol{r}) \equiv -\int_{\boldsymbol{r}_\mathrm{P}}^{\boldsymbol{r}} \boldsymbol{F}\cdot d\boldsymbol{s} \tag{7.15}$$

は（一旦，基準点 $\boldsymbol{r}_\mathrm{P}$ を固定しさえすれば）位置 $\boldsymbol{r}$ のみで定まるエネルギー量なので，**位置エネルギー**といいます．また，位置エネルギーは**ポテンシャルエネルギー**あるいは単に**ポテンシャル**ともいいます．(7.15) の右辺に負符号が付いていることからわかるように，ポテンシャル $V(\boldsymbol{r})$ は位置 $\boldsymbol{r}$ から基

準点 $\boldsymbol{r}_{\mathrm{P}}$ まで質点を動かす際に保存力がする仕事です.

位置エネルギーのことをポテンシャルエネルギーという理由については，7.3.3 項で解説することにします．なお，基準点（点 P）は状況に合わせて都合よく選べばよく，慣例としては，物体に力がはたらかない位置を基準点に選ぶことが多いです.

以上をまとめると，保存力 $\boldsymbol{F}$ がする仕事 W_{AB} は

$$W_{\mathrm{AB}} = \int_{\boldsymbol{r}_{\mathrm{A}}}^{\boldsymbol{r}_{\mathrm{B}}} \boldsymbol{F} \cdot d\boldsymbol{s} = V(\boldsymbol{r}_{\mathrm{A}}) - V(\boldsymbol{r}_{\mathrm{B}}) \tag{7.16}$$

のように，点 A と点 B でのポテンシャルエネルギーの差として与えられます.

Exercise 7.3

原点 O に固定された質量 M の質点から r だけ離れた位置 $\boldsymbol{r}$ に質量 m の質点があるとき，この質点には

$$\boldsymbol{F} = -G\frac{mM}{r^2}\boldsymbol{e}_r \qquad (G\text{ は万有引力定数}) \tag{7.17}$$

の万有引力がはたらきます．ここで，$\boldsymbol{e}_r$ は r 方向の単位ベクトルです．このとき，次の問いに答えなさい.

(1)　万有引力が保存力であることを示しなさい.

(2)　無限遠方（$r \to \infty$）を基準点に選んだとき，万有引力のポテンシャルエネルギーを求めなさい.

Coaching　(1)　図 7.7 に示すように，質量 m の質点が万有引力の作用を受けながら点 A（位置ベクトル $\boldsymbol{r}_{\mathrm{A}}$ の位置）から点 B（位置ベクトル $\boldsymbol{r}_{\mathrm{B}}$ の位置）まで移動したとしましょう．位置ベクトル $\boldsymbol{r}$ にある質点が微小距離 $d\boldsymbol{s}$ だけ移動したとき，万有引力 $\boldsymbol{F}(r)$ がする微小な仕事 $dW = \boldsymbol{F}(r) \cdot d\boldsymbol{s}$ は

$$dW = \boldsymbol{F}(r) \cdot d\boldsymbol{s} = -G\frac{mM}{r^2}\boldsymbol{e}_r \cdot d\boldsymbol{s} = -G\frac{mM}{r^2}dr \tag{7.18}$$

と表されます．ここで，$dr = \boldsymbol{e}_r \cdot d\boldsymbol{s}$ は r 方向の微小変化を表します．したがって，点 A から点 B まで質点を移動させた際に万有引力がする仕事 W_{AB} は，dW の足し合わせによって得られ,

$$W_{\mathrm{AB}} = \int_{r_{\mathrm{A}}}^{r_{\mathrm{B}}} \left(-G\frac{mM}{r^2}\right) dr = G\frac{mM}{r_{\mathrm{B}}} - G\frac{mM}{r_{\mathrm{A}}} \tag{7.19}$$

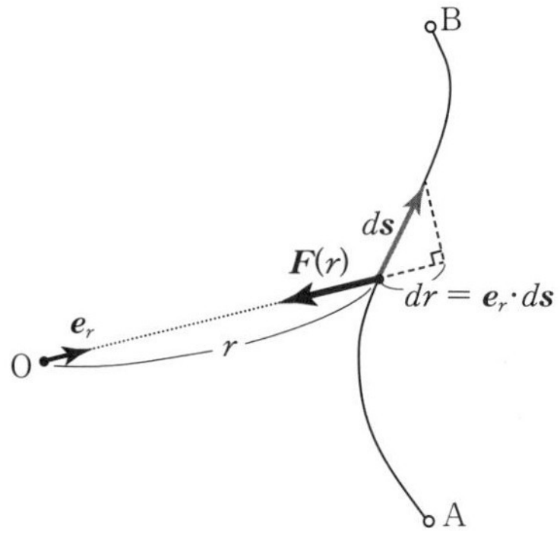

図 7.7 万有引力のもとでの質点の微小変位

のように，点 A（始点）と点 B（終点）の原点からの距離（r_{A} と r_{B}）のみで決まり，途中の経路に依存しません．こうして，万有引力は保存力であることが示されました．

(2) ポテンシャルエネルギーを V とすると，(7.19) において，$r_{\mathrm{A}} = r$, $r_{\mathrm{B}} \to \infty$ に選ぶことで，

$$V = W_{\mathrm{AB}} = -G\frac{mM}{r} \tag{7.20}$$

が得られます． ■

Training 7.2

Exercise 7.2 で取り扱った力 $\boldsymbol{F} = (xy^2, x^2y)$ は保存力でした．この力のポテンシャルエネルギーを求めなさい．

7.2.3 ポテンシャルエネルギーと保存力の関係

質点にはたらく保存力 $\boldsymbol{F}$ がわかっているときには，(7.15) の

$$V(\boldsymbol{r}) \equiv -\int_{r_{\mathrm{P}}}^{r} \boldsymbol{F} \cdot d\boldsymbol{s} \tag{7.21}$$

を用いて，質点のポテンシャルエネルギーを求めることができます．それでは逆に，ポテンシャルエネルギー $V(\boldsymbol{r})$ がわかっているときに，$V(\boldsymbol{r})$ から保存力 $\boldsymbol{F}$ はどのように求められるでしょうか．以下では，$V(\boldsymbol{r})$ から $\boldsymbol{F}$ を求める表式を導出します．

保存力の作用を受けながら質点が点 A から点 B まで移動するとき，保存力 $\boldsymbol{F}$ がする仕事 W_{AB} は，(7.16) で示したように，

$$W_{AB} = \int_{r_A}^{r_B} \boldsymbol{F}\cdot d\boldsymbol{s} = V(\boldsymbol{r}_A) - V(\boldsymbol{r}_B) \tag{7.22}$$

と，点 A と点 B のポテンシャルエネルギーの差で与えられます．

いま，$\boldsymbol{r}_A$ と $\boldsymbol{r}_B$ が接近していて，$\boldsymbol{r}_A = \boldsymbol{r}$ および $\boldsymbol{r}_B = \boldsymbol{r} + \Delta\boldsymbol{r}$ と表せるとしましょう．$\Delta\boldsymbol{r}$ は微小量なので点 A から点 B の区間での力の変化は無視でき，(7.22) の積分において力 $\boldsymbol{F}$ は定数とみなすことができます．

$$\int_{r}^{r+\Delta r} \boldsymbol{F}\cdot d\boldsymbol{s} \approx \boldsymbol{F}\cdot\Delta\boldsymbol{r} \tag{7.23}$$

ここで，$\boldsymbol{F}$ を定数として積分の外に出す近似を行いました．こうして (7.22) は

$$\boldsymbol{F}\cdot\Delta\boldsymbol{r} = -V(\boldsymbol{r}+\Delta\boldsymbol{r}) + V(\boldsymbol{r}) \tag{7.24}$$

と表すことができます．ここで，$\boldsymbol{F} = (F_x, F_y, F_z)$，$\Delta\boldsymbol{r} = (\Delta x, \Delta y, \Delta z)$ のように直交座標の成分を用いて (7.24) を書き換えると

$$F_x\Delta x + F_y\Delta y + F_z\Delta z = -V(x+\Delta x, y+\Delta y, z+\Delta z) + V(x,y,z) \tag{7.25}$$

となります．

こうして，位置ベクトル $\boldsymbol{r} = (x, y, z)$ での $F_x(\boldsymbol{r})$（保存力 $\boldsymbol{F}$ の x 成分）は，(7.25) において $\Delta y = \Delta z = 0$ として，その両辺を Δx で割り，$\Delta x \to 0$ の極限をとることで

$$F_x = -\lim_{\Delta x\to 0}\frac{V(x+\Delta x, y, z) - V(x,y,z)}{\Delta x} \equiv -\frac{\partial V}{\partial x} \tag{7.26}$$

のように得られます．ここで，x, y, z の 3 つの変数から成る多変数関数 $V(x,y,z)$ の x 方向の微分係数 $\partial V/\partial x$ を，V の x についての**偏微分**といいます[2)]．

y 成分と z 成分についても同様の手続きを行うことで，

$$F_x = -\frac{\partial V}{\partial x}, \qquad F_y = -\frac{\partial V}{\partial y}, \qquad F_z = -\frac{\partial V}{\partial z} \tag{7.27}$$

が得られます．(7.27) は，ポテンシャルエネルギー $V(\boldsymbol{r})$ が先にわかって

2)　$V(x,y,z)$ の x についての偏微分 $\partial V/\partial x$ は，y と z（x 以外の変数）を定数とみなして V を x で微分することを表します．

いるときに，物体にはたらく力（保存力）$\boldsymbol{F}$ を求めるのに用いられます．

ここで，(7.27) を簡潔に表現するために，**ナブラ**とよばれる便利な演算子を導入しましょう[3]．ナブラ（記号 ∇）は

$$\nabla \equiv \left(\frac{\partial}{\partial x}, \frac{\partial}{\partial y}, \frac{\partial}{\partial z}\right) \tag{7.28}$$

のように，x, y, z 成分がそれぞれ $\partial/\partial x, \partial/\partial y, \partial/\partial z$ の偏微分演算子で与えられるベクトル演算子（各成分をもつ演算子）として定義されます．

例えば，∇ を関数 $V(x, y, z)$ に演算すると

$$\nabla V(x, y, z) = \left(\frac{\partial V}{\partial x}, \frac{\partial V}{\partial y}, \frac{\partial V}{\partial z}\right) \tag{7.29}$$

のようになります．ここで，∇V の x, y, z 成分は，それぞれ関数 $V(x, y, z)$ の x, y, z 方向の勾配 (gradient) を表すので，∇V を grad V とも書き，**グラディエント・ブイ**と読むこともあります．

こうして，保存力 $\boldsymbol{F}$ は

$$\boldsymbol{F} = -\nabla V(\boldsymbol{r}) = -\mathrm{grad}\, V(\boldsymbol{r}) \tag{7.30}$$

のように簡潔に表され，(7.30) は，ポテンシャルエネルギーの高い方から低い方に向かって力が作用することを意味します．

以下では，ポテンシャルエネルギーから保存力を計算する例題を挙げましたので，ぜひとも取り組んでみてください．

Exercise 7.4

次に与えられるポテンシャルエネルギーから生じる力 $\boldsymbol{F}$ の x, y, z 成分を求めなさい．ただし，$r = \sqrt{x^2 + y^2 + z^2}$ とします．

(1) 調和振動子ポテンシャル

$$V = \frac{1}{2}(k_x x^2 + k_y y^2 + k_z z^2) \qquad (k_x, k_y, k_z \text{ は定数})$$

3) 演算子とは，各種の演算（四則演算や微分積分など）を表す記号（＋，－，×，÷ や $\dfrac{d}{dx}$, $\int dx$ など）のことです．

(2)　万有引力ポテンシャル

$$V = -G\frac{mM}{r} \qquad (G, m, M \text{ は定数})$$

(3)　モースポテンシャル[4)]

$$V = D(1 - e^{-ar}) \qquad (D, a \text{ は定数})$$

Coaching　(1)　(7.27) に調和振動子ポテンシャルを代入して偏微分すると

$$F_x = -k_x x, \qquad F_y = -k_y y, \qquad F_z = -k_z z$$

となります．

(2)　万有引力ポテンシャルは r のみの関数なので，まずは合成関数の微分公式を用いて (7.27) を

$$F_x = -\frac{\partial r}{\partial x}\frac{\partial V}{\partial r}, \qquad F_y = -\frac{\partial r}{\partial y}\frac{\partial V}{\partial r}, \qquad F_z = -\frac{\partial r}{\partial z}\frac{\partial V}{\partial r}$$

と書き直します．ここで，$\dfrac{\partial V}{\partial r} = G\dfrac{mM}{r^2}$ ならびに $\dfrac{\partial r}{\partial x} = \dfrac{x}{r}$, $\dfrac{\partial r}{\partial y} = \dfrac{y}{r}$, $\dfrac{\partial r}{\partial z} = \dfrac{z}{r}$ なので

$$F_x = -G\frac{mM}{r^3}x, \qquad F_y = -G\frac{mM}{r^3}y, \qquad F_z = -G\frac{mM}{r^3}z$$

となります．

(3)　モースポテンシャルも r のみの関数なので，万有引力ポテンシャルのときと同じように計算することができて，

$$F_x = aD\frac{x}{r}e^{-ar}, \qquad F_y = aD\frac{y}{r}e^{-ar}, \qquad F_z = aD\frac{z}{r}e^{-ar}$$

となります．■

7.2.4　等ポテンシャル面

保存力がはたらく空間（**保存力場**といいます）では，空間の各点においてポテンシャルエネルギー $V(\boldsymbol{r})$ を定義できます．このとき，

$$V(\boldsymbol{r}) = \text{一定} \tag{7.31}$$

を満足するような面を**等ポテンシャル面**といいます．等ポテンシャル面の身近な例としては，地図に描かれている「等高線」が挙げられます．等高線は標高の等しい位置（つまり，同じ位置エネルギーをもつ位置）を線でつない

---

4)　2個の原子から成る分子（二原子分子）のポテンシャルエネルギーを，原子間の距離 r の関数として近似的に表したもの．

で描かれる曲線なので，「等ポテンシャル線」といえます．つまり，等ポテンシャル面上で質点を位置 $\boldsymbol{r}$ から $\boldsymbol{r}+\Delta\boldsymbol{r}$ まで微小変位させても，ポテンシャルエネルギーは変化しません（$V(\boldsymbol{r}+d\boldsymbol{r})-V(\boldsymbol{r})=0$）．よって，(7.24) より

$$\boldsymbol{F}\cdot\Delta\boldsymbol{r}=0 \tag{7.32}$$

であることがわかります．

この式は，**ポテンシャルエネルギーが等ポテンシャル面に対して（内積がゼロなので）垂直に減少する向きに保存力がはたらく**ことを意味します（図 7.8）．このことも，等高線を想像すれば理解しやすいでしょう．

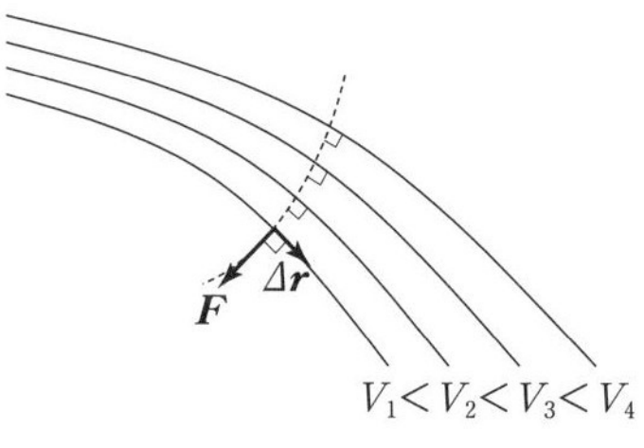

図 7.8　保存力と等ポテンシャル面の関係

7.2.5　平 衡 点

保存力が $\boldsymbol{F}=\boldsymbol{0}$ となるつり合いの点では，(7.27) より

$$\frac{\partial V}{\partial x}=0, \qquad \frac{\partial V}{\partial y}=0, \qquad \frac{\partial V}{\partial z}=0 \tag{7.33}$$

となります．これは，ポテンシャルエネルギーが極値（極大か極小）あるいは停留点をとる条件式です．なお，ポテンシャルエネルギーが極小になる点を**安定な平衡点**といい，極大になる点を**不安定な平衡点**といいます．

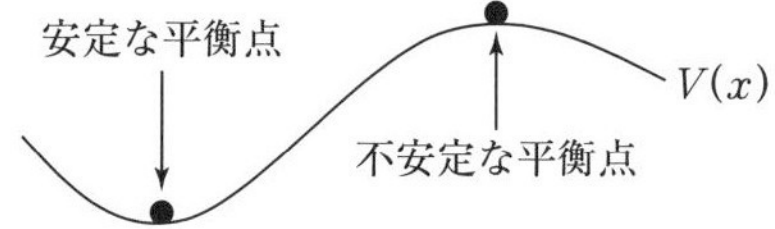

図 7.9　安定な平衡点と不安定な平衡点

7.3　力学的エネルギー保存の法則

7.3.1　運動エネルギーと仕事の関係

力 $\boldsymbol{F}$ の作用を受けて速度 $\boldsymbol{v}$ で運動する質量 m の質点に対するニュートンの運動方程式は

$$m\frac{d\boldsymbol{v}}{dt} = \boldsymbol{F} \tag{7.34}$$

によって与えられます．この式の両辺と速度 $\boldsymbol{v}$ の内積をつくると，

$$m\frac{d\boldsymbol{v}}{dt}\cdot\boldsymbol{v} = \boldsymbol{F}\cdot\frac{d\boldsymbol{r}}{dt} \tag{7.35}$$

となります．ここで，右辺では $\boldsymbol{v} = \dfrac{d\boldsymbol{r}}{dt}$ を用いました．また，(7.35) の左辺は $\boldsymbol{v} = (v_x, v_y, v_z)$，$v = \sqrt{{v_x}^2 + {v_y}^2 + {v_z}^2}$ とすると

$$\begin{aligned} m\frac{d\boldsymbol{v}}{dt}\cdot\boldsymbol{v} &= m\left(\frac{dv_x}{dt}v_x + \frac{dv_y}{dt}v_y + \frac{dv_z}{dt}v_z\right) \\ &= \frac{m}{2}\frac{d}{dt}({v_x}^2 + {v_y}^2 + {v_z}^2) = \frac{d}{dt}\left(\frac{1}{2}mv^2\right) \end{aligned} \tag{7.36}$$

と変形できるので，(7.35) は

$$\frac{d}{dt}\left(\frac{1}{2}mv^2\right) = \boldsymbol{F}\cdot\frac{d\boldsymbol{r}}{dt} \tag{7.37}$$

となります．

この式を，時間 t に関して経路 AB を運動する時刻 t_{A} から t_{B} まで積分すると

$$\int_{t_{\mathrm{A}}}^{t_{\mathrm{B}}} \frac{d}{dt}\left(\frac{1}{2}mv^2\right)dt = \int_{t_{\mathrm{A}}}^{t_{\mathrm{B}}} \boldsymbol{F}\cdot\frac{d\boldsymbol{r}}{dt}\,dt \tag{7.38}$$

となります．

ここで，

$$(7.38)\text{ の左辺} = \int_{t_{\mathrm{A}}}^{t_{\mathrm{B}}} \frac{d}{dt}\left(\frac{1}{2}mv^2\right)dt = \frac{1}{2}m{v_{\mathrm{B}}}^2 - \frac{1}{2}m{v_{\mathrm{A}}}^2$$

$$(7.38)\text{ の右辺} = \int_{t_{\mathrm{A}}}^{t_{\mathrm{B}}} \boldsymbol{F}\cdot\frac{d\boldsymbol{r}}{dt}\,dt = \int_{\boldsymbol{r}_{\mathrm{A}}(\mathrm{C})}^{\boldsymbol{r}_{\mathrm{B}}} \boldsymbol{F}\cdot d\boldsymbol{r} = W_{\mathrm{AB}}^{(\mathrm{C})}$$

なので，(7.38) は

$$\frac{1}{2}m{v_{\mathrm{B}}}^2 - \frac{1}{2}m{v_{\mathrm{A}}}^2 = W_{\mathrm{AB}}^{(\mathrm{C})} \tag{7.39}$$

となります．ここで，右辺の $W_{\mathrm{AB}}^{(\mathrm{C})}$ は，力 $\boldsymbol{F}$ のもとで物体を始点 A から終点

Bまで経路Cを通って移動した際にする仕事です．ここで，一般の力$\boldsymbol{F}$に対して仕事$W_{AB}^{(C)}$が経路Cに依存することに注意しましょう．また，左辺に現れるv_Aとv_Bは位置Aと位置Bでの質点の速さであり，

$$K \equiv \frac{1}{2}mv^2 \tag{7.40}$$

を**運動エネルギー**といいます．

以上，(7.39) から，運動エネルギーと仕事の間には次のような関係があることがわかります．

▶ **運動エネルギーと仕事の関係**：ある時間内での物体の運動エネルギーの増加は，その間に力が物体にした仕事に等しい．

以上のように，運動方程式の両辺に速度$\boldsymbol{v}$を掛けて，それを時間tで積分することで，エネルギーに関する方程式を導出する手法を**エネルギー積分**といいます．

高等学校で物理を学んだ読者であれば，(7.39) の関係式を「大切な公式」として暗記していたことでしょう．暗記するしかなかった大切な公式が，運動方程式から（エネルギー積分という方法を介して）導かれることに感激したのではないでしょうか？　少なくとも著者は大学で物理学を学んだときに，このことに強く感激したことを今でもよく覚えています．

このように，高等学校までは暗記するしかなかった公式が「原理から導かれる」ことも，大学で学ぶ物理学の醍醐味の1つといえるでしょう．

7.3.2　力学的エネルギー保存の法則

力$\boldsymbol{F}$が保存力の場合，(7.22) のように質点が点Aから点Bまで移動するとき，力がする仕事$W_{AB}^{(C)}$は経路によらず，点Aと点Bでのポテンシャルエネルギーの差

$$W_{AB} = V(\boldsymbol{r}_A) - V(\boldsymbol{r}_B) \tag{7.41}$$

で決まるので，これを (7.39) に代入することで

$$\frac{1}{2}m{v_A}^2 + V(\boldsymbol{r}_A) = \frac{1}{2}m{v_B}^2 + V(\boldsymbol{r}_B) \tag{7.42}$$

が得られます（なお，保存力 $\boldsymbol{F}$ のする仕事は経路に依存しないことから，(7.41) では $W_{\mathrm{AB}}^{(\mathrm{C})}$ の上付き添字 (C) を省きました）．ここで，物体が位置 $\boldsymbol{r}_{\mathrm{A}}$ と $\boldsymbol{r}_{\mathrm{B}}$ にいる時刻 $t = t_{\mathrm{A}}$ と $t = t_{\mathrm{B}}$ は任意に選ぶことができるので，(7.42) は

$$\frac{1}{2}mv^2 + V(\boldsymbol{r}) = 一定 \tag{7.43}$$

と表すことができます．

運動エネルギーとポテンシャルエネルギーの和を**力学的エネルギー**といいます．そして，(7.43) のように，保存力のもとで運動する物体の運動エネルギーとポテンシャルエネルギーの和が常に一定であることを，**力学的エネルギー保存の法則**といいます．

▶ **力学的エネルギー保存の法則**：保存力のもとで運動する物体の運動エネルギーとポテンシャルエネルギーの和は常に一定である．

なお，保存力という名前は，「その力のもとで運動する物体は力学的エネルギーが保存する」ことに由来します．

Exercise 7.5

質量 m の質点が，フックの力 $F(x) = -kx$（k はバネ定数）を受けて x 軸上を運動しているとき，6.1 節で述べたように，この質点の変位 x は (6.4) より

$$x(t) = A\sin(\omega_0 t + \delta) \tag{7.44}$$

で与えられます（A は振幅，$\omega_0 = \sqrt{k/m}$ は角振動数，δ は初期位相）．このとき，次の問いに答えなさい．

(1)　この質点のポテンシャルエネルギー V を時刻 t の関数として求めなさい．

(2)　この質点の運動エネルギー K を時刻 t の関数として求めなさい．

(3)　(1) と (2) の結果を用いて，この振動子の力学的エネルギーが保存することを示しなさい．

Coaching　(1)　質点は x 軸上を運動しているので，ポテンシャルエネルギーの表式 (7.15) の線素 $d\boldsymbol{s}$ は，$d\boldsymbol{s} = dx' \, \boldsymbol{e}_x$ と表すことができます．したがって，この質点のポテンシャルエネルギー V は (7.21) より

$$V = -\int_0^x F(x') \, dx' = k\int_0^x x' \, dx' = \frac{1}{2} kx^2 \tag{7.45}$$

のように表すことができます．ここで，ポテンシャルエネルギーの基準点を，バネの自然長の位置 ($x = 0$) としました．ポテンシャルエネルギー V を時刻 t の関数で表すために，(7.45) に (7.44) を代入すると

$$V = \frac{1}{2} kx^2 = \frac{1}{2} m\omega_0{}^2 A^2 \sin^2 (\omega_0 t + \delta) \tag{7.46}$$

となります．

(2)　この質点の速度 $v(t)$ は (7.44) を時間 t で微分することで，$v(t) = A\omega_0 \cos (\omega_0 t + \delta)$ となります．したがって，この質点の運動エネルギー K は (7.40) より

$$K = \frac{1}{2} mv^2 = \frac{1}{2} m\omega_0{}^2 A^2 \cos^2 (\omega_0 t + \delta) \tag{7.47}$$

となります．

(3)　この質点の力学的エネルギーは，(1) と (2) の結果を用いて

$$E = K + V = \frac{1}{2} m\omega_0{}^2 A^2 \tag{7.48}$$

となり，時間に依存せず一定です．つまり，この振動子の力学的エネルギーは保存します．■

Exercise 7.6

質量 m の小球を地表から鉛直上向きに速さ v_0 で発射したとき，小球が地球の重力圏を脱出するために必要な最小の発射速度（**第 2 宇宙速度**）v_0 を求めなさい．

Coaching　地球の質量と半径をそれぞれ M と R とし，任意の位置（地球の中心から距離 r）と地表（地球の中心から距離 R）との力学的エネルギーを比較してみましょう．

ポテンシャルエネルギーは (7.20) より $V = -G\dfrac{mM}{r}$ と表せるので，位置 r での小球の速さを v とすると力学的エネルギー保存の法則より

$$\frac{1}{2} mv^2 - G\frac{mM}{r} = \frac{1}{2} mv_0{}^2 - G\frac{mM}{R} \tag{7.49}$$

となります．この式を重力加速度の大きさ $g = GM/R^2$ を用いて書き直すと

$$v^2 - 2g\frac{R^2}{r} = {v_0}^2 - 2gR \tag{7.50}$$

となります．地球の万有引力が小球に及ばない無限遠方（$r \to \infty$）においても，小球が有限の速さ $v \geq 0$ をもつ場合に，小球は地球の重力圏から脱出できることになります．このとき，$r \to \infty$ において (7.50) の左辺の $-2g\dfrac{R^2}{r}$ は十分小さくなって v^2 と比べて無視できるので，左辺は v^2 となります．これが正になるとき，すなわち

$${v_0}^2 - 2gR \geq 0 \tag{7.51}$$

であれば脱出できることになります．

こうして，脱出するために必要な最小の発射速度（**第 2 宇宙速度**）は，(7.51) において等号が成立するときの速度（これを v_2 と表すことにします）なので

$$v_2 = \sqrt{2gR} = 11.2\,\mathrm{km/s} \tag{7.52}$$

となります．ここで，$R = 6.38 \times 10^6\,\mathrm{m}$，$g = 9.8\,\mathrm{m/s}$ を用いました．

第 2 宇宙速度（地球の重力圏から脱出するのに必要な最低速度）の他にも，**第 1 宇宙速度**（地球から水平方向に打ち出した人工衛星が地表すれすれを周回運動するために必要な最小の速度）や第 3 宇宙速度（太陽の重力圏から脱出するのに必要な最低速度）があります．次に，第 1 宇宙速度を求める Training 7.3 を用意したので，ぜひとも取り組んでみてください．■

Training 7.3

地表すれすれを角速度 ω で周回運動する質量 M の人工衛星の速さ（第 1 宇宙速度）を求めなさい．ただし，地球は球形であるものとし，重力加速度の大きさを $g = 9.8\,\mathrm{m/s^2}$，地球の半径を $R = 6.38 \times 10^6\,\mathrm{m}$ とします．

7.3.3　位置エネルギーをポテンシャルエネルギーとよぶ理由

本節の最後に，位置エネルギーのことをポテンシャルエネルギーとよぶ理由について記します．(7.43) の力学的エネルギー保存の法則によると，物体の位置エネルギーと運動エネルギーの総和（力学的エネルギー）は一定に保ちさえすればよく，位置エネルギーを運動エネルギーに変換することに制限はありません．

物体の位置エネルギーを運動エネルギーに変換し，それを生活に役立てている典型的な例が水力発電です．水力発電では，高い位置にある水を落下させ，

その位置エネルギーを水車を回す運動エネルギーに変換し，水車の回転を発電機に伝えています．

水力発電の例からもわかるように，**位置エネルギー**は物体に運動（水力発電の例では，水車の回転）を引き起こす**潜在能力（ポテンシャル）**であるといえます．これが，位置エネルギーのことをポテンシャルエネルギーとよぶ理由です．

Coffee Break

ブラックホール

ブラックホールとは[5)]，光さえも脱出できない強い重力をもつ超高密度な天体のことです[6)]．ブラックホールの存在は，1916年にカール・シュワルツシルトによって理論的に予言されました．シュワルツシルトは，アインシュタインが一般相対性理論から導いた「重力についての方程式」をある条件[7)]の下で厳密に解き，光さえも脱出できない球状領域が宇宙空間に存在し得ることを発見しました．この球状領域の半径 R_{S} は

$$R_{\mathrm{S}} = \frac{2GM}{c^2}$$

と与えられ，これを**シュワルツシルト半径**といいます．この R_{S} より内側（半径 $r < R_{\mathrm{S}}$）の領域からは光さえも脱出できないということは，R_{S} より外側（$r > R_{\mathrm{S}}$）からは，$r < R_{\mathrm{S}}$ の領域について何ら情報を得ることはできないことを意味します．このことは「地平線の向こう側の出来事を見ることができない」という事実に似ているので，R_{S} は**事象の地平線**ともいわれています．

光さえも抜け出せない天体（暗黒天体）の存在は，18世紀にジョン・ミッチェルやピエール＝シモン・ラプラスによっても考えられていました．もちろんこの時代には相対性理論は存在しませんので，ミッチェルとラプラスの考察はニュートン力学に基づいています．ところが面白いことに，ニュートン力学に基づく暗黒天体の半径はシュワルツシルト半径 R_{S} と完全に一致します．以下では，そのことを示しましょう．

---

5) 「ブラックホール」という言葉が世に残る形で最初に使用されたのは，科学ジャーナリストのアン・ユーイングが「Science News Letter」誌の1964年1月18日号に執筆した「"Black Holes" in Space」という記事です．

6) 光速は秒速約30万kmであり，あらゆる物体は光速を超えることができません．

7) 中心に質量 M の質点があり，その周辺の空間は等方的という条件．

半径 R，質量 M の天体の地表から物体を第 2 宇宙速度 $v_2 = \sqrt{2GM/R}$ 以上で打ち上げると，物体は天体の重力圏から脱出できます．逆に，第 2 宇宙速度以下では脱出できません．つまり，もし光速度 c が第 2 宇宙速度 v_2 より小さい（$c < v_2$）なら，その天体からは光さえも脱出できないことになります．光がぎりぎり脱出できる条件 $c = v_2$ より得られる $R = 2GM/c^2$ はシュワルツシルト半径 R_S と完全に一致します．しかし，ニュートン力学による暗黒天体と一般相対性理論によるブラックホールは決定的に異なります．暗黒天体上にある物体は一時的には地表から鉛直上向きに進むことができますが，ブラックホールの場合にはいったん事象の地平線の内側に入ると，一瞬たりとも中心から外向きに進むことはできません．

2019 年 4 月 10 日，日本の研究チーム（国立天文台水沢など）を含む国際協力プロジェクト EHT（イベント・ホライズン・テレスコープ）が，おとめ座銀河団にある巨大楕円銀河「M87」の中心にあるブラックホールのシャドウの撮影に成功したと発表しました．アインシュタインの一般相対性理論が実証されてから，ちょうど 100 年越しのことです[8)]．さらに 2022 年 5 月 12 日，ついに EHT は我々の住む「天の川銀河」の中心にある巨大ブラックホールのシャドウの撮影にも成功したと発表しました．

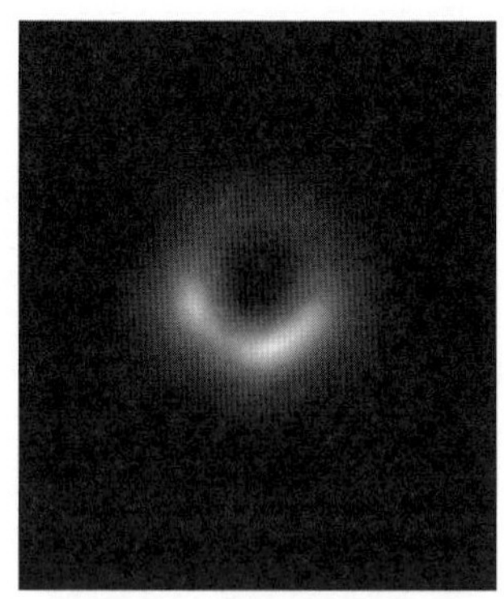

図 7.10　イベント・ホライズン・テレスコープにより撮影された巨大楕円銀河 M87 の中心部にあるブラックホールのシャドウ（EHT Collaboration による）

8）1919 年に行われた皆既日食観測で，アインシュタインの一般相対性理論で予言される「重力レンズ効果（太陽の重力で星の光の曲がる効果）」の検証に成功しました．

7.4　保存力と時間反転対称性 

本節で解説する内容は（これまでの話題と比べると）少々抽象的な内容ですが，将来，読者が熱力学や統計力学などを学ぶ際に重要となる**時間の矢**に関連するものです．まず，時間の矢について（深入りすることはせずに）日常的な例を挙げて軽く触れておきましょう．

室温（例えば20℃）の部屋に熱いお湯（例えば90℃）を放置しておくと，お湯はやがて室温（20℃）まで冷めますが，その逆，室温と同じ温度の水（20℃）が勝手に（自発的に）温まる（90℃になる）ことはありません（そのような現象を目撃した人はいないでしょう）．このような，時間がもつ一方通行の性質（不可逆性）のことを「時間の矢」といい，この不可逆性の存在は熱力学や統計力学の基本原理（**エントロピー増大の原理**）として掲げられています[9)]．「なぜ時間は一方通行なのか？」という素朴な問いは，現代物理学の未解決問題の１つです．以下では，一体何が未解決なのかを解説しましょう．

上述のお湯の例を考えると，約18gの水の中には6×10^{23}個の水分子（H_2O）が存在します．つまり，6×10^{23}個の水分子１つ１つがどのように運動しているかを知ることができれば，それらの集団である18gの水の性質も知ることができるでしょう．このように，マクロ（巨視的）な物質の性質がミクロ（微視的）な構成要素の性質から決まるとする考え方を**要素還元主義**といいます．この要素還元主義の発想に基づくと，水分子１つ１つの運動をニュートンの運動方程式によって決定できれば，マクロな水の性質も理解できるはずです．ところが以下で解説するように，ニュートンの運動方程式には「時間の矢」が存在しません．「時間の矢」のない構成要素の集合体であるマクロな世界に，「時間の矢」が生まれるのはなぜか？　この素朴な問いこそが，物理学における未解決問題の１つなのです[10)]．

「時間の矢」の問題そのものの話題はこの程度にして，以下では，ニュートン

9)　エントロピー増大の原理については，熱力学と統計力学で詳しく学ぶので，ここではこれ以上は立ち入らないことにします．お楽しみに．

10)　マクロな系の「不可逆現象」とミクロな構成要素に対する力学の「可逆性」の間の整合性を追求するのが，「時間の矢」の問題です．

の運動方程式に「時間の矢」が存在しないことを示してみましょう．

7.4.1 保存力と可逆変化

時刻 $t = 0$ において点 P にいた質量 m の質点が，図 7.11 (a) のような軌道を描きながら点 Q に移動したとしましょう．このとき，質点が受ける保存力をポテンシャルエネルギーを用いて $\boldsymbol{F}(\boldsymbol{r}) = -\nabla V(\boldsymbol{r}(t))$ とすると，この質点の位置ベクトル $\boldsymbol{r}(t)$ はニュートンの運動方程式

$$m\frac{d^2\boldsymbol{r}(t)}{dt^2} = -\nabla V(\boldsymbol{r}(t)) \tag{7.53}$$

に従います．一方，この運動を録画して逆再生すると，質点は点 Q から出発して図 7.11 (a) の軌道を逆行し，点 P に到達することは容易に想像できるでしょう（図 7.11 (b)）．このときの質点の位置ベクトル $\boldsymbol{r}'(t)$ は，$\boldsymbol{r}(t)$ の逆再生（時間反転 $t \to -t$）なので[11)]，$\boldsymbol{r}'(t) = \boldsymbol{r}(-t)$ と表されます．

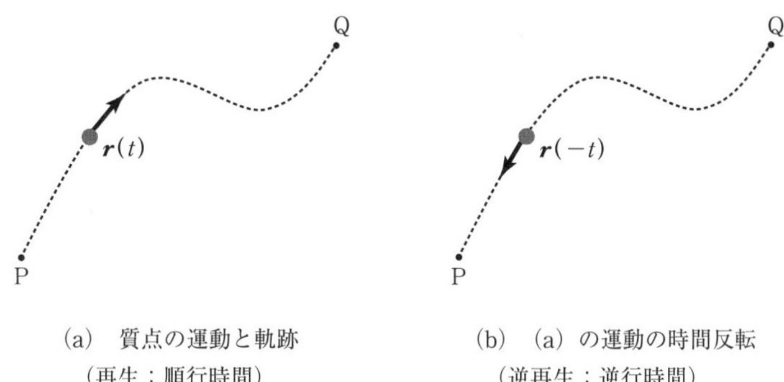

(a)　質点の運動と軌跡（再生：順行時間）　　(b)　(a) の運動の時間反転（逆再生：逆行時間）

図 7.11

もし，逆再生（時間反転）によって生じる運動も現実の世界で起こり得るなら，$\boldsymbol{r}'(t)$ もまたニュートンの運動方程式に従うはずです．そのことを確かめるために，(7.53) の中に現れる順行時間 t を $t \to t' = -t$ のように変換（時間反転）し，(7.53) を

11)　時間が $t = -10, -9, \cdots, -1, 0, 1, \cdots, 9, 10\,\mathrm{s}$ と流れる場合（順方向）に対して，逆方向の時間の流れは $t' = 10, 9, \cdots, 1, 0, -1, \cdots, -9, -10\,\mathrm{s}$ となります．つまり，時間反転とは $t \to t' = -t$ を行うことです．

$$m\frac{d^2\boldsymbol{r}(t')}{dt'^2} = -\nabla V(\boldsymbol{r}(t')) \tag{7.54}$$

のように書き換えてみましょう．ここで，

$$\frac{d}{dt'} = \frac{dt}{dt'}\frac{d}{dt} = \left\{\frac{d(-t)}{dt}\right\}^{-1}\frac{d}{dt} = -\frac{d}{dt} \tag{7.55}$$

$$\frac{d^2}{dt'^2} = \frac{d}{dt'}\frac{d}{dt'} = \left(-\frac{d}{dt}\right)\left(-\frac{d}{dt}\right) = \frac{d^2}{dt^2} \tag{7.56}$$

なので，(7.54) は t を用いて表すと

$$m\frac{d^2\boldsymbol{r}(-t)}{dt^2} = -\nabla V(\boldsymbol{r}(-t)) \tag{7.57}$$

となり，逆行時間での質点の位置ベクトル $\boldsymbol{r}(-t)$ も (7.53) と同じニュートンの運動方程式に従うことが示されました．これは，順行時間で $\boldsymbol{r}(t)$ に従う運動が実現するとき，それを時間反転した運動 $\boldsymbol{r}(-t)$ も実現することを意味します．つまり，保存力のもとで運動する粒子の運動には「時間の矢」は存在しません．

7.4.2　エネルギー散逸と不可逆変化

前項では，時間反転に対して不変な保存力（$\boldsymbol{F}(t) = \boldsymbol{F}(-t)$）について述べましたが，すべての力に対して時間反転した運動も実現可能というわけではありません．例えば，非保存力である粘性抵抗（速度に比例する抵抗力）$\boldsymbol{F}(t) = -\gamma\dfrac{d\boldsymbol{r}(t)}{dt}$（$\gamma > 0$）は，時間反転操作（$t \to -t$）に対して

$$\boldsymbol{F}(t) \quad \to \quad \boldsymbol{F}(-t) = -\gamma\frac{d\boldsymbol{r}(-t)}{d(-t)} = \gamma\frac{d\boldsymbol{r}(-t)}{dt} \tag{7.58}$$

のように，力の符号が逆転します．つまり，順行時間では抵抗力によってエネルギーが失われていた運動が，逆行時間ではエネルギーを増やしながら運動することになります．

例えば，空気抵抗を受けながら運動する振り子は減衰振動をしますが，この運動を録画して逆再生（時間反転）すると，振り子の振幅はどんどん大きくなるでしょう．しかし，現実の世界でこのような運動が起こることは決し

てありません．つまり，空気抵抗（時間反転対称でない力）の存在によって，振り子の運動に「時間の矢」が生じたわけです．

空気抵抗の正体は，振り子の周りの膨大な数の空気分子と振り子の衝突であり，この問題は本質的には「膨大な構成要素から成る質点系（多体系）」です．つまり「空気の抵抗力」とは，この複雑な質点系の問題を1個の質点の問題に上手に置き換えた「現象論的な力」であり，マクロな系の「時間の矢」を現象論的に取り込んだものといえます．

以下では，抵抗力によって生じる運動の不可逆性の例を2つ紹介します．

【例1】 粘性抵抗を受けて運動する振動子のエネルギー

6.7節で述べたように，滑らかな水平面上に置かれた振動子（質量 m，バネ定数 k）が，速度 v に比例する粘性抵抗（比例係数 $\gamma > 0$）を受けながら運動するとき，この振動子の運動方程式は

$$m\frac{dv}{dt} + kx = -\gamma v \tag{7.59}$$

となります．この式の両辺に速度 $v = \dfrac{dx}{dt}$ を掛けると

$$\begin{aligned}
\text{左辺} &= m\frac{dv}{dt}v + kx\frac{dx}{dt} \\
&= \frac{1}{2}m\underbrace{\left(\frac{dv}{dt}v + v\frac{dv}{dt}\right)}_{=dv^2/dt} + \frac{1}{2}k\underbrace{\left(\frac{dx}{dt}x + x\frac{dx}{dt}\right)}_{=dx^2/dt} \\
&= \frac{d}{dt}\left(\frac{1}{2}mv^2 + \frac{1}{2}kx^2\right) = \frac{dE}{dt} \qquad \left(E \equiv \frac{1}{2}mv^2 + \frac{1}{2}kx^2\right)
\end{aligned} \tag{7.60}$$

$$\text{右辺} = -\gamma v^2 \ (\leq 0) \tag{7.61}$$

となるので，

$$\frac{dE}{dt} = -\gamma v^2 \leq 0 \tag{7.62}$$

が得られ，左辺の E は振動子の力学的エネルギーです．この式は，「粘性抵抗によって，振動子の力学的エネルギーが単位時間当たりに γv^2 の割合で減少する」ことを意味します．

このように，系のエネルギーが系の外である外界に失われていくことを**エネルギー散逸**といいます．そして，(7.62) の右辺はゼロまたは負なので，(7.62) の両辺に dt を掛けることで

$$dE \leq 0 \tag{7.63}$$

が得られ，(7.62) や (7.63) は**力学的エネルギー E が決して増えない方向に系の力学的状態が変化する**ことを意味します[12]．

【例 2】 粘性抵抗と一定の外力を受けて運動する振動子のエネルギー

【例 1】の「粘性抵抗を受けて運動する振動子」に，外部から一定の力 F を加えた際の振動子の運動方程式は

$$m\frac{dv}{dt} + kx = -\gamma v + F \tag{7.64}$$

となります．【例 1】と同様に，この式の両辺に速度 $v = \dfrac{dx}{dt}$ を掛けると

$$\text{左辺} = \frac{d}{dt}\left(\frac{1}{2}mv^2 + \frac{1}{2}kx^2\right) = \frac{dE}{dt} \qquad \left(E \equiv \frac{1}{2}mv^2 + \frac{1}{2}kx^2\right) \tag{7.65}$$

$$\text{右辺} = -\gamma v^2 + Fv = -\gamma v^2 + F\frac{dx}{dt} \tag{7.66}$$

となるので，$\dfrac{d}{dt}(E - Fx) = -\gamma v^2$ が得られます（ただし，「$F =$ 一定」としました）．ここで

$$H \equiv E - Fx \tag{7.67}$$

によって定義される物理量を導入すると

$$\frac{dH}{dt} = -\gamma v^2 \tag{7.68}$$

となります．この式の右辺はゼロまたは負なので，この式の両辺に dt を掛けることで

$$dH \leq 0 \tag{7.69}$$

が得られます．

12） 熱力学では，この関係式と類似の不可逆性の法則（エントロピー増大の法則）$dS \geq 0$ が登場します．

(7.68) や (7.69) は,「H が決して増えない方向に系の力学的状態は変化する」ことを意味します[13].

本章のPoint

- **仕事**：力 $\boldsymbol{F}$ の作用を受けながら位置 $\boldsymbol{r}_{\mathrm{A}}$ から $\boldsymbol{r}_{\mathrm{B}}$ までを経路 C を通って移動した場合，この力がする仕事 $W_{\mathrm{AB}}^{(\mathrm{C})}$ は
$$W_{\mathrm{AB}}^{(\mathrm{C})} = -\int_{\boldsymbol{r}_{\mathrm{A}}(\mathrm{C})}^{\boldsymbol{r}_{\mathrm{B}}} \boldsymbol{F}\cdot d\boldsymbol{s}$$
によって与えられる.
- **保存力**：仕事が経路に依存せず，始点と終点だけで決まる力．この力のもとでは，力学的エネルギーが保存する.
- **非保存力**：仕事が始点と終点だけでなく，その間の経路に依存する力．この力のもとでは，力学的エネルギーは保存しない.
- **保存力とポテンシャルエネルギーの関係**：保存力 $\boldsymbol{F}$ はポテンシャルエネルギー $V(\boldsymbol{r})$ を用いて $\boldsymbol{F} = -\nabla V(\boldsymbol{r})$ によって与えられる．ここで，$\nabla = \left(\dfrac{\partial}{\partial x}, \dfrac{\partial}{\partial y}, \dfrac{\partial}{\partial z}\right)$ はナブラとよばれる微分演算子である.
- **運動エネルギー**：$K = \dfrac{1}{2}mv^2$ によって定義されるエネルギーで，物体の速さのみによって決まる.
- **ポテンシャルエネルギー**：$V = -\int_{\boldsymbol{r}_{\mathrm{P}}}^{\boldsymbol{r}} \boldsymbol{F}\cdot d\boldsymbol{s}$ によって定義されるエネルギーで，物体の位置 $\boldsymbol{r}$ のみによって決まる（ただし，$\boldsymbol{r}_{\mathrm{P}}$ は基準点）.
- **力学的エネルギー保存の法則**：保存力のもとで運動する物体の運動エネルギーとポテンシャルエネルギーの和は常に一定となる.

---

13) 熱力学では，H は**エンタルピー**とよばれる量に対応します．この対応についても，熱力学を学習するときのお楽しみに.

Practice

[7.1] 保存力の循環

保存力 $\boldsymbol{F}$ に対して

$$\oint_{(\mathrm{C})} \boldsymbol{F}\cdot d\boldsymbol{s} = 0 \tag{7.70}$$

が成り立つことを示しなさい．ここで，○ の付いた積分記号 $\oint_{(\mathrm{C})}$ は，物体が任意の経路 C に沿って 1 周する積分を表します．

[7.2] 地面と非弾性衝突を繰り返す質点

地面から高さ h の点から質点を落下させたとき，この質点と地面との反発係数を e として，次の問いに答えなさい．

(1) この質点が最初に地面に衝突したときの速さ v_0 を求めなさい．

(2) k 回目の衝突の後に，質点が到達できる最大の高さ h_k を求めなさい．

(3) 質点が静止するまでに要した距離 L を求めなさい．

[7.3] 減衰振動する質点の力学的エネルギー

6.4 節で述べたように，減衰振動する振動子の変位 $x(t)$ は

$$x(t) = Ae^{-\kappa t}\cos(\omega_1 t + \delta) \tag{7.71}$$

で与えられ（(6.48) を参照），A は振幅，κ は粘性係数，δ は初期位相，ω_1 は角振動数であり，いずれも実数の定数です．この振動子の力学的エネルギー $E(t)$ が，一定の時間 $T = 2\pi/\omega_1$ に減少する割合であるエネルギー減衰率

$$\varDelta \equiv \frac{E(t) - E(t+T)}{E(t)}$$

を求めなさい．

[7.4] 安定な平衡点の周りでの微小振動

質量 m の質点がポテンシャルエネルギー

$$V(x) = V_0\left(\frac{x}{a} + \frac{a}{x}\right)$$

のもとで x 軸上を運動しています（$V_0, a > 0$）．$x > 0$ の領域において，安定な平衡点 x_0 を求め，x_0 を中心に微小振動する質点の周期 T を求めなさい．

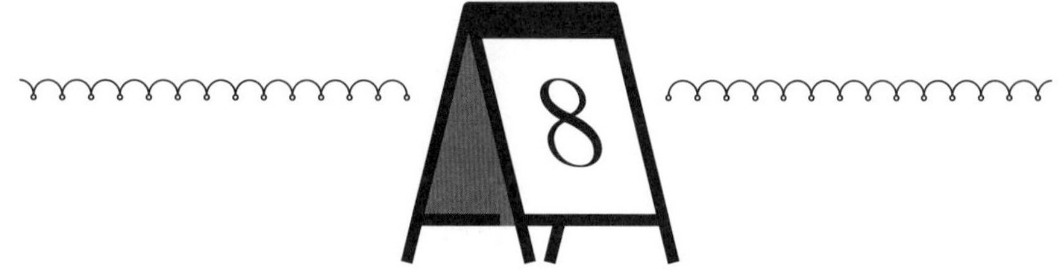

角運動量とその保存則

質点の運動は，直線運動と回転運動の組み合わせによって表され，質量 m の質点が速度 $\boldsymbol{v}$ で直線運動するときの勢いは運動量 $\boldsymbol{p}=m\boldsymbol{v}$ で与えられます．本章では，回転運動の勢いは**角運動量**とよばれる物理量によって定量的に与えられること，さらに，万有引力やクーロン力など中心力のもとでの物体の運動では，力学的エネルギーの他に角運動量が保存されることを解説します．

8.1 角運動量

質点の運動は，直線運動と回転運動の組み合わせによって表されます．速度 $\boldsymbol{v}$ で直線運動する質量 m の質点の勢いは，(3.7) で述べたように，$\boldsymbol{p}=m\boldsymbol{v}$ で定義される運動量で与えられます．また，質点の運動量の時間変化 $d\boldsymbol{p}/dt$ は，ニュートンの運動方程式

$$\frac{d\boldsymbol{p}}{dt}=\boldsymbol{F} \tag{8.1}$$

によって与えられました．すなわち，質点に力 $\boldsymbol{F}$ が作用すると，質点の運動量が変化するわけです．

一方，図 8.1 (a) のように，質点が原点 O の周りを回転する場合の「勢い」に相当する量を，質点の位置ベクトル $\boldsymbol{r}$ と運動量ベクトル $\boldsymbol{p}$ の外積

$$\boldsymbol{L}=\boldsymbol{r}\times\boldsymbol{p} \tag{8.2}$$

によって定義される**角運動量**とよばれる物理量で表現すると都合がよいこと

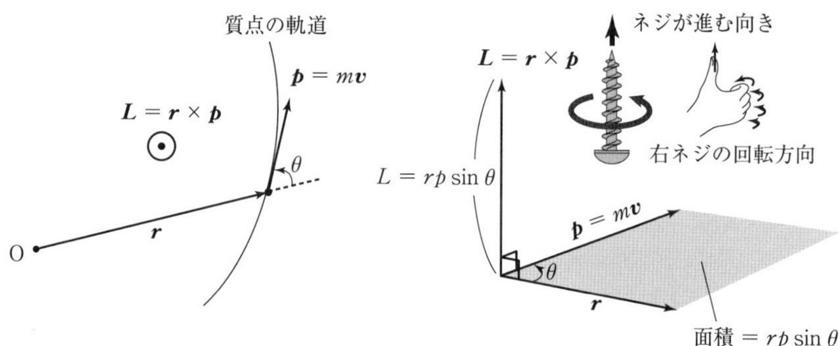

(a) 質点の位置ベクトル $\boldsymbol{r}$ と運動量 $\boldsymbol{p}$ とそれらの成す角 θ

(b) 角運動量の向きと大きさ

図 8.1　角運動量

が知られています．本章では，この角運動量というベクトルについて考えていきましょう．

図 8.1 (a) のように，一般に $\boldsymbol{r}$ と $\boldsymbol{p}$ は平行ではありません．このような状況において角運動量 $\boldsymbol{L}$ は，図 8.1 (b) に示されるように，$\boldsymbol{r}$ と $\boldsymbol{p}$ を含む面に垂直で，$\boldsymbol{r}$ の向きから $\boldsymbol{p}$ の向きに（$\boldsymbol{r}$ と $\boldsymbol{p}$ のなす角が小さい向きに）右ネジを回したときにネジが進む方向を向いたベクトルになります．別の言い方をすると，右手を握って親指を立てて「Good のジェスチャー」をした際に親指が指す向きのベクトルです（外積については巻末の付録の C を参照）．

また，角運動量の大きさ $L = |\boldsymbol{L}| = |\boldsymbol{r} \times \boldsymbol{p}|$ は

$$L = |\boldsymbol{r}||\boldsymbol{p}|\sin\theta = rp\sin\theta \tag{8.3}$$

で与えられます．ここで，θ は $\boldsymbol{r}$ と $\boldsymbol{p}$ のなす角（$0 \leq \theta \leq \pi$）です．(8.3) からわかるように，質点の運動量 $\boldsymbol{p}$ が動径方向を向いている場合（$\theta = 0$ の場合）には，角運動量はゼロとなります．

Exercise 8.1

原点 O の周りの角運動量 $\boldsymbol{L} = \boldsymbol{r} \times \boldsymbol{p}$ の直交座標における x, y, z 成分（L_x, L_y, L_z）を，x, y, z ならびに p_x, p_y, p_z を用いて表しなさい．

Coaching 位置 $\boldsymbol{r}$ と運動量 $\boldsymbol{p}$ を

$$\boldsymbol{r} = x\boldsymbol{e}_x + y\boldsymbol{e}_y + z\boldsymbol{e}_z, \qquad \boldsymbol{p} = p_x\boldsymbol{e}_x + p_y\boldsymbol{e}_y + p_z\boldsymbol{e}_z \tag{8.4}$$

と表し，巻末の付録の C の（A. 33）～（A. 35）を用いると，角運動量 $\boldsymbol{L} = \boldsymbol{r} \times \boldsymbol{p}$ の x, y, z 成分（L_x, L_y, L_z）はそれぞれ

$$L_x = yp_z - zp_y, \qquad L_y = zp_x - xp_z, \qquad L_z = xp_y - yp_x \tag{8.5}$$

と表されます. ■

Training 8.1

xy 平面内を運動する質量 m の質点の角運動量 $\boldsymbol{L}$ とその大きさ $L = |\boldsymbol{L}|$ を 2 次元極座標表示しなさい.

Training 8.2

半径 r の円周上を速さ $v = r\omega$（ω は角速度）で等速円運動する質量 m の質点の角運動量の大きさを求めなさい.

8.2 角運動量と力のモーメント

力 $\boldsymbol{F}$ を受けて運動量 $\boldsymbol{p}$ で運動する質点のニュートンの運動方程式は

$$\frac{d\boldsymbol{p}}{dt} = \boldsymbol{F} \tag{8.6}$$

によって与えられました. ここで，質点の質量 m と速度 $\boldsymbol{v}$ を用いると $\boldsymbol{p} = m\boldsymbol{v}$ です. この運動方程式と位置ベクトル $\boldsymbol{r}$ の外積をつくってみると，

$$\boldsymbol{r} \times \frac{d\boldsymbol{p}}{dt} = \boldsymbol{r} \times \boldsymbol{F} \tag{8.7}$$

となります. このとき，この式の右辺に現れる量

$$\boldsymbol{N} \equiv \boldsymbol{r} \times \boldsymbol{F} \tag{8.8}$$

を，原点の周りの**力のモーメント**または**トルク**といいます[1)].

---

1) 一般に力学において，位置ベクトル $\boldsymbol{r}$ と $\boldsymbol{r}$ でのベクトル量 $\boldsymbol{A}(\boldsymbol{r})$ とのベクトル積 $\boldsymbol{r} \times \boldsymbol{A}$ を，原点の周りの $\boldsymbol{A}$ **のモーメント**といいます. この表現法に従えば，角運動量は**運動量のモーメント**ということもできます.

一方，(8.7) の左辺は

$$\boldsymbol{r} \times \frac{d\boldsymbol{p}}{dt} = \frac{d}{dt}(\boldsymbol{r} \times \boldsymbol{p}) - \frac{d\boldsymbol{r}}{dt} \times \boldsymbol{p} = \frac{d\boldsymbol{L}}{dt} - \underbrace{\boldsymbol{v} \times m\boldsymbol{v}}_{=0}$$

$$= \frac{d\boldsymbol{L}}{dt} \tag{8.9}$$

と変形できます．(8.8) と (8.9) を (8.7) に代入すると

$$\frac{d\boldsymbol{L}}{dt} = \boldsymbol{N} \tag{8.10}$$

となり，物体の角運動量 $\boldsymbol{L}$ の時間変化は，物体にはたらく力のモーメント $\boldsymbol{N}$ に等しいことがわかりました．言い換えると，**物体に力のモーメントが作用すると物体の角運動量（回転運動の勢い）が変化**します．(8.10) を**角運動量の運動方程式**といいます．

8.3 角運動量保存の法則

図 8.2 のように，質点にはたらく力 $\boldsymbol{F}(\boldsymbol{r})$ が常に 1 つの点 O の方向を向き，この力の大きさが点 O からの距離 $|\boldsymbol{r}| = r$ のみの関数 $F(r)$ であるとき，このような力を**中心力**といい，点 O を**力の中心**といいます．

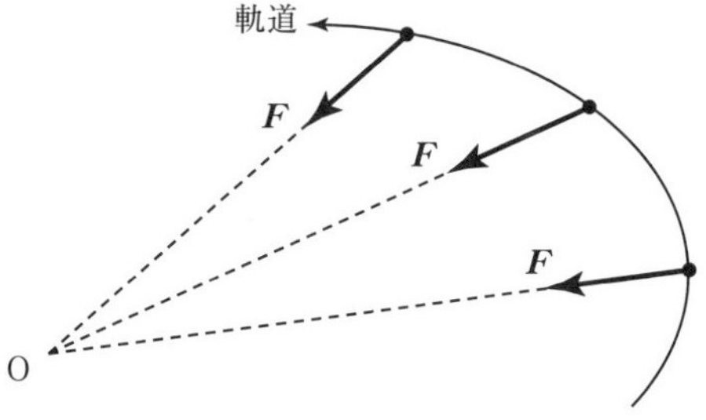

図 8.2 中心力

一般に中心力は，

$$\boldsymbol{F}(\boldsymbol{r}) = F(r)\frac{\boldsymbol{r}}{r} \tag{8.11}$$

のように表されます．$\boldsymbol{r}/r$ はベクトル $\boldsymbol{r}$ の向きの単位ベクトルかつ無次元の量なので，$F(r)$ が力の単位（N：ニュートン）であることに注意しましょう．$F(r)$ の具体的な例としては，(4.1) の万有引力 $F(r) = -GmM/r^2$ や (4.10) のクーロン力 $F(r) = k_0 q_1 q_2/r^2$ があります．

このような中心力の作用を受けて運動する質点の，原点に関する力のモー

メント $\boldsymbol{N}$ は (8.8) より,

$$\boldsymbol{N} = \boldsymbol{r} \times \boldsymbol{F}(\boldsymbol{r}) = \boldsymbol{r} \times F(r)\frac{\boldsymbol{r}}{r} = \boldsymbol{0} \tag{8.12}$$

となります．ここで，外積の性質 $\boldsymbol{r} \times \boldsymbol{r} = \boldsymbol{0}$ を用いました．つまり，このようなときには，力の中心 ($r = 0$) に関する質点の角運動量 $\boldsymbol{L}(=\boldsymbol{r} \times \boldsymbol{p})$ の運動方程式は，(8.10) より

$$\frac{d\boldsymbol{L}}{dt} = \boldsymbol{0}, \qquad \therefore \quad \boldsymbol{L} = \text{一定} \tag{8.13}$$

となります．これを，「中心力の場合の**角運動量保存の法則**」といいます．

 Exercise 8.2

xy 平面を運動する質点の角運動量の x 成分 L_x と y 成分 L_y はいずれもゼロであることを示しなさい．さらに，角運動量の z 成分 L_z (いまの場合は角運動量の大きさ L) を 2 次元極座標 ($x = r\cos\varphi$, $y = r\sin\varphi$) で表しなさい．

Coaching　質点が xy 平面内を運動するということは，z は常にゼロ ($z = 0$)，かつ z 方向の運動量も常にゼロ ($p_z = 0$) であることを意味します．したがって，質点の位置 $\boldsymbol{r}$ と運動量 $\boldsymbol{p}$ をデカルト座標を用いて $\boldsymbol{r} = (x, y, z)$, $\boldsymbol{p} = (p_x, p_y, p_z)$ と表すと (8.2) より，この質点の角運動量の x 成分と y 成分はそれぞれ

$$\begin{cases} L_x = yp_z - zp_y = 0 \\ L_y = zp_x - xp_z = 0 \end{cases} \tag{8.14}$$

となります．また，L_z $(= L)$ は $x = r\cos\varphi$ と $y = r\sin\varphi$ を用いて

$$\begin{aligned} L_z &= xp_y - yp_x = m\left(x\frac{dy}{dt} - y\frac{dx}{dt}\right) \\ &= m\left\{r\cos\varphi\frac{d(r\sin\varphi)}{dt} - r\sin\varphi\frac{d(r\cos\varphi)}{dt}\right\} \\ &= m\left\{r\cos\varphi\left(\frac{dr}{dt}\sin\varphi + r\frac{d\varphi}{dt}\cos\varphi\right)\right. \\ &\qquad \left. - r\sin\varphi\left(\frac{dr}{dt}\cos\varphi + r\frac{d\varphi}{dt}\sin\varphi\right)\right\} \\ &= mr^2\frac{d\varphi}{dt} \end{aligned} \tag{8.15}$$

と表され，Training 8.1 の結果と一致します．■

Exercise 8.3

半径 r，角速度 ω で等速円運動する質量 m の質点の角運動量 $\boldsymbol{L}$ の大きさは $L = mr^2\omega$ であり，時間に依存しません（Exercise 8.2 を参照）．一方，図 8.3 に示すように，等速円運動する質点の円軌道上の位置（点 P とする）が微小時間 dt の後に点 Q に移動したとすると，このときの微小な三角形の面積 dS は $dS = \dfrac{1}{2}r^2\,d\theta$ となります．これを用いて，単位時間当たりの面積の変化 $\dfrac{dS}{dt}$（これを**面積速度**といいます）を求め，面積速度と角運動量（の大きさ）が比例関係にあることを示しなさい．

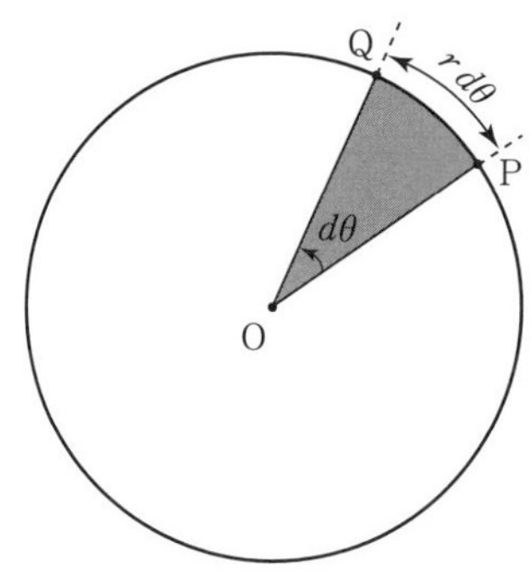

図 8.3　等速円運動する質点が単位時間に掃く面積（面積速度）

Coaching　微小な三角形の面積 $dS = \dfrac{1}{2}r^2\,d\theta$ を微小時間 dt で割って $dt \to 0$ の極限をとることで，等速円運動の面積速度は

$$\frac{dS}{dt} = \frac{1}{2}r^2\underbrace{\frac{d\theta}{dt}}_{=\omega} = \frac{1}{2}r^2\omega \tag{8.16}$$

となります．一方，この質点の角運動量の大きさは $L = mr^2\omega$ なので，これを (8.16) に代入すると

$$\frac{dS}{dt} = \frac{L}{2m} \tag{8.17}$$

となり，面積速度 $\dfrac{dS}{dt}$ が角運動量の大きさ L に比例することが示されました．

なお，この計算から，等速円運動する質点の「面積速度は一定」であることがわかります．この結論については，次章でさらに詳しく解説します．■

本章のPoint

- **角運動量 $\boldsymbol{L}$**：質点が点Ｏの周りを回転する「勢い」を表す物理量.

$$\boldsymbol{L} = \boldsymbol{r} \times \boldsymbol{p} \qquad (\boldsymbol{r}：\text{点Oからの位置ベクトル},\ \boldsymbol{p}：\text{運動量})$$

- **角運動量の時間変化**：角運動量の時間変化は

$$\frac{d\boldsymbol{L}}{dt} = \boldsymbol{N}$$

　によって与えられる（$\boldsymbol{N} = \boldsymbol{r} \times \boldsymbol{F}$ は**力のモーメント**）.

- **中心力**：質点にはたらく力 $\boldsymbol{F}(r)$ が常に１つの点Ｏの方向を向き，この力の大きさ $F(r)$ が点Ｏからの距離 $|\boldsymbol{r}| = r$ のみに依存する力.

- **角運動量保存の法則**：$\boldsymbol{N} = \boldsymbol{0}$ のとき，系の角運動量は保存する．具体例として，中心力のもとでの質点の角運動量は保存する.

- **面積速度**：質点が平面上を運動するとき，原点と質点とを結ぶ線分が単位時間に掃く面積.

Practice

[8.1]　角運動量の行列式表現

角運動量 $\boldsymbol{L}$ は，行列式を用いて

$$\boldsymbol{L} = \begin{vmatrix} \boldsymbol{e}_x & \boldsymbol{e}_y & \boldsymbol{e}_z \\ x & y & z \\ p_x & p_y & p_z \end{vmatrix}$$

と表されることを確かめなさい.

[8.2]　電気双極子にはたらく力のモーメント

電気量 $+q$ の正電荷と $-q$ の負電荷が一定の距離 d を隔ててペアで存在するとき，負電荷から正電荷に向かうベクトル $\boldsymbol{d}$ を用いて定義される**電気双極子モーメント** $\boldsymbol{p} = q\boldsymbol{d}$ が一様な電場 $\boldsymbol{E}$ の中にあるとき，電気双極子にはたらく力のモーメントが

$$\boldsymbol{N} = \boldsymbol{p} \times \boldsymbol{E} \tag{8.18}$$

と表されることを示しなさい.

[8.3]　直線運動の角速度と角運動量

図 8.4 に示すように，x 軸に平行な $y = L$ の直線上を速度 $\boldsymbol{v} = v_0\boldsymbol{e}_x$ で等速直線運動する質点に関して，次の問いに答えなさい.

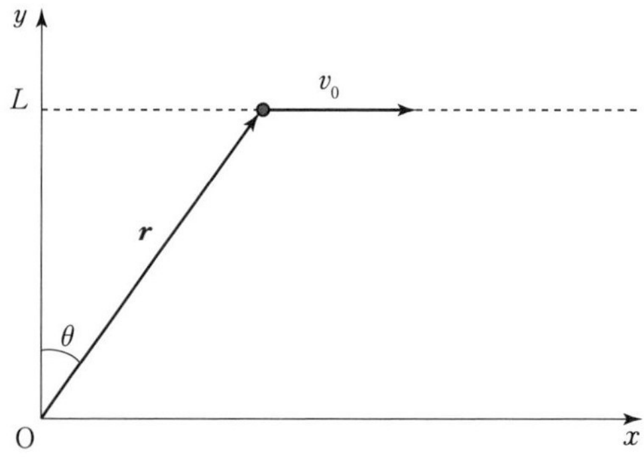

図 8.4　x 軸に平行な直線 $y = L$ 上を等速直線運動する質点

(1)　原点 O の周りの角速度 ω を求めなさい.

(2)　原点 O に関する面積速度を求め，それが一定であることを示しなさい.

[8.4]　楕円運動の角運動量

質量 m の質点が位置ベクトル $\boldsymbol{r} = (a\cos\omega t, b\sin\omega t, 0)$ で表される運動をしています．ここで，a, b, ω は定数です．この質点に関する次の問いに答えなさい．

(1)　原点 O の周りの角運動量を求めなさい.

(2)　原点 O の周りの力のモーメントを求めなさい.

[8.5]　半径が変化する円運動

糸の先端に質量 m の質点を付けて滑らかな水平面上に置き，糸の他端を水平面に開けた小孔に通して引きながら質点を小孔の周りで回転させます．最初，糸の長さ（小孔から質点までの距離）は r_0，質点の角速度は ω_0 でした．糸の長さが r_1 $(< r_0)$ になったときの質点の角速度 ω_1 を求めなさい.

中心力のもとでの質点の運動

前章で述べたように，万有引力とクーロン力はいずれも中心力です．本章では，まず，万有引力のもとでの質点の運動として「**惑星の運動**」について解説します．最初に，惑星の運動に関する**ケプラーの法則**を紹介し，この法則に基づいて「ニュートンの万有引力」を帰納的に導きます．次に，今度はこれとは逆に，万有引力の存在を認めることでケプラーの法則を演繹的に導きましょう．この演繹的方法により，ケプラーの法則では表現されていない惑星の運動（惑星の楕円運動以外の可能性）が導かれます．さらに，万有引力やクーロン力のような**逆 2 乗則**に従う中心力に特有の保存量（**ラプラス－ルンゲ－レンツベクトル**）について解説します．

9.1 惑星の運動

近代科学，とりわけ「力学」は星の動きの予測から始まったといっても過言ではありません．私たちは「オリオン座が見える季節は寒く，さそり座が見える季節は暖かい」ということを経験的に知っていますが，この紛れもない事実は，「天の動きと地上の出来事が結び付いている」ことを私たちに想像させてくれます．そのように考えると，人類が太古の昔から，天の動きを正確に知ることで地上の未来を予想しようとしたことは納得できることでしょう．実際，古代エジプト文明やインカ文明においても天体観測が行われ，星の動きをもとに暦を作り，農耕（農作物の種まきの時期の決定など）に役立てていたといわれています．

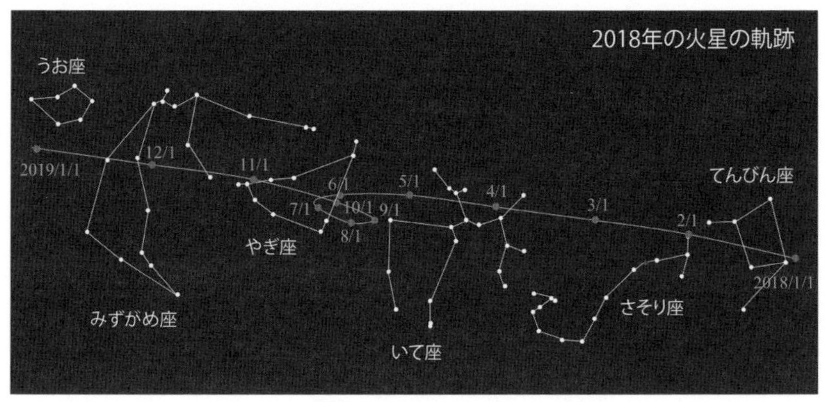

図 9.1 火星の軌道（2018 年）（©国立天文台）

暦作りに用いられた「恒星」とは異なり，火星などの「惑星」は動きが複雑で，図 9.1 に示すように恒星の間を縫うように運行し，ときには夜空を逆行することさえあります．このように，惑うように位置を変える星なので「惑星」と名付けられました．惑星の不規則な運動を正確に予測することが，人類に課せられた長年の未解決問題だったのです．

この難題を解決する大きな転機が訪れたのは，16 世紀初頭のニコラウス・コペルニクス（ポーランドの天文学者）による「地動説」の発表です[1)]．コペルニクスの地動説の発表以降の天文学の発展は著しく，16 世紀後半にはティコ・ブラーエ（デンマークの貴族で天文学者）によって天体観測の精度は大幅に向上され，望遠鏡のない時代において最高精度の観測データが得られました．17 世紀に入ると，ティコ・ブラーエの観測データを引き継いだヨハネス・ケプラー（ドイツの天文学者）が，8 年の歳月をかけて観測データを解析し，惑星の動きに関する 2 つの法則（ケプラーの第 1 法則と第 2 法則）を発表しました．さらに，その後 10 年の歳月をかけてもう 1 つの法則（ケプラーの第 3 法則）を発見し，惑星の運動を完璧に解明しました．

ここに，ケプラーの 3 つの法則をまとめておきます．

1) コペルニクスは没する直前の 1543 年に，著書『天体の回転について』を刊行し，その中で「地動説」を発表しました．

▶ **ケプラーの法則**

第1法則（楕円軌道の法則）：惑星の軌道は，太陽を焦点の1つとする楕円である.

第2法則（面積速度一定の法則）：惑星と太陽とを結ぶ線分が単位時間に掃く面積（面積速度）は一定である.

第3法則（調和の法則）：惑星の公転周期（太陽の周りを1周する時間）の2乗は，その軌道の長半径の3乗に比例する．また，その比例係数は惑星の種類にはよらない.

9.1.1　ケプラーの第1法則（楕円軌道の法則）

ケプラーの第1法則は，コペルニクスの地動説でさえも「惑星は太陽の周りを**円運動**する」と考えられていたのに対して，「惑星の軌道は太陽を焦点の1つとする**楕円**」と結論付けている点において衝撃的でした．以下では，楕円の特徴について簡単にまとめておきましょう.

楕円とは「平面上で2つの定点 F, F′ からの距離の和が常に一定である点 P の軌跡」であり，点 F, F′ を**焦点**といいます（図9.2 (a)）．デカルト座標系において，楕円の標準形は

$$\frac{x^2}{a^2}+\frac{y^2}{b^2}=1 \tag{9.1}$$

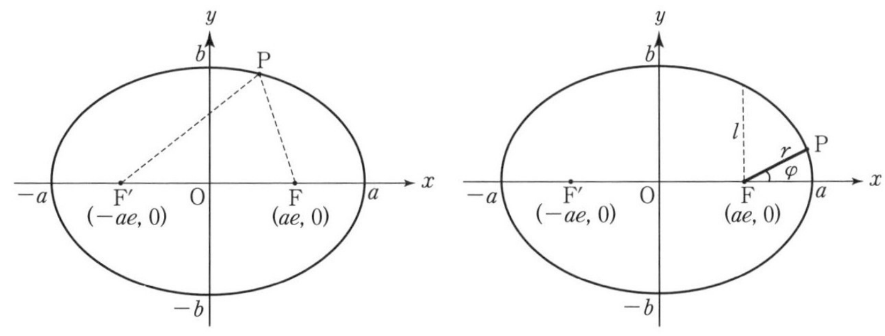

(a) 楕円のデカルト表示　　(b) 楕円の極座標表示

図9.2

のように与えられます（ただし，$a > b > 0$）．ここで，aを**長半径**，bを**短半径**といい，焦点F, F′の座標はそれぞれ$\mathrm{F}(\sqrt{a^2 - b^2}, 0)$，$\mathrm{F}'(-\sqrt{a^2 - b^2}, 0)$です．

ここで，原点Oから焦点Fまでの長さ$\overline{\mathrm{OF}}$と長半径aの比（**離心率**）

$$e = \frac{\sqrt{a^2 - b^2}}{a} \tag{9.2}$$

を導入します．ただし，楕円の場合には$0 \leq e < 1$です．離心率eを用いると，焦点の座標は$\mathrm{F}(ae, 0)$，$\mathrm{F}'(-ae, 0)$と表されます（図9.2（a））．なお，$e = 0$の場合は，半径a（$=b$）の円を表します．

近日点と遠日点

太陽が焦点$\mathrm{F}(ae, 0)$にある場合，楕円軌道上の位置$(a, 0)$が太陽に最も近い点なのでこれを**近日点**といい，位置$(-a, 0)$の最も遠い点を**遠日点**といいます．

次に，図9.2（b）に示すように，焦点Fを極（原点）とする極座標(r, φ)を用いて（9.1）を変形すると

$$r = \frac{l}{1 + e\cos\varphi} \qquad \left(l = \frac{b^2}{a}\right) \tag{9.3}$$

となります（楕円の極座標表示：Exercise 9.2を参照）．ここで，lを**半直弦**といいます．$\varphi = 0$（近日点）のとき，（9.3）は$r = l/(1 + e)$となりますが，一方で図9.2（b）からわかるように，$\varphi = 0$のとき$r = a - ea$となるので，これと等しいとおくと

$$a = \frac{l}{1 - e^2} \tag{9.4}$$

の関係が得られます．さらに，（9.2）と（9.4）より

$$b = \frac{l}{\sqrt{1 - e^2}} \tag{9.5}$$

や

$$l = \frac{b^2}{a} \tag{9.6}$$

の関係が得られます．

Exercise 9.1

楕円の定義「平面上で2つの焦点からの距離の和が一定である点の軌跡」から，(9.1) の楕円の標準形を導きなさい．

Coaching 図 9.2 (a) に示すように，2つの焦点 F と F′ を両端とする線分の中点を原点 O とし，線分 FF′ 上に x 軸をとります．このとき，原点 O から焦点までの距離を c とすると，焦点 (F と F′) から楕円上の点 P (x, y) までの距離 r と r' はそれぞれ

$$r = \sqrt{(x-c)^2 + y^2}, \qquad r' = \sqrt{(x+c)^2 + y^2} \tag{9.7}$$

となります．楕円の定義から $r + r' = $ 一定 なので，一定値を $2a$ (a は定数) とし，

$$r + r' = 2a \tag{9.8}$$

と表すことにします．つまり，a の値を与えると楕円の形が一義的に定まります．なお，焦点間の距離は $2c$ なので $a > c > 0$ です．

(9.7) と (9.8) より

$$\sqrt{(x-c)^2 + y^2} + \sqrt{(x+c)^2 + y^2} = 2a \tag{9.9}$$

なので，これを2乗して整理すると

$$x^2 + y^2 - (2a^2 - c^2) = \sqrt{\{(x-c)^2 + y^2\}\{(x+c)^2 + y^2\}} \tag{9.10}$$

となります．さらに，この式を2乗することで

$$\{x^2 + y^2 - (2a^2 - c^2)\}^2 = (x^2 + y^2 + c^2)^2 - 4c^2x^2 \tag{9.11}$$

となり，この式を整理すると

$$(a^2 - c^2)x^2 + a^2y^2 = a^2(a^2 - c^2) \tag{9.12}$$

となります．この式は，$b^2 = a^2 - c^2$ とおくことで

$$\frac{x^2}{a^2} + \frac{y^2}{b^2} = 1 \tag{9.13}$$

のように「楕円の標準形」となります．ここで，a は長半径，b は短半径です． ■

Exercise 9.2

(9.1) の楕円の標準形から (9.3) の極座標形を導きなさい．

Coaching 図 9.2 (b) のような極座標 (r, φ) を用いると，焦点 F′ から点 P までの距離 r' は，原点 O からそれぞれの焦点までの距離を c とすると

$$r' = \sqrt{r^2 + (2c)^2 + 4cr\cos\varphi} \tag{9.14}$$

と表されます．(9.8) の「楕円の条件式」を $r' = 2a - r$ (a は定数) と書き直し，これを (9.14) の左辺に代入して，式を整理すると

$$r(a + c\cos\varphi) = b^2 \tag{9.15}$$

となります（ただし，$b^2 = a^2 - c^2$ を使いました）．ここで，

$$l = \frac{b^2}{a} \tag{9.16}$$

とおいて（9.2）を用いると

$$r = \frac{l}{1 + e\cos\varphi} \tag{9.17}$$

のように，（9.3）の「楕円の極座標表示」が得られます．なお，l（$\varphi = \pi/2$ のときの r）は半直弦です． ■

9.1.2 ケプラーの第2法則（面積速度一定の法則）

ケプラーの第2法則を数式を用いて表しましょう．図9.3からわかるように，惑星（地球）が短い時間 dt の間に楕円軌道上を運動する際に，惑星と太陽を結ぶ線分が掃く扇形の面積 dS（灰色の部分）は，$d\theta$ が小さいので，底辺が $r\,d\varphi$，高さが r の二等辺三角形で近似できて

$$\begin{aligned} dS &= r\,d\varphi \times r \times \frac{1}{2} \\ &= \frac{1}{2} r^2\,d\varphi \end{aligned} \tag{9.18}$$

と表せます．そして，この面積を dt で割って $dt \to 0$ の極限をとることで得られる

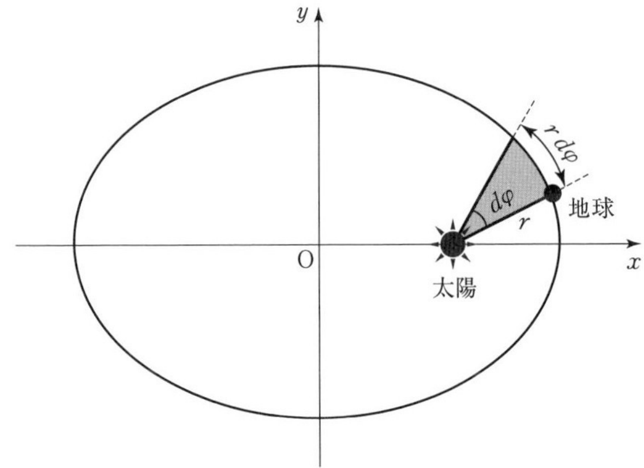

図 9.3 惑星の軌道と面積速度

$$\frac{dS}{dt} = \frac{1}{2}r^2\frac{d\varphi}{dt} \tag{9.19}$$

を**面積速度**といいます．ケプラーの第2法則より「面積速度は一定」なので

$$r^2\frac{d\varphi}{dt} = h \ (= 一定) \tag{9.20}$$

と表せます（$h > 0$）．なお，8.3節のExercise 8.3で示した等速円運動の例は，ケプラーの第2法則の特別な例（$e = 0$ の場合）です．

9.1.3　ケプラーの第3法則（調和の法則）

ケプラーの第3法則を数式を用いて表してみると，惑星の公転周期を T，軌道の長半径を a として，

$$T^2 = ka^3 \qquad (k \text{ は定数}) \tag{9.21}$$

となります．

表9.1を見てみると，それぞれの惑星の軌道の公転周期 T と長半径 a は一見無関係のように見えますが，図9.4に示すようにそれぞれの惑星の T^2 と a^3 を図示すると，すべての惑星のデータが同一直線上に乗り，見事に調和がとれていることがわかります．この意味で，ケプラーの第3法則は**調和の法則**ともいいます．したがって，(9.21) の比例係数 k は惑星によらない定数

表9.1　惑星の公転周期と長半径とケプラー定数
（国立天文台 編「理科年表プレミアム 1925 - 2022」による）

惑星	公転周期 T（年）	長半径 a（AU）	ケプラー定数 $k = T^2/a^3$
水星	0.24085	0.3871	1.00005
金星	0.61520	0.7233	1.00018
地球	1.00002	1.0000	1.00004
火星	1.88085	1.5237	1.00002
木星	11.8620	5.2026	0.99920
土星	29.4572	9.5549	0.99473
天王星	84.0205	19.2184	0.99453
海王星	164.7701	30.1104	0.99451

※ 1 AU ＝ 1天文単位：太陽から地球までの平均距離（1495億9787万700 m）

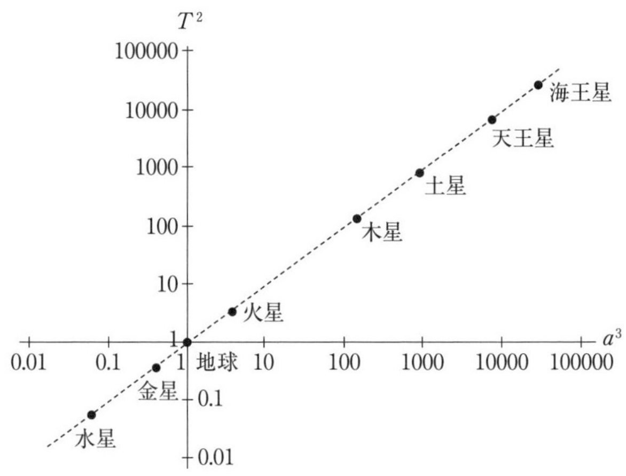

図 9.4 各惑星の公転周期 T の2乗と長半径 a の3乗

(表 9.1 を参照) であり, **ケプラー定数**とよばれています.

次節で示しますが, ケプラー定数は太陽の質量に反比例します. そのため, 太陽系以外の系において, 恒星の質量が (私たちの) 太陽と違えば, ケプラー定数の値も変わります. この意味で, 表 9.1 で示したケプラー定数は「太陽系に限定された定数」であり[2], 宇宙のどこでも成り立つ普遍な定数ではありません.

果たして, 宇宙のどこでも成り立つ普遍な定数など存在するのでしょうか? 次節では, このロマン溢れる壮大な問いにお答えしましょう.

Training 9.1

ガリレオによって発見された木星の4つの衛星 (イオ, エウロパ, ガニメデ, カリスト) の公転周期 T と長半径 a を表 9.2 に示します. これらの衛星 (総称してガリレオ衛星といいます) に対して図 9.4 と同様の図を作成し, ガリレオ衛星がケプラーの第3法則 (9.21) に従って運動していることを確認しなさい.

---

2) 実は, 太陽の質量は1年ごとに10兆分の1程度ずつ減っているので, ケプラー定数は少しずつ大きくなっています. つまり, ケプラー定数は厳密には定数でさえありません.

表 9.2　ガリレオ衛星の公転周期と長半径

衛星	公転周期 T（日）	長半径 a（km）
イオ	1.76	421600
エウロパ	3.55	670900
ガニメデ	7.16	1070000
カリスト	16.69	1883000

Coffee Break

ガリレオ衛星

ガリレオの時代は，すべての天体は地球の周りを回っているとする天動説が主流でしたが，ガリレオはコペルニクスの地動説を信じる1人でした．そのような中，ガリレオは手製の望遠鏡を用いて木星の周りを周回する4つの天体（ガリレオ衛星）を発見し，地動説を裏付ける大きな根拠と考えたそうです．ガリレオがこれらの衛星を最初に発見したのは，1610年1月7日のことでした．現在では，木星の衛星は80個も報告されており，そのうち確定された数（確定番号が付いている衛星の数）は72個にのぼります（2022年5月31日時点）．

ガリレオ衛星はそれぞれ長半径の小さい方から順に，イオ，エウロパ，ガニメデ，カリストと名付けられていますが，これらの名付け親はガリレオではなく，ドイツのシモン・マリウスという人物です．マリウスは，4つの衛星が木星（ギリシア神話ではゼウス）に従っていることから，ゼウスの愛人だったイオ，エウロパ，ガニメデ，カリストと命名しました．実は，マリウスはガリレオよりも1日遅い1610年1月8日に4つの衛星を発見しており悔しい思いをしていましたが，命名のセンスの良さもあって，個々の衛星の呼び名はマリウスが提案したものが使われています．ちなみに，ガリレオは1609年からトスカーナ大公となったメディチ家の4兄弟（コジモ，フランチェスコ，カルロ，ロレンツォ）の名前を使用していました．

さて，ガリレオはいまから400年以上前にお手製の低倍率の望遠鏡で木星の衛星を観測したわけですが，いまでは市販の双眼鏡や望遠鏡で容易にガリレオ衛星を観測できます．公転周期も短いので，興味のある方はぜひご自身でガリレオ衛星を観察して公転周期や長半径を記録し，ケプラーの第3法則を体感してみてください．

9.2 ケプラーの法則からの万有引力の導出

「力学」には2つの大きなミッションがあります．1つは，与えられた力のもとで物体がどのような運動をするかを予言することです．もう1つは，物体の運動を支配する「目には見えない力」の正体を明らかにすることです．本節では後者の立場をとり，ケプラーの法則を観測事実として認め，惑星の運動を支配する「力」の正体を明らかにしましょう．つまり，ケプラーの3つの法則から太陽の引力，すなわち (4.1) の万有引力を帰納的に導いてみましょう．

ケプラーの第1法則によると「惑星の軌道は，太陽を焦点の1つとする楕円」なので，惑星の位置は (9.3) によって表すことができます．この式を少し書き直して

$$\frac{l}{r} = 1 + e\cos\varphi \tag{9.22}$$

と表しましょう．このとき，r と φ は時間 t に依存する変数（惑星の位置を指定する変数）なので，(9.22) の両辺を時間 t で微分すると

$$-\frac{l}{r^2}\frac{dr}{dt} = -\frac{d\varphi}{dt}e\sin\varphi \tag{9.23}$$

となります．この式に，(9.20) の「ケプラーの第2法則（面積速度一定の法則：$r^2\dfrac{d\varphi}{dt} = h$ （= 一定））」を代入すると

$$\frac{dr}{dt} = \frac{h}{l}e\sin\varphi \tag{9.24}$$

が得られます．これをもう一度 t で微分し，(9.20) を代入すると

$$\frac{d^2r}{dt^2} = \frac{h}{l}\frac{d\varphi}{dt}e\cos\varphi = \frac{h^2}{l}\frac{e\cos\varphi}{r^2} \tag{9.25}$$

となります．さらに，この式に (9.22) から得られる $e\cos\varphi = \dfrac{l}{r} - 1$ を代入することで，

$$\frac{d^2r}{dt^2} = \frac{h^2}{r^3} - \frac{h^2}{lr^2} \tag{9.26}$$

が得られます．

さて，惑星の運動を司る「力」を求めるために，2 次元極座標でのニュートンの運動方程式を考えてみましょう．(3.3) を再掲すると

$$r\ \text{方向の成分}：m\left\{\frac{d^2r}{dt^2}-r\left(\frac{d\varphi}{dt}\right)^2\right\}=F_r \tag{9.27}$$

$$\theta\ \text{方向の成分}：m\left(r\frac{d^2\varphi}{dt^2}+2\frac{dr}{dt}\frac{d\varphi}{dt}\right)=F_\varphi \tag{9.28}$$

でした（ここで惑星の質量を m とおきました）．まず，(9.20) のケプラーの第 2 法則を t で微分して，(9.28) の左辺に代入すると $F_\varphi=0$ が示されるので，惑星を司る力が中心力（$\boldsymbol{F}=F_r\boldsymbol{e}_r$）であることがわかります．次に，(9.27) に (9.20) と (9.26) を代入することで，

$$F_r=-\frac{mh^2}{lr^2} \tag{9.29}$$

が得られます．すなわち，ケプラーの第 1 法則と第 2 法則より「惑星にはたらく力は r^2 に反比例する引力」であることが導かれました．

さて，(9.29) の $1/r^2$ の係数に含まれる質量 m，面積速度（の 2 倍）$h(=2dS/dt)$，半直弦 l は，いずれも惑星の種類によって異なります．そのため，(9.29) のままでは，太陽が惑星に及ぼす力は惑星ごとに異なるように見えます．実は，この後で示すように，ケプラーの第 3 法則（調和の法則）に (9.29) を加味すると，太陽が惑星に及ぼす力は「惑星の種類に依存しない普遍的な引力」であることが導かれます．いわゆる，万有引力です．

ケプラーの第 3 法則に現れる惑星の公転周期 T は，楕円の面積 $A=\pi ab$ を面積速度 $h/2$ で割ることで

$$T=\frac{A}{h/2}=\frac{2\pi ab}{h} \tag{9.30}$$

のように得られます．ここで，a, b はそれぞれ楕円の長半径と短半径です．また，(9.4) と (9.5) を用いて，a と b を半直弦 l と離心率 e によって表すと，(9.30) の式中の ab は

$$ab=\frac{l^2}{(1-e^2)^{3/2}} \tag{9.31}$$

となるので，惑星の公転周期 T は

$$T = \frac{2\pi l^2}{(1-e^2)^{3/2}h} \tag{9.32}$$

となります．この式を，ケプラーの第3法則（9.21）に代入すると

$$\frac{4\pi^2 l^4}{(1-e^2)^3 h^2} = ka^3 \tag{9.33}$$

となり，この式に（9.4）を代入して a を消去すると

$$4\pi^2 \frac{l}{h^2} = k \text{（= ケプラー定数）} \tag{9.34}$$

となります．つまり，(9.29) の係数に含まれる h^2/l は惑星の種類によらない定数（$4\pi^2/k$）であることがわかります．

こうして，(9.29) の力は

$$F_r = -\frac{4\pi^2 m}{kr^2} \tag{9.35}$$

となり，惑星の質量 m に比例し，太陽からの距離 r の2乗に反比例する，惑星の楕円軌道の大きさや面積速度などによらない引力であることが示されました．

最後に，(9.35) をもう少しだけ変形してみましょう．運動の第3法則（作用・反作用の法則）より，太陽が惑星に及ぼす力 F_r（作用）と同じ大きさで，惑星は太陽に引力（反作用）を及ぼすはずです．つまり，太陽と惑星の間にはたらく引力の表式は，惑星の質量 m と太陽の質量 M を入れかえても成り立つ表式でなければなりません．すなわち，(9.35) を

$$F_r = -G\frac{mM}{r^2} \tag{9.36}$$

と書き直せば，作用・反作用の法則を満たす万有引力の表式となることがわかります．ここで，G はケプラー定数 k を用いて

$$G = \frac{4\pi^2}{kM} \tag{9.37}$$

と表される定数です．G が定数であるということは，ケプラー定数 k は太陽の質量 M に反比例することを意味します．また，この段階では，G は「太陽

の周りを回る惑星の種類によらない定数」ですが，ニュートンはさらに論理を躍進させ，(9.36) の力は「太陽と惑星の間だけで成り立つ力」ではなく，なんと,「質量をもつすべての物体の間で成り立つ力」であると考えたのです.

こうして，この万物の間に作用する引力は「万有引力」と名付けられました. G は「(太陽系の惑星に限らず) 宇宙のどこにおいても万物に対して普遍な定数」であり，**万有引力定数**といいます. ニュートンの万有引力の正しさは様々な実験によって確かめられており，現在でも破れていません.

9.3　万有引力からケプラーの法則の導出

本節では，前節までの帰納的方法とは逆に，まず「万有引力 (9.36)」の存在を認めておいて，そして，ニュートンの運動方程式からケプラーの法則を演繹的に導いてみましょう. 演繹的にケプラーの法則を導く過程の中で，ケプラーの法則では表現されていない惑星の運動 (楕円軌道以外の惑星の運動) の存在が導かれることにも注意しながら読み進めていきましょう. なお，便宜上，ケプラーの第 2 法則の導出から始めていくことにします.

太陽の質量を M，その周りを回る惑星の質量を m とすると，太陽を焦点とする楕円の極座標表示におけるニュートンの運動方程式は，(9.27) と (9.28) より

$$r\text{ 方向の成分：}m\left\{\frac{d^2r}{dt^2}-r\left(\frac{d\varphi}{dt}\right)^2\right\}=-G\frac{mM}{r^2} \tag{9.38}$$

$$\varphi\text{ 方向の成分：}m\left(r\frac{d^2\varphi}{dt^2}+2\frac{dr}{dt}\frac{d\varphi}{dt}\right)=0 \tag{9.39}$$

となります.

9.3.1　ケプラーの第 2 法則 (面積速度一定の法則) の導出

まず，(9.39) の両辺を m で割り，r を掛けると

$$r^2\frac{d^2\varphi}{dt^2}+2r\frac{dr}{dt}\frac{d\varphi}{dt}=0 \tag{9.40}$$

となり，この式は

$$\frac{d}{dt}\left(r^2 \frac{d\varphi}{dt}\right) = 0 \tag{9.41}$$

と書き直すことができます．この式の両辺を積分することで

$$r^2 \frac{d\varphi}{dt} = h \ (= 一定) \tag{9.42}$$

となり，(9.19) で定義される面積速度 $\frac{dS}{dt} = \frac{1}{2} r^2 \frac{d\varphi}{dt}$ が一定であること（面積速度一定の法則）を導くことができます．

9.3.2 ケプラーの第1法則（楕円軌道の法則）の導出

惑星の軌道を導出するためには，(9.38) と (9.39) を時間 t で積分して $r(t)$ と $\varphi(t)$ を求める必要があります．それらを用いて t を消去することで，r を φ の関数として表す（すなわち，軌道を求める）ことができます．しかし，惑星の軌道を求める目的に対しては，よりスマートな方法があります．以下では，その方法を紹介しましょう．

惑星の軌道を求めるというのは，r を φ の関数とした $r(\varphi)$ を定めるということです．そこで，r の時間微分を

$$\frac{dr}{dt} = \frac{dr}{d\varphi}\frac{d\varphi}{dt} \tag{9.43}$$

とし，これに (9.42) を代入して

$$\frac{dr}{dt} = \frac{h}{r^2}\frac{dr}{d\varphi} \tag{9.44}$$

と書き直しておきます．さらに，新しい変数として

$$u \equiv \frac{1}{r} \tag{9.45}$$

を導入します（この変数の導入を唐突に感じる読者もいると思いますが，このようにおくことで，この後の数学的取り扱いが見事なまでに簡便になるというご利益があります）．すると，r の時間微分 (9.44) は

$$\frac{dr}{dt} = -h\frac{du}{d\varphi} \tag{9.46}$$

のように，u の φ についての微分で表現されます．この両辺を t で微分すると

$$\frac{d^2r}{dt^2} = -h\frac{d}{dt}\left(\frac{du}{d\varphi}\right)$$

$$= -h\underbrace{\frac{d\varphi}{dt}}_{=h/r^2}\frac{d}{d\varphi}\left(\frac{du}{d\varphi}\right) = -\frac{h^2}{r^2}\frac{d^2u}{d\varphi^2} \tag{9.47}$$

となるので，(9.38) の「$r(t)$ に対するニュートンの運動方程式」は

$$\frac{d^2u}{d\varphi^2} + u = \frac{GM}{h^2} \tag{9.48}$$

のように「$u(\varphi)$ に関するニュートンの運動方程式」になります．以下では，この方程式を解いていきましょう．

(9.48) は，非斉次の 2 階線形微分方程式であり，この方程式の一般解 u は「u = (斉次方程式の一般解 u_c) + (非斉次方程式の特解 u_p)」によって与えられます（巻末の付録の B を参照）．(9.48) の右辺をゼロとおいた斉次方程式 $\dfrac{d^2u}{d\varphi^2} + u = 0$ は，6.1 節で述べた調和振動子 (6.2) と同じ形の微分方程式なので，その一般解 u_c は

$$u_c = A\cos(\varphi - \varphi_0) \tag{9.49}$$

となることがわかります（ただし，A と φ_0 は定数です）．

一方，(9.48) の特解は（こればかりは試行錯誤で探すしかありませんが）比較的簡単に見つけることができて

$$u_p = \frac{GM}{h^2} \tag{9.50}$$

とすればよいことがわかります（実際に，この u_p が (9.48) を満足していることを確かめてみてください）．

結局，(9.48) の一般解は

$$u = u_c + u_p = A\cos(\varphi - \varphi_0) + \frac{GM}{h^2} \tag{9.51}$$

となり，$r = 1/u$ より

$$r = \frac{1}{GM/h^2 + A\cos(\varphi - \varphi_0)} \tag{9.52}$$

が得られます．ここで，

$$l = \frac{h^2}{GM}, \qquad e = \frac{h^2}{GM}A \tag{9.53}$$

とおくと，惑星の軌道は

$$r = \frac{l}{1 + e\cos(\varphi - \varphi_0)} \tag{9.54}$$

となります（e は離心率）．

この式は，$0 < e < 1$ のときに「$r = 0$ を焦点とする楕円」を表すので，ケプラーの第1法則（楕円軌道の法則）が導かれたことになります．また，(9.54) は，$e = 1$ に対して**放物線**，$e > 1$ に対して**双曲線**を表し，$e = 0$ では**円**を表します．つまり，万有引力から導かれるニュートンの運動方程式の解は，惑星の楕円運動以外の軌道（放物線，双曲線，円）の存在の可能性を示唆しているわけです．これらの軌道（放物線，双曲線，円）については，9.5.1 項で解説します．

9.3.3　ケプラーの第3法則（調和の法則）の導出

惑星の軌道が楕円（$0 < e < 1$）の場合には，惑星が楕円を周回する周期 T は，楕円の面積 πab を面積速度 $h/2$ で割った

$$T = \frac{2\pi ab}{h} \tag{9.55}$$

によって与えられます（a, b は，それぞれ楕円の長半径と短半径）．また，(9.16) から得られる $b = \sqrt{al}$ と (9.53) の第1式から得られる $h = \sqrt{GMl}$ を用いると，周期 T は

$$T = 2\pi\sqrt{\frac{a^3}{GM}} \tag{9.56}$$

となり，この両辺を2乗することで，ケプラーの第3法則（調和の法則）

$$T^2 = ka^3 \tag{9.57}$$

が導かれます．ここで k は，(9.37) で与えられるケプラー定数です．

9.4 スケーリング則とケプラーの第3法則

ケプラーの第3法則 (9.21) は，惑星の軌道の空間的な広がり具合（スケール）を特徴づける長半径 a，惑星の運動の時間スケールを特徴づける周期 T の間に成り立つ普遍的な（つまり，惑星の種類によらず成り立つ）関係式（$T^2 = ka^3$）です．ここでは，この法則を別の観点から眺めてみましょう．

いま，ある惑星の空間スケールを α 倍（つまり $a \to a' = \alpha a$）したときに，時間スケールが β 倍された（つまり $T \to T' = \beta T$）とします．ケプラーの第3法則は，スケール変換前の惑星に対して $T^2 = ka^3$ が成り立つだけでなく，スケール変換後にも $T'^2 = ka'^3$ が成り立つことを意味しています．つまり，空間と時間のスケール変換のパラメータである α と β の間に

$$\beta^2 = \alpha^3 \tag{9.58}$$

の関係が成り立つことがわかります．

この例のように，異なる物理量のスケール変換の関係式のことを**スケーリング則**（あるいは**スケーリング関係式**）といいます．

その他のスケーリング則の例としては，「微小振動する振り子の等時性」があります．この場合には，系の空間のスケールを特徴づける振幅 A を α 倍（$A \to \alpha A$）したときに，系の時間スケールを特徴づける周期 T は変化しません（$T \to T' = \beta T = T$）．つまり，どのような α に対しても $\beta = 1$ といえるので，スケーリング則は

$$\beta = \alpha^0 = 1 \tag{9.59}$$

と考えることができます．以下では，このような「スケーリング則」が運動の背後に存在する理由について解説します．

いま，空間と時間をそれぞれ $\boldsymbol{r} \to \alpha\boldsymbol{r}$ と $t \to \beta t$ のようにスケール変換することを考えてみましょう．また，ポテンシャル $V(\boldsymbol{r})$ がスケール変換 $\boldsymbol{r} \to \alpha\boldsymbol{r}$ に対して

$$V(\boldsymbol{r}) \quad \to \quad V(\alpha\boldsymbol{r}) = \alpha^k V(\boldsymbol{r}) \qquad (k \text{ は定数}) \tag{9.60}$$

となる「k 次の同次関数」で与えられる場合を考えてみましょう（これは，フックの力であれば $k = 2$，万有引力であれば $k = -1$ に対応します）．このスケール変換に対してニュートンの運動方程式は

$$m\frac{d^2\boldsymbol{r}}{dt^2} = -\nabla V(\boldsymbol{r}) \quad \to \quad m\frac{d^2(\alpha\boldsymbol{r})}{d(\beta t)^2} = -\frac{1}{\alpha}\nabla(\alpha^k V(\boldsymbol{r}))$$

$$m\frac{\alpha}{\beta^2}\frac{d^2\boldsymbol{r}}{dt^2} = -\alpha^{k-1}\nabla V(\boldsymbol{r}) \qquad (9.61)$$

となります．ここで，ナブラに対するスケーリング変換として

$$\nabla \equiv \left(\frac{\partial}{\partial x}, \frac{\partial}{\partial y}, \frac{\partial}{\partial z}\right) \quad \to \quad \left(\frac{\partial}{\partial(\alpha x)}, \frac{\partial}{\partial(\alpha y)}, \frac{\partial}{\partial(\alpha z)}\right) = \frac{1}{\alpha}\nabla \qquad (9.62)$$

を用いました．

上で述べた「ケプラーの第3法則」や「振り子の等時性」は，「スケール変換に対して不変な法則」でした．そこで，これらを一般化して，このスケール変換に対してニュートンの運動方程式が不変であると仮定してみましょう．これを**スケーリング仮説**といいます[3)]．スケーリング仮説が本当に正しいかどうかは，そこから得られる結果と実際の運動を照らし合わせて実証する必要がありますが，ここでは勇気をもってスケーリング仮設が正しいものとして論理を進めていきましょう[4)]．

そこで，(9.61) がスケール変換前のニュートンの運動方程式と等しいと仮定すると，スケーリング則

$$\beta^2 = \alpha^{2-k} \qquad (9.63)$$

が得られます．ここで，$k = -1$ とすると (9.58) のケプラーの第3法則のスケーリング則が得られ，$k = 2$ とおくと (9.59) の振り子の等時性のスケーリング則が得られます．つまり，ケプラーの第3法則や振り子の等時性の背後には，「ポテンシャルが k 次の同次関数の性質をもつ場合には，ニュートンの運動方程式はスケール不変である」という性質が隠れていたわけです．

---

3) 一般に，系のスケール変換に対して物理法則が不変であること（**スケール不変性**）を要請することを「スケーリング仮説」といいます．

4) 物理学では，1つの仮説を証明なしに一旦受け入れ，その仮説のもとで得られる様々な結論が自然現象を矛盾なく説明できるとき，仮説を真理として受け入れる姿勢をしばしばとります．

9.5 惑星の力学的エネルギー

本節では，惑星の力学的エネルギーの保存則について解説します．まず，(9.38) の極座標表示 r に対する運動方程式

$$m\left\{\frac{dv_r}{dt}-r\left(\frac{d\varphi}{dt}\right)^2\right\}=-G\frac{mM}{r^2} \tag{9.64}$$

に (9.42) を代入すると

$$m\frac{dv_r}{dt}=\frac{mh^2}{r^3}-G\frac{mM}{r^2} \tag{9.65}$$

となります（$v_r=\dfrac{dr}{dt}$ は惑星の速度の動径成分）．

ここで，7.3.1 項で行った「エネルギー積分」と同様の計算手続きを行いましょう．まず，(9.65) の運動方程式の両辺に $v_r=\dfrac{dr}{dt}$ を掛けて，

$$右辺=m\frac{dv_r}{dt}v_r=\frac{d}{dt}\left(\frac{1}{2}m{v_r}^2\right) \tag{9.66}$$

$$左辺=\left(\frac{mh^2}{r^3}-G\frac{mM}{r^2}\right)\frac{dr}{dt} \tag{9.67}$$

と書き直し，両辺を時間 t で積分すると

$$\int\frac{d}{dt}\left(\frac{1}{2}m{v_r}^2\right)dt=\int\left(\frac{mh^2}{r^3}-G\frac{mM}{r^2}\right)\frac{dr}{dt}\,dt \tag{9.68}$$

となります．積分を実行すると

$$\begin{aligned}\frac{1}{2}m{v_r}^2&=\int\left(\frac{mh^2}{r^3}-G\frac{mM}{r^2}\right)dr\\&=-\frac{mh^2}{2r^2}+G\frac{mM}{r}+E\qquad(E\text{ は積分定数})\end{aligned} \tag{9.69}$$

となります．

(9.69) を整理すると

$$E=\frac{1}{2}m{v_r}^2+\frac{mh^2}{2r^2}-G\frac{mM}{r} \tag{9.70}$$

となり，これは惑星の力学的エネルギーです．さらに，(9.42) を用いると，

(8.15) の角運動量の大きさ $L = mr^2 \dfrac{d\varphi}{dt}$ と面積速度 $h/2$ とが

$$L = mh \tag{9.71}$$

の関係にあることがわかるので，惑星の力学的エネルギー E は L を用いて

$$E = \frac{1}{2} m{v_r}^2 + \frac{L^2}{2mr^2} - G\frac{mM}{r} \tag{9.72}$$

のように表されます．ここで，右辺の第 1 項は運動エネルギー，第 2 項は**遠心力ポテンシャル**，第 3 項は重力ポテンシャルです．遠心力ポテンシャルは，10.2 節で解説する「回転座標系での**遠心力**」を与えるポテンシャルなので，そのような名称が付いています．

9.5.1 有効ポテンシャルと遠心力の壁

(9.72) の右辺の第 2 項の遠心力ポテンシャルと第 3 項の重力ポテンシャルをまとめて

$$V_{\text{eff}}(r) = \frac{L^2}{2mr^2} - G\frac{mM}{r} \tag{9.73}$$

のように表すと，(9.72) の力学的エネルギーの式は

$$E = \frac{1}{2} m{v_r}^2 + V_{\text{eff}}(r) \tag{9.74}$$

となり，動径方向（r 方向）の運動方程式 (9.64) は

$$m\frac{dv_r}{dt} = -\frac{dV_{\text{eff}}(r)}{dr} \tag{9.75}$$

と書き換えることができるので，(9.75) は「$V_{\text{eff}}(r)$ の中を運動する 1 次元の質点に対する運動方程式」とみなすことができます．この意味で，(9.73) の $V_{\text{eff}}(r)$ を惑星の**有効ポテンシャル**といいます．(9.73) からわかるように，$V_{\text{eff}}(r)$ は無限遠方（$r \to \infty$）において

$$V_{\text{eff}}(r \to \infty) = 0 \tag{9.76}$$

となるので，太陽から無限に遠く離れた場所に位置する惑星は有効ポテンシャルの影響を受けません．

図 9.5 に，有効ポテンシャルを距離 r の関数として示しました．この図か

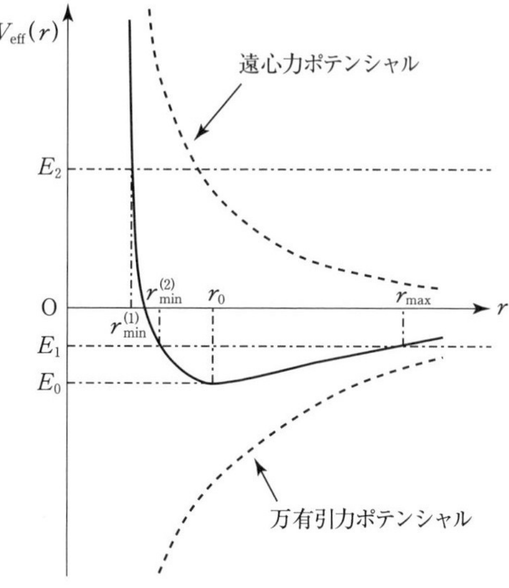

図 9.5　万有引力のもとで角運動量 L をもつ質点が感じる有効ポテンシャル

らわかるように，有効ポテンシャルには $r = r_0$ にエネルギーが最小となる「安定な平衡点」(7.2.5 項を参照) が存在します．この安定な平衡点 $r = r_0$ では

$$F(r_0) = -\frac{dV_{\text{eff}}(r_0)}{dr} = \underbrace{\frac{L^2}{mr_0{}^3}}_{\text{斥力}} - \underbrace{G\frac{mM}{r_0{}^2}}_{\text{引力}} = 0 \tag{9.77}$$

のように合力 F がゼロとなっています．2 つ目の等式の第 1 項は遠心力による斥力，第 2 項は万有引力による引力なので，平衡点 ($r = r_0$) では遠心力 (斥力) と万有引力 (引力) がつり合っていることを示しています．これは，ちょうど角運動量 L をもつ惑星の円運動を表しています．

(9.77) より，安定な平衡点は

$$r_0 = \frac{L^2}{GMm^2} \tag{9.78}$$

であることがわかります．また，これを (9.73) に代入することで，安定な平衡点 $r = r_0$ での有効ポテンシャル V_{eff} の値

$$V_{\text{eff}}(r_0) = \frac{L^2}{2mr_0{}^2} - G\frac{mM}{r_0} = -\frac{G^2m^3M^2}{L^2} \equiv E_0 \tag{9.79}$$

が得られます．

また，有効ポテンシャル中の遠心力ポテンシャル $\dfrac{L^2}{2mr^2}$ は，r が r_0 よりも小さくなると急激に増加する斥力ポテンシャルなので（図 9.5 を参照），惑星は太陽に接近すると強い斥力を受けて跳ね返されることになります．したがって，力学的エネルギー E の惑星は $V_{\text{eff}}(r_{\text{min}}) = E$ を満たす $r_{\text{min}}(\leq r_0)$ よりも太陽側の領域に入ることができません．この意味で，$\dfrac{L^2}{2mr^2}$ を**遠心力の壁**ということがあります．

9.5.2　運動の範囲と軌道の形態

前項で述べたように，惑星は遠心力の存在のために「遠心力の壁」の内側に侵入することはできません．このように，惑星の運動の範囲には制限があります．以下では，万有引力のもとで運動する物体の運動の範囲について解説します．

(9.74) を書き直すと，有効ポテンシャルのもとでの質点の動径方向の速度 $v_r = \dfrac{dr}{dt}$ は

$$\frac{dr}{dt} = \pm\sqrt{\frac{2}{m}\{E - V_{\text{eff}}(r)\}} \tag{9.80}$$

のように表すことができます．動径方向の速度 $\dfrac{dr}{dt}$ は必ず実数なので，$E \geq V_{\text{eff}}(r)$ を満たす r の範囲でのみ，物体の運動が許されます．また，E の値に応じて，次の分類のような運動の形態をとります．

（i）$E_0 < E < 0$ **の場合**　　図 9.5 の $E = E_1$ の場合のように，運動は $r_{\text{min}}^{(2)} < r < r_{\text{max}}$ の範囲に限られます．また，$r = r_{\text{min}}^{(2)}$ と r_{max} では $E = V_{\text{eff}}$，すなわち，物体の動径方向の速度はゼロ（$\dfrac{dr}{dt} = 0$）となります．この場合の軌道は楕円軌道（離心率 e が $0 < e < 1$）であり，惑星の運動に相当します．なお，$r_{\text{min}}^{(2)}$ は近日点，r_{max} は遠日点に対応します．

（ii） $E = E_0$ **の場合**　　$r = r_0$ の円軌道（$e = 0$）を描きます．具体的な例としては，「人工衛星の周回軌道」があります．

（iii） $E \geq 0$ **の場合**　　図 9.5 の $E = E_2$ の場合のように $r_{\max}$ は存在せず，$r_{\min}^{(1)}$ のみが存在します．この場合の軌道は放物線軌道（$e = 1$）または双極線軌道（$e > 1$）であり，具体的な例としては「(回帰しない) 彗星の運動」があります．すなわち，無限の彼方から太陽に接近し，$r = r_{\min}^{(1)}$ で転向して，再び無限の彼方へ去っていくような運動です．

このように，万有引力のもとでの物体の運動は，楕円，放物線，双曲線という円錐曲線の 3 種類に限られます．図 9.6 に，万有引力のもとでの物体の軌道と離心率 e の関係を示します．

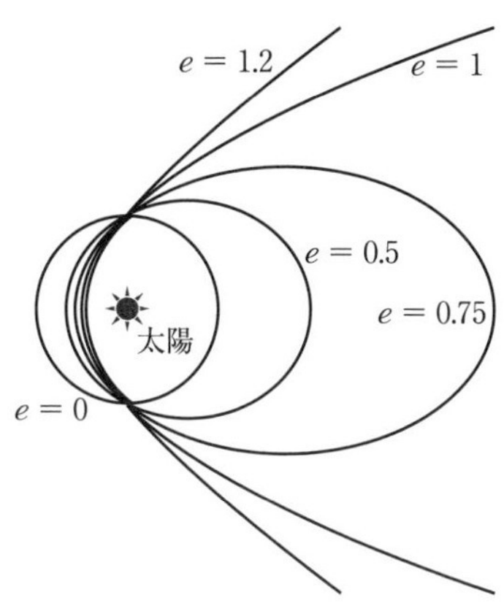

図 9.6　万有引力のもとでの物体の軌道と離心率 e の関係

Coffee Break

数学者のヨハン・ベルヌーイ

万有引力のもとでの物体の運動が円錐曲線（楕円，放物線，双曲線）の 3 種類に限られることを最初に示したのは，数学者のヨハン・ベルヌーイです．「オイラーの公式」で有名なレオンハルト・オイラーは，ベルヌーイの弟子に当たります．ベルヌーイは微積分学の分野で数多くの業績を残しており，例えば，懸垂曲線（カテナリー曲線）の方程式や指数関数の微積分法などを発見しています．

また，ベルヌーイは「平均値の定理（ロピタルの定理)」の発見者でもあります．

それにも関わらず，なぜ「平均値の定理」は「ロピタルの定理」とよばれるのでしょうか？ 実は，ベルヌーイが個人指導をしていたギヨーム・ド・ロピタル男爵が出版した微積分学の教科書に「平均値の定理」を書いたために，この定理は「ロピタルの定理」とよばれるようになったそうです．

物理学や数学の分野の「法則」や「定理」などの中には，第１発見者でない人の名前が付いている例が時々見受けられます．有名なものとしては，電気伝導の「オームの法則」でしょう．「オームの法則」はゲオルク・オームが発表する約半世紀も前に，水素の発見などで有名なヘンリー・キャベンディッシュによって発見されていました．後世に名前を残すことが目的でないにしても，何かを発見・発明した際には，しっかりと記録を残し，広く世間に発信することが大切だということも忘れないようにしましょう．

9.6 逆２乗則に特有の保存則

9.6.1 ラプラス－ルンゲ－レンツベクトル（LRL ベクトル）

Exercise 7.3 で見たように，万有引力は保存力なので「力学的エネルギー」が保存し，また中心力なので「角運動量」も保存します（8.3 節を参照）．ここでは，万有引力が物体間の距離の２乗に反比例する「逆２乗則」に従うことに由来する特別な保存量について解説します．

いま，逆２乗則に従う力を

$$\boldsymbol{F} = -\frac{C}{r^2}\frac{\boldsymbol{r}}{r} \qquad (C \text{ は定数}) \tag{9.81}$$

と表すことにします．太陽から惑星への万有引力の場合には $C = GmM$（M は太陽の質量，m は惑星の質量，G は万有引力定数）です．この力のもとで運動する惑星の運動方程式は

$$\frac{d\boldsymbol{p}}{dt} = -\frac{C}{r^2}\frac{\boldsymbol{r}}{r} \tag{9.82}$$

によって与えられます．ここで，$\boldsymbol{p}$ は惑星の運動量です．

この運動方程式の両辺に，右から角運動量 $\boldsymbol{L} = \boldsymbol{r} \times \boldsymbol{p}$ の外積をとると

$$\frac{d\boldsymbol{p}}{dt} \times \boldsymbol{L} = -C\frac{\boldsymbol{r} \times (\boldsymbol{r} \times \boldsymbol{p})}{r^3} \tag{9.83}$$

となります．(9.83) の左辺は，角運動量が保存されること ($dL/dt = 0$) を表していることを考慮すると

$$左辺 = \frac{d}{dt}(\boldsymbol{p} \times \boldsymbol{L}) \tag{9.84}$$

となります．一方，(9.83) の右辺はベクトル 3 重積の公式 ($\boldsymbol{a} \times (\boldsymbol{b} \times \boldsymbol{c}) = (\boldsymbol{a}\cdot\boldsymbol{c})\boldsymbol{b} - (\boldsymbol{a}\cdot\boldsymbol{b})\boldsymbol{c}$) を用いて

$$\begin{aligned} 右辺 &= -C\frac{(\boldsymbol{r}\cdot\boldsymbol{p})\boldsymbol{r} - r^2\boldsymbol{p}}{r^3} \\ &= -mC\frac{\dfrac{dr}{dt}\boldsymbol{r} - r\dfrac{d\boldsymbol{r}}{dt}}{r^2} \\ &= mC\frac{d}{dt}\frac{\boldsymbol{r}}{r} \end{aligned} \tag{9.85}$$

となります[5]．

こうして，(9.83) は

$$\frac{d}{dt}\left(\boldsymbol{p} \times \boldsymbol{L} - mC\frac{\boldsymbol{r}}{r}\right) = 0 \tag{9.86}$$

のように整理されるので，

$$\boldsymbol{A} \equiv \boldsymbol{p} \times \boldsymbol{L} - mC\frac{\boldsymbol{r}}{r} \tag{9.87}$$

によって定義されるベクトル量 $\boldsymbol{A}$ が保存される（時間に依存せず一定である）ことがわかります．そして，この保存量（定ベクトル）のことを**ラプラス－ルンゲ－レンツベクトル**（LRL ベクトル）といい，これは逆 2 乗則に従う中心力（万有引力やクーロン力）に特有の保存量です．

図 9.7 に示すように，LRL ベクトルは惑星の楕円軌道を含む平面内のベクトルであり，大きさは mCe（e は離心率）で，向きは太陽から近日点の向きです．したがって，離心率をベクトル（太陽から近日点の向きのベクトル）

5)　(9.85) の計算において，

$$(\boldsymbol{r}\cdot\boldsymbol{p})\boldsymbol{r} = \left(m\boldsymbol{r}\cdot\frac{d\boldsymbol{r}}{dt}\right)\boldsymbol{r} = \left\{\frac{m}{2}\frac{d(\boldsymbol{r}\cdot\boldsymbol{r})}{dt}\right\}\boldsymbol{r} = \left(\frac{m}{2}\frac{dr^2}{dt}\right)\boldsymbol{r} = mr\frac{dr}{dt}\boldsymbol{r} \quad と \quad r^2\boldsymbol{p} = mr^2\frac{d\boldsymbol{r}}{dt}$$

のような式変形を行っています．

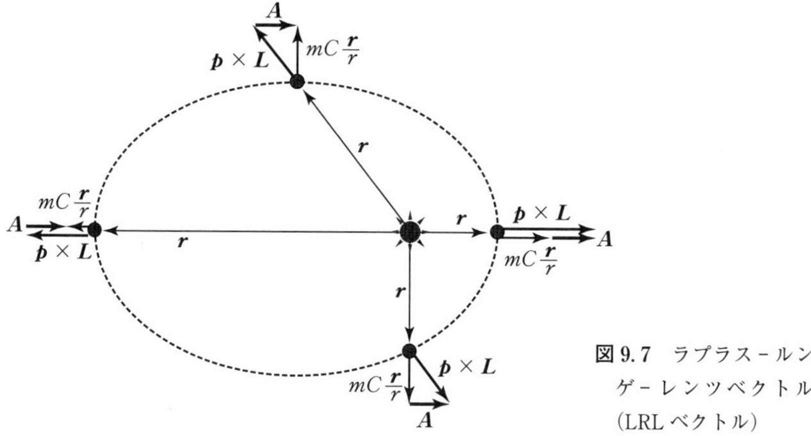

図 9.7　ラプラス - ルンゲ - レンツベクトル (LRL ベクトル)

とした $\boldsymbol{e}$ を用いて

$$\boldsymbol{A} = mC\boldsymbol{e} \tag{9.88}$$

と表すことができます.

9.6.2　LRL ベクトルと角運動量と力学的エネルギー

惑星の運動には 6 個の独立な保存量が存在するはずです[6]. ところが, これまで登場した保存量は, 力学的エネルギー E と角運動量ベクトル $\boldsymbol{L}$ の 3 成分と, LRL ベクトル $\boldsymbol{A}$ の 3 成分で, すでに合計 7 個の保存量があります. これは, $\boldsymbol{E}$ と $\boldsymbol{L}$ と $\boldsymbol{A}$ が互いに独立でないことを意味します.

例えば, LRL ベクトル（楕円軌道を含む平面内のベクトル）と角運動量（楕円軌道を含む平面に直交するベクトル）は互いに直交していて

$$\boldsymbol{A}\cdot\boldsymbol{L} = 0 \tag{9.89}$$

の関係（直交関係）を満たします. また, $\boldsymbol{A}$ と $\boldsymbol{L}$ と E との間には

$$A^2 = 2mEL^2 + (mC)^2 \tag{9.90}$$

---

6)　3 次元空間を運動する質点は, 位置ベクトルと速度ベクトルの初期値 (6 つの初期条件) を運動の最中に保存し続けます. これらすべての保存量が必ずしも物理的に重要な意味をもつとは限りませんが, それらの組み合わせによって構成される物理量が系の対称性などと結び付くことで, 物理的に重要な意味をもつ保存量となることがあります. このことについては,「解析力学」の本を参照してください.

の関係があります．次の Exercise 9.3 で，(9.89) と (9.90) が成り立つことを確認してみましょう．

Exercise 9.3

(9.81) の中心力のもとで運動する質量 m の惑星について，次の問いに答えなさい．必要であれば，スカラー3重積の公式 $(\boldsymbol{a}\times\boldsymbol{b})\cdot\boldsymbol{c}=(\boldsymbol{b}\times\boldsymbol{c})\cdot\boldsymbol{a}=(\boldsymbol{c}\times\boldsymbol{a})\cdot\boldsymbol{b}$ と $\boldsymbol{a}\cdot(\boldsymbol{b}\times\boldsymbol{c})=\boldsymbol{b}\cdot(\boldsymbol{c}\times\boldsymbol{a})=\boldsymbol{c}\cdot(\boldsymbol{a}\times\boldsymbol{b})$ を用いなさい．

(1)　LRL ベクトル $\boldsymbol{A}$ と角運動量 $\boldsymbol{L}$ が直交関係 $\boldsymbol{A}\cdot\boldsymbol{L}=0$ を満たすことを示しなさい．

(2)　LRL ベクトル $\boldsymbol{A}$ と角運動量 $\boldsymbol{L}$ と力学的エネルギー $E=\dfrac{p^2}{2m}-\dfrac{C}{r}$ の間に，$A^2=2mEL^2+(mC)^2$ の関係があることを示しなさい．

Coaching　(1)　(9.87) を用いて

$$\boldsymbol{A}\cdot\boldsymbol{L}=(\boldsymbol{p}\times\boldsymbol{L})\cdot\boldsymbol{L}-mC\frac{\boldsymbol{r}}{r}\cdot\boldsymbol{L}$$

を計算します．ここで，スカラー3重積の公式を用いると，$(\boldsymbol{p}\times\boldsymbol{L})\cdot\boldsymbol{L}=(\boldsymbol{L}\times\boldsymbol{L})\cdot\boldsymbol{r}=0$ と $\boldsymbol{r}\cdot(\boldsymbol{r}\times\boldsymbol{p})=\boldsymbol{p}\cdot(\boldsymbol{r}\times\boldsymbol{p})=0$ となるので，$\boldsymbol{A}\cdot\boldsymbol{L}=0$ となります．ただし，同じベクトルの外積 $\boldsymbol{a}\times\boldsymbol{a}=\boldsymbol{0}$ を用いました．

(2)　LRL ベクトル $\boldsymbol{A}$ の内積 $A^2=\boldsymbol{A}\cdot\boldsymbol{A}$ を計算すると，(9.87) より

$$A^2=(\boldsymbol{p}\times\boldsymbol{L})^2-2mC(\boldsymbol{p}\times\boldsymbol{L})\cdot\frac{\boldsymbol{r}}{r}+(mC)^2\left(\frac{\boldsymbol{r}}{r}\right)^2 \tag{9.91}$$

となります．

$\boldsymbol{p}$ と $\boldsymbol{L}$ が直交しているので，右辺第1項は $(\boldsymbol{p}\times\boldsymbol{L})^2=\boldsymbol{p}^2\cdot\boldsymbol{L}^2-(\boldsymbol{p}\cdot\boldsymbol{L})=p^2L^2$ となります．また，スカラー3重積の公式を用いると，右辺第2項は $(\boldsymbol{p}\times\boldsymbol{L})\cdot\boldsymbol{r}=(\boldsymbol{r}\times\boldsymbol{p})\cdot\boldsymbol{L}=\boldsymbol{L}\cdot\boldsymbol{L}=L^2$ となります．さらに，右辺第3項に $(\boldsymbol{r}/r)^2=1$ を用いると，上式は

$$\begin{aligned}A^2&=p^2L^2-\frac{2mC}{r}L^2+(mC)^2\\&=2m\underbrace{\left(\frac{p^2}{2m}-\frac{C}{r}\right)}_{=E}L^2+(mC)^2\\&=2\,mEL^2+(mC)^2\end{aligned} \tag{9.92}$$

となります．ここで，E は中心力 (9.81) のもとで運動する質点の力学的エネルギーです．■

本章のPoint

▶ **ケプラーの法則**

ケプラーの第 1 法則（楕円軌道の法則）：惑星の軌道は太陽を焦点の 1 つとする楕円である．

ケプラーの第 2 法則（面積速度一定の法則）：楕円軌道上での惑星の面積速度は一定である．

ケプラーの第 3 法則（調和の法則）：惑星の公転周期の 2 乗は，その軌道の長半径の 3 乗に比例する．また，その比例係数は惑星によらない．

▶ **スケーリング仮説**：物理法則が「スケール変換」に対して不変であるとする仮説．

▶ **惑星の力学的エネルギー**：質量 M の恒星の周りを速さ v_r，角運動量の大きさ L で周回する質量 m の惑星の力学的エネルギーは

$$E = \frac{1}{2}mv_r{}^2 + \frac{L^2}{2mr^2} - G\frac{mM}{r}$$
$$= \frac{1}{2}mv_r{}^2 + V_{\text{eff}}(r)$$

となる．ここで，最初の等式の第 1 項は運動エネルギー，第 2 項は遠心力ポテンシャル，第 3 項は重力ポテンシャルを表し，G は万有引力定数である．また，2 番目の等式の

$$V_{\text{eff}}(r) = \frac{L^2}{2mr^2} - G\frac{mM}{r}$$

を惑星の**有効ポテンシャル**という．

▶ **ラプラス－ルンゲ－レンツベクトル（LRL ベクトル）**：中心力 $F(r) = -\dfrac{C}{r^2}$ のもとでは，

$$\boldsymbol{A} = \boldsymbol{p} \times \boldsymbol{L} - mC\frac{\boldsymbol{r}}{r}$$

によって定義されるラプラス－ルンゲ－レンツベクトルが保存する．

Practice

[9.1]　3つのベクトルのベクトル積の公式

3つのベクトル $\boldsymbol{A}, \boldsymbol{B}, \boldsymbol{C}$ に対する関係式

$$\boldsymbol{A} \times (\boldsymbol{B} \times \boldsymbol{C}) + \boldsymbol{B} \times (\boldsymbol{C} \times \boldsymbol{A}) + \boldsymbol{C} \times (\boldsymbol{A} \times \boldsymbol{B}) = \boldsymbol{0} \qquad (9.93)$$

を「ベクトル3重積の公式」を用いて証明しなさい．

[9.2]　様々な中心力

次の中心力が引力である範囲と斥力である r の範囲をそれぞれ示しなさい．

(1)　$\boldsymbol{F}(r) = \left(a - \dfrac{b}{r^2}\right)\dfrac{\boldsymbol{r}}{r} \qquad (a, b > 0)$

(2)　$\boldsymbol{F}(r) = a\left(2\dfrac{b^2}{r^{13}} - \dfrac{b}{r^7}\right)\dfrac{\boldsymbol{r}}{r} \qquad (a, b > 0)$

(3)　$\boldsymbol{F}(r) = (\sin \pi r)\dfrac{\boldsymbol{r}}{r}$

[9.3]　力の中心と円運動の中心が異なる場合

$(x, y) = (a, 0)$ を中心として xy 平面において半径 a の円軌道を運動する質量 m の質点について考えてみましょう．この質点が原点Oから中心力 $\boldsymbol{F}(\boldsymbol{r}) = F(r)(\boldsymbol{r}/r)$ を受けているとき，次の問いに答えなさい．

(1)　質点の軌道の方程式 $r = f(\theta)$ を求めなさい．

(2)　角運動量の大きさを L とするとき，中心力の大きさ $F(r)$ を求めなさい．

[9.4]　スケーリング則と自由落下

地表付近で自由落下する質量 m の質点の落下距離 L は，$L = \dfrac{1}{2}gt^2$ によって与えられます（g は重力加速度の大きさ）．この式に対して，空間と時間のスケール変換 $L \to \alpha L$ と $t \to \beta t$ を行い，スケーリング則（スケーリング関係式）を導きなさい．また，その結果が (9.63) の「1次の同時関数ポテンシャル」($k = 1$) のもとでのスケーリング則と一致していることを確認しなさい．

[9.5]　安定な円軌道を実現するポテンシャル

中心力 $\boldsymbol{F}(r) = -\dfrac{k}{r^n}\dfrac{\boldsymbol{r}}{r}$ ($k > 0$，n は実数）のもとで運動する質量 m の質点が，安定な円軌道を描くための n を求めなさい．

[9.6]　LRLベクトルと楕円軌道

LRLベクトルからケプラーの第1法則を導きなさい．

非慣性系での質点の運動

3.3 節で述べたように，慣性系での質点の運動はニュートンの運動方程式に従います．それでは，**非慣性系**での質点はどのような運動法則に従うのでしょうか．本章では，非慣性系の典型的な例として，ある慣性系に対して加速しながら**並進運動する系**（10.1 節）と，一定の角速度で**回転する系**（10.2 節）での質点の運動について解説します．

10.1　並進運動する座標系

10.1.1　並進運動する座標系での物体の運動

原点を O，座標軸を x, y, z とする慣性系を K 系とします．K 系に対して平行移動する座標系（K′ 系）を考え，K′ 系の原点を O′，座標軸を x', y', z' とすると，図 10.1 に示すように，K 系で観測した質点の位置ベクトル $\boldsymbol{r} = (x, y, z)$ と K′ 系で観測した質点の位置ベクトル $\boldsymbol{r}' = (x', y', z')$ の間には

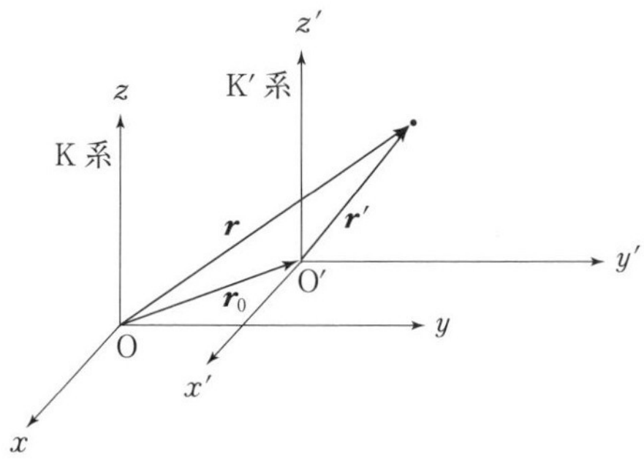

図 10.1　慣性系 K に対して並進運動する座標系 K′

$$\boldsymbol{r} = \boldsymbol{r}' + \boldsymbol{r}_0 \tag{10.1}$$

の関係が成り立ちます．ここで，$\boldsymbol{r}_0$ は K 系における K′ 系の原点 O′ の位置ベクトルであり，時刻 t に依存して変化します．なお，2 つの座標系での時刻 t と t' は同一であると考え，$t' = t$ とします（**絶対時間**の仮定[1]）．

K 系と K′ 系で観測した質点の速度 $\boldsymbol{v}$ と $\boldsymbol{v}'$ は (10.1) より $\boldsymbol{r}' = \boldsymbol{r} - \boldsymbol{r}_0$ なので

$$\boldsymbol{v}' \equiv \frac{d\boldsymbol{r}'}{dt'} = \frac{d\boldsymbol{r}}{dt} - \frac{d\boldsymbol{r}_0}{dt} = \boldsymbol{v} - \boldsymbol{v}_0 \tag{10.2}$$

を満たします．ここで，$\boldsymbol{v}_0$ は K 系における K′ 系の原点 O′ の速度ベクトルで，時刻 t に依存して変化します．また，K 系と K′ 系で観測した質点の加速度 $\boldsymbol{a}$ と $\boldsymbol{a}'$ は，(10.2) を時間 t で微分して，

$$\boldsymbol{a}' \equiv \frac{d\boldsymbol{v}}{dt} - \frac{d\boldsymbol{v}_0}{dt'} = \boldsymbol{a} - \boldsymbol{a}_0 \tag{10.3}$$

を満たします．ここで，$\boldsymbol{v}_0$ は K 系における K′ 系の原点 O′ の加速度ベクトルです．

力 $\boldsymbol{F}$ の作用を受けて運動する質量 m の物体の運動方程式は，K 系では

$$m\boldsymbol{a} = \boldsymbol{F} \tag{10.4}$$

と表せるので，これを使って K′ 系での運動方程式を求めてみましょう．

質量 m と力 $\boldsymbol{F}$ は K′ 系でも同じなので，(10.4) に (10.3) を代入することで

$$m\boldsymbol{a}' = \boldsymbol{F} - m\boldsymbol{a}_0 \tag{10.5}$$

となり，K′ 系では，(10.4) の K 系に対する運動方程式に余分な項 $-m\boldsymbol{a}_0$ が付加されることがわかります．すなわち，慣性系（K 系）に対して加速度運動する系（K′ 系）では，加速度と逆向きの力（$-m\boldsymbol{a}_0$）がはたらいているように見えます．慣性系では現れず，非慣性系でのみ現れるこの力のことを**慣性力**といいます．

▶ **慣性力**：物体の運動を慣性系で観測した際にははたらいておらず，同じ物体を非慣性系で観測した際に現れる見かけ上の力．

1) アインシュタインの相対性理論では，互いに相対運動する慣性系での時間 t は同一ではなく，光の速さ c が慣性系によらず一定と仮定します（**光速度不変の原理**）．

電車が発車あるいは停車するときに，車内の乗客は加速度方向と逆向きの力を感じますが，これは慣性力のためです[2)].

慣性系 K に対して加速度 $\boldsymbol{a}_0$ で並進運動する座標系 K′ は慣性系ではない（非慣性系である）ため，ニュートンの運動の第 2 法則は成り立ちません．しかし，(10.5) のように慣性力（$-m\boldsymbol{a}_0$）を導入することで，非慣性系 K′ においてもニュートンの運動の第 2 法則が成り立ちます．

Exercise 10.1

図 10.2 に示すように，一定の加速度 a_0 で上昇するエレベータの中に，長さ ℓ の糸の先端に質量 m の物体が取り付けられた単振り子が設置されています．この単振り子が微小振動しているとき，振り子の周期 T を求めなさい．

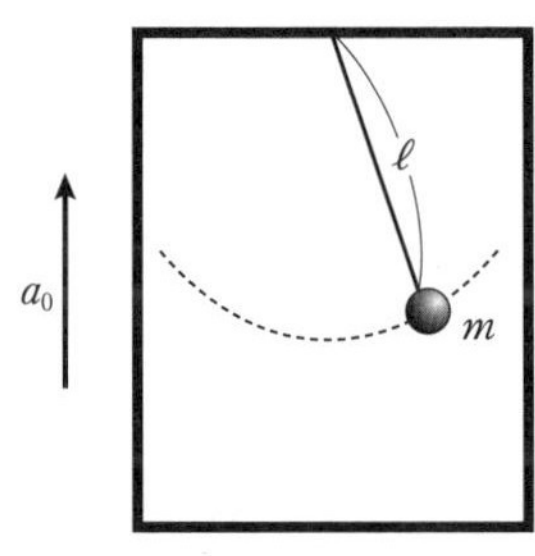

図 10.2 一定の加速度 a_0 で上昇するエレベータの天井からぶら下げられた質量 m の物体

Coaching エレベータの中に設置した座標系では，物体にはたらく力は糸の張力の他に，重力 mg と慣性力 ma_0 があります．すなわち，地上での重力加速度の大きさ g が，エレベータの中では $g+a_0$ に増加したとみなすことができます．このとき振り子の周期 T は，(6.27) の g を $g+a_0$ に置き換えた

$$T = 2\pi\sqrt{\frac{l}{g+a_0}} \tag{10.6}$$

となります． ■

2) ニュートン力学では，慣性力は非慣性系でのみ現れる力であり“現実の力”と考えません．一方，アインシュタインは，慣性力は“現実の力”と区別せず，運動の加速度と重力加速度は本質的に区別できないことを原理（**等価原理**）とし，一般相対性理論を構築しました．

エレベータの床に質量 m の質点が置かれています．このエレベータが自由落下するとき，エレベータの中に設置された座標系から観測した際に，この質点が床から受ける垂直抗力を求めなさい．

10.1.2　ガリレイの相対性原理

並進運動の特別な場合として，K 系に対して一定の速度 $\boldsymbol{v}_0$ で等速並進運動する K′ 系を考えましょう．このとき K 系から K′ 系への座標変換は，(10.1) において $\boldsymbol{r}_0 = \boldsymbol{v}_0 t$ とした

$$\boldsymbol{r} = \boldsymbol{r}' + \boldsymbol{v}_0 t \tag{10.7}$$

となり，この座標変換を**ガリレイ変換**といいます．

いま，速度 $\boldsymbol{v}_0$ が一定の場合を考えているので，ガリレイ変換に対して $\boldsymbol{a}_0 = \boldsymbol{0}$ です．よって，K′ 系での運動方程式は，(10.5) より

$$m\boldsymbol{a}' = \boldsymbol{F} \tag{10.8}$$

のように，K 系での運動方程式と同じになります．これを**ガリレイの相対性原理**といい，これから次のことがいえます．

▶ **ガリレイの相対性原理**：1 つの慣性系に対して等速直線運動するすべての座標系は慣性系であり，ニュートンの第 2 法則が成り立つ．

言い換えると，**ニュートンの運動方程式はガリレイ変換に対して不変**です．

10.2　回転座標系

慣性系 K = (x, y, z) に対して，z 軸を中心に一定の角速度 ω で回転運動している座標系 K′ = (x', y', z') を考えてみましょう．このとき，K 系と K′ 系の原点は一致しており，K 系の z 軸と K′ 系の z' 軸も一致しているとします（$z = z'$）．

慣性系 K と回転座標系 K′ の間に成り立つ力学的関係を調べるには，デカルト座標よりも 2 次元極座標を用いるのが便利です．そこで，慣性系 K か

ら見た xy 平面での質点の位置を $\boldsymbol{r} = (r, \theta)$，回転座標系 K′ から見た質点の位置を $\boldsymbol{r}' = (r', \theta')$ と表します（図 10.3）．

K 系の原点と K′ 系の原点は一致しているので，原点から質点までの距離は

$$r = r' \tag{10.9}$$

を満たします．また，θ と θ' の間には

$$\theta = \theta' + \omega t \tag{10.10}$$

の関係があります．ここで，時刻 $t = 0$ では，K 系の x 軸と K′ 系の x' 軸は重なっていて，$\theta = \theta'$ だったとしました．また，ここでも絶対時間の仮定に基づき，K 系と K′ 系での時間 t と t' は同一（$t' = t$）としました．

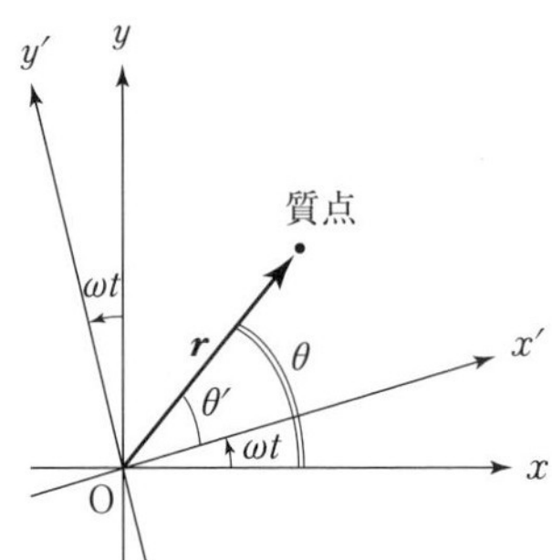

図 10.3 慣性系 $\mathrm{K} = (x, y, z)$ の z 軸を中心に角速度 ω で回転運動している座標系 $\mathrm{K}' = (x', y', z')$

回転座標系での運動方程式

質点の質量を m とすると，慣性系 K での 2 次元極座標の運動方程式は，(3.3) より

$$m\left\{\frac{d^2r}{dt^2} - r\left(\frac{d\theta}{dt}\right)^2\right\} = F_r \tag{10.11}$$

$$m\left\{r\frac{d^2\theta}{dt^2} + 2\frac{dr}{dt}\frac{d\theta}{dt}\right\} = F_\theta \tag{10.12}$$

と表せます．この式に，(10.9) と (10.10) を代入することで，次に示すような回転座標系 K′ での運動方程式が得られます．

▶ **回転座標系 K′ での運動方程式（2 次元極座標表示）**：

$$m\left\{\frac{d^2r'}{dt^2} - r'\left(\frac{d\theta'}{dt}\right)^2\right\} = F_r + 2mv_\theta'\omega + mr'\omega^2 \tag{10.13}$$

$$m\left\{r'\frac{d^2\theta'}{dt^2} + 2\frac{dr'}{dt}\frac{d\theta'}{dt}\right\} = F_\theta - 2mv_r'\omega \tag{10.14}$$

ここで，$v_r{}' = dr'/dt$, $v_\theta{}' = r'\,d\theta'/dt$ は，回転座標系 K′ での質点の速度 $\boldsymbol{v}'$ の r' 成分と θ' 成分です．

Training 10.2

(10.11) と (10.12) から (10.13) と (10.14) を導きなさい．

(10.13) と (10.14) の右辺には，慣性座標系 K と共通の力 $\boldsymbol{F} = (F_r, F_\theta)$ の他に

$$\boldsymbol{F}_{\text{遠心力}} = (mr'\omega^2, 0) = m\boldsymbol{r}'\omega^2 \tag{10.15}$$

$$\boldsymbol{F}_{\text{コリオリ力}} = (2mv_\theta{}'\omega, -2mv_r{}'\omega) = 2m\boldsymbol{v}' \times \boldsymbol{\omega} \tag{10.16}$$

という 2 つの力が現れています．この $\boldsymbol{F}_{\text{遠心力}}$ を**遠心力**，$\boldsymbol{F}_{\text{コリオリ力}}$ を**コリオリ力**といい，いずれも慣性力の一種です．ここで，$\boldsymbol{\omega}$ は K′ 系の角速度ベクトルであり，z' 方向（紙面に対して垂直で上向き）のベクトルです．

$\boldsymbol{F}_{\text{遠心力}}$ は，K′ 系が K 系に対して反時計回りに回転 ($\omega > 0$) していようが，時計回りに回転 ($\omega < 0$) していようが，動径方向の正の向き（中心から外向き）の力です．

一方，$\boldsymbol{F}_{\text{コリオリ力}}$ は，K′ 系の回転方向（すなわち，角速度 ω の符号）や質点の速度の θ' 成分（$v_\theta{}'$ の符号）に依存して，力の大きさだけでなく向きも変わります．回転座標系 K′ での質点の運動とコリオリ力の関係を図 10.4 に示します．

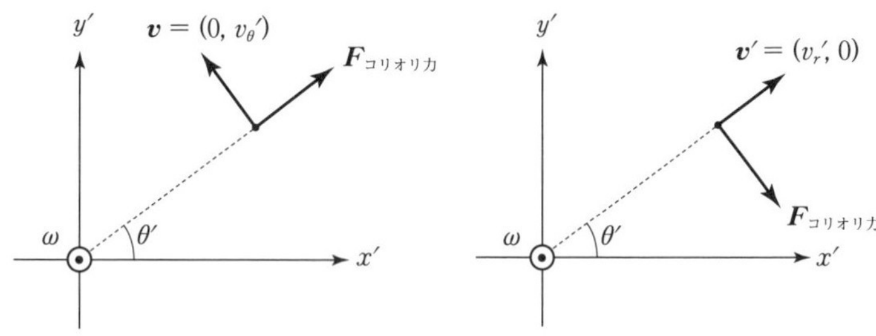

図 10.4　回転座標系での運動とコリオリ力．図中の記号⊙は紙面に対して垂直に紙面手前側へ向かうベクトルを表す．

図 10.5 に，北半球での高気圧から吹き出す風の様子と低気圧に吹き込まれる風の様子を示します．高気圧の場合も低気圧の場合も，風が等圧線に垂直ではありません．これは，地球の自転によるコリオリ力が原因です．北半球と南半球で台風の渦巻きが反対であるのも，コリオリ力が原因です[3)]．

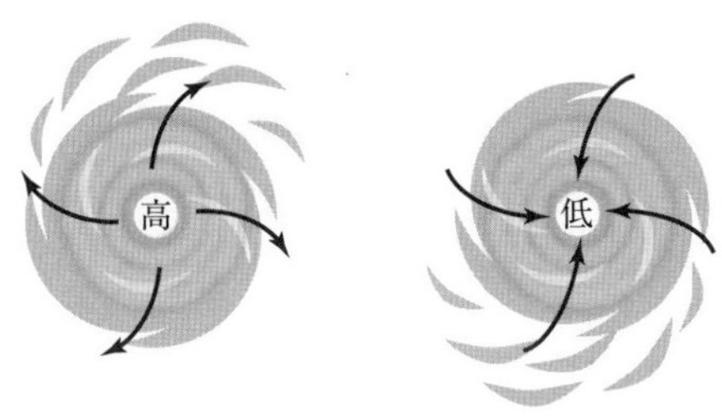

図 10.5　北半球での高気圧と低気圧付近の風向き

Exercise 10.2

慣性系であるS系において，質量 m の質点が原点Oから半径 r の位置で静止しています．この質点を，S系に対して一定の角速度 ω で原点Oの周りを反時計回りで回転しているS′系（回転座標系）から観測すると，質点の運動はS系とは異なった見え方をします．S′系における質点の運動に関する次の問いに答えなさい．

(1)　S′系からこの質点を観測したとき，この質点はどのような運動をしているか答えなさい．

(2)　S′系において，この質点にはたらくコリオリ力 $\boldsymbol{F}_{\text{コリオリ力}}$ と遠心力 $\boldsymbol{F}_{\text{遠心力}}$ を求めなさい．

(3)　S′系において，この質点にはたらく慣性力 $\boldsymbol{F}_{\text{慣性力}} = \boldsymbol{F}_{\text{コリオリ力}} + \boldsymbol{F}_{\text{遠心力}}$ を求めなさい．

3)　この説明は，正確には北極点と南極点でしか成り立ちません．北極点と南極点以外の場所では，z 軸も時間に依存して変化するのでもう少し煩雑になりますが，基本的には同じことが起こります．北極点や南極点からボールを投げるとまっすぐ進まず，ボールは自然にカーブします．

Coaching (1) S系はS′系に対して $-\omega$ で回転しているので，質点はS′系から観測すると $-\omega$ で回転しているように見えます．

(2) この質点にはたらく遠心力を極座標で表現すると，(10.15) より $\boldsymbol{F}_{\text{遠心力}} = (mr\omega^2, 0)$ と表せます．また，コリオリ力は，(10.16) に $v_r' = 0$ と $v_\theta' = -r\omega$ を代入して，$\boldsymbol{F}_{\text{コリオリ力}} = (-2mr\omega^2, 0)$ です．

(3) この質点にはたらく慣性力は，極座標で表現すると

$$\begin{aligned}\boldsymbol{F}_{\text{慣性力}} &= \boldsymbol{F}_{\text{コリオリ力}} + \boldsymbol{F}_{\text{遠心力}} \\ &= (-mr\omega^2, 0) \qquad (10.17)\end{aligned}$$

となります．つまり，遠心力にコリオリ力が加わった結果，S′系では $-mr\omega^2$ の向心力がはたらき，質点は $-\omega$ で円運動します． ■

本章のPoint

- **慣性力**：物体の運動を慣性系で観測した際にははたらいておらず，同じ物体を非慣性系で観測した際には現れる見かけ上の力．
- **ガリレイの相対性原理**：1つの慣性系に対して等速直線運動するすべての座標系は慣性系であり，ニュートンの運動の第2法則が成り立つ．
- **遠心力**：物体が回転座標系上を移動する際にはたらく慣性力で，質点にはたらく向心力と大きさが等しく，向きが反対の力．
- **コリオリ力**：物体が回転座標系上を移動する際にはたらく慣性力で，移動方向と垂直な向きに速度に比例した大きさをもつ．

Practice

[10.1]　加速するエレベータ内での物体の運動

一定の加速度 a_0 で鉛直に上昇するエレベーターの中での質量 m の質点の運動に関して，次の問いに答えなさい．

(1) エレベータの床から高さ h の位置から質点を静かに落下させたとき，この質点がエレベータの床に到達するまでの時間 τ を求めなさい．

(2) エレベータの天井から長さ l のひもで質点をぶら下げて微小振動させたとき，この振動子の周期 T を求めなさい．

[10. 2]　加速する斜面上での物体の運動

滑らかな水平面上に，角度 θ の斜面台が置かれている．この斜面台を物体が置かれている向きに水平に加速させたところ，斜面上に置かれた質量 m の質点が斜面上で静止しました．このときの斜面台の加速度 a を求めなさい．

[10. 3]　赤道上の物体にはたらく遠心力の加速度

赤道上にある物体にはたらく遠心力の加速度 $R\omega^2$ を求めなさい．ただし，地球の半径を $R = 6400\,\mathrm{km}$ としなさい．

[10. 4]　円錐振り子

図 10.6 のように，長さ ℓ の糸の一端を天井に固定し，糸の他端に質量 m の質点を付け，糸を一定の傾き（角度 θ）で鉛直線の周りで回転し，質点が水平面内を円運動するようにします（**円錐振り子**）．この質点の回転運動の周期 T と糸の張力 R を求めなさい．

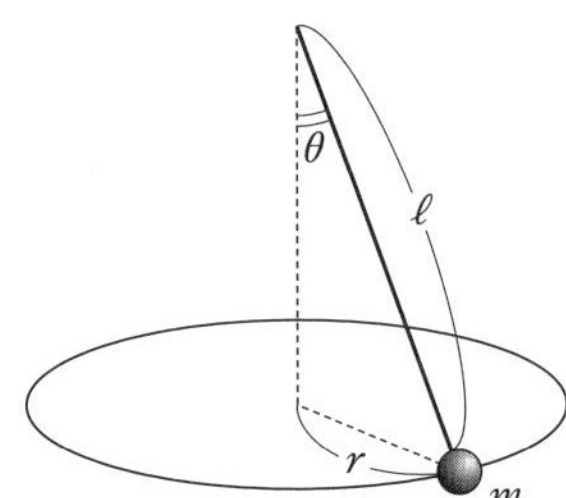

図 10. 6　円錐振り子

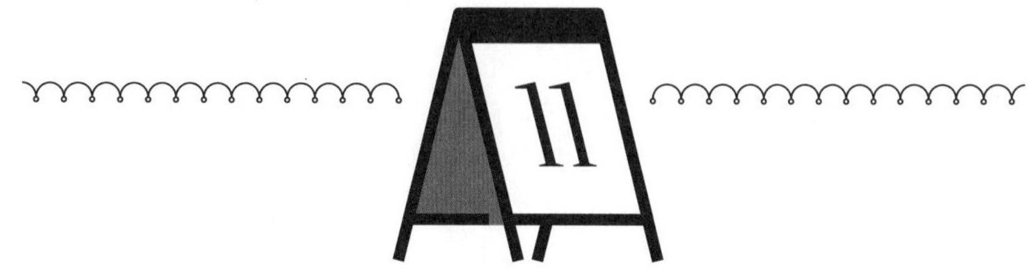

質点系の力学

本章では，互いに力を及ぼし合う複数の質点から成る系（**質点系**）の力学について解説します．そこでは，これまで解説してきた1個の質点の運動法則を，質点系を構成する各質点に適用することで，質点系全体の運動を特徴づける物理量として，質点系の全運動量や全角運動量に着目し，それらが従う運動法則を導きます．

11.1　2個の質点から成る系

いきなり「N 個の質点から成る質点系」の一般論を学ぶよりも，まずは最も簡単な質点系として，「2個の質点から成る系」について学ぶことは後に一般論を習得するためにとても効果的でしょう．そこで，本章では2個の質点から成る系（**2体問題**）について解説しましょう．

11.1.1　内力と外力

いま，図11.1のような質量 m_1 の質点1と質量 m_2 の質点2から成る2体問題を考えます．質点1から質点2にはたらく力を $\boldsymbol{F}_{21}$，逆に，質点2から質点1にはたらく力（$\boldsymbol{F}_{21}$ の反作用）を $\boldsymbol{F}_{12}$ とします．このとき，$\boldsymbol{F}_{12}$ や $\boldsymbol{F}_{21}$ のように質点間の相互作用のことを**内力**といいます．また，質点系の外部から質点1と質点2に及ぼす力を**外力**といい，$\boldsymbol{F}_1^{(\mathrm{e})}$ と $\boldsymbol{F}_2^{(\mathrm{e})}$ と表すことにします．

したがって，それぞれの質点にはたらく合力を $\boldsymbol{F}_i$ $(i=1,2)$ とすると，

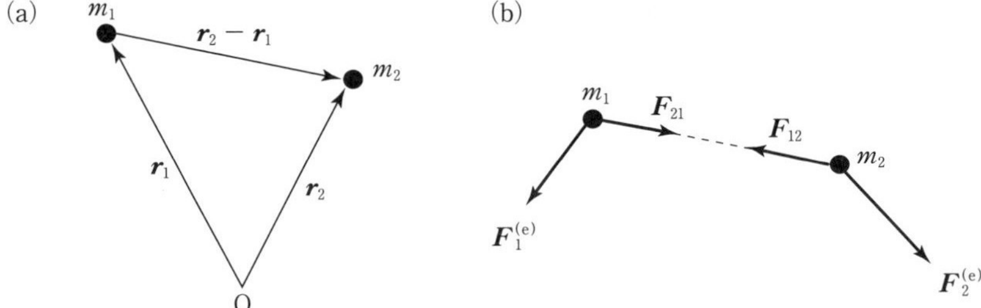

図 11.1　2個の質点から成る質点系（2体問題）
(a)　それぞれの質点の位置ベクトルと相対ベクトル（質点1の位置を基準にした質点2の位置ベクトル）
(b)　それぞれの質点にはたらく内力と外力

内力と外力の和として

$$\boldsymbol{F}_1 = \boldsymbol{F}_{12} + \boldsymbol{F}_1^{(e)} \tag{11.1}$$

$$\boldsymbol{F}_2 = \boldsymbol{F}_{21} + \boldsymbol{F}_2^{(e)} \tag{11.2}$$

と与えられ，それぞれの質点に対するニュートンの運動方程式は，

$$m_1 \frac{d^2\boldsymbol{r}_1}{dt^2} = \boldsymbol{F}_{12} + \boldsymbol{F}_1^{(e)} \tag{11.3}$$

$$m_2 \frac{d^2\boldsymbol{r}_2}{dt^2} = \boldsymbol{F}_{21} + \boldsymbol{F}_2^{(e)} \tag{11.4}$$

となります．ここで，$\boldsymbol{r}_i$（$i = 1, 2$）は質点iの位置ベクトルです．

(11.3) と (11.4) の両辺をそれぞれ足すと

$$\begin{aligned} m_1 \frac{d^2\boldsymbol{r}_1}{dt^2} + m_2 \frac{d^2\boldsymbol{r}_2}{dt^2} &= \underbrace{\boldsymbol{F}_{12} + \boldsymbol{F}_{21}}_{=\boldsymbol{0}} + \boldsymbol{F}_1^{(e)} + \boldsymbol{F}_2^{(e)} \\ &= \boldsymbol{F}_1^{(e)} + \boldsymbol{F}_2^{(e)} \end{aligned} \tag{11.5}$$

となります．最初の等号で，ニュートンの運動の第3法則（作用・反作用の法則）$\boldsymbol{F}_{12} = -\boldsymbol{F}_{21}$を用いました．

11.1.2 質量中心の運動と運動量保存の法則

まず，新しい変数として

$$\boldsymbol{R} = \frac{m_1\boldsymbol{r}_1 + m_2\boldsymbol{r}_2}{M} \qquad (\text{全質量 } M = m_1 + m_2) \tag{11.6}$$

を導入し，これを2個の質点の**質量中心**といいます．$\boldsymbol{R}$ を質量中心という理由は次の通りです．

$\boldsymbol{R}$ と M を用いて（11.5）を書き直すと

$$M\frac{d^2\boldsymbol{R}}{dt^2} = \boldsymbol{F}^{(\mathrm{e})}, \qquad \boldsymbol{F}^{(\mathrm{e})} = \boldsymbol{F}_1^{(\mathrm{e})} + \boldsymbol{F}_2^{(\mathrm{e})} \tag{11.7}$$

となります．ここで，$\boldsymbol{F}^{(\mathrm{e})}$ は外力の合力です．（11.7）は，全質量 M があたかも位置 $\boldsymbol{R}$ の1点に集中し，そこに力 $\boldsymbol{F}_1^{(\mathrm{e})} + \boldsymbol{F}_2^{(\mathrm{e})}$ が加わったときのニュートンの運動方程式と同じ形をしています．このように，系の質量がその1点に集中しているとみなせる点のことを「質量中心」といいます．したがって，2体問題の質量中心の運動を考察する際には，**2個の質点の質量が質量中心に集中し，そこにすべての外力が加わったと考えても差し支えありません**（この結論は後に，N 個の質点から成る質点系にも拡張されます）．また，（11.7）からわかるように，質量中心の運動には内力は一切影響しません．これは，作用・反作用の法則による帰結です．

なお，外力がない場合（$\boldsymbol{F}_1^{(\mathrm{e})} = \boldsymbol{F}_2^{(\mathrm{e})} = \boldsymbol{0}$）には，（11.7）は

$$M\frac{d^2\boldsymbol{R}}{dt^2} = \boldsymbol{0} \tag{11.8}$$

となるので，これを積分することで $M\dfrac{d\boldsymbol{R}}{dt} = \text{一定}$ となり，質量中心の運動量は保存することがわかります．

 **Exercise 11.1**

滑らかで水平な床の上に質量 M，長さ $2L$ の一様な板があります．この板の上の一端から他端まで質量 m の人が歩いたとき，この板はどれだけ後退するか求めなさい．

Coaching 板と人を質点系とみなすと，この質点系には重力と垂直抗力がはたらいていますが，重力と垂直抗力は互いに打ち消し合っているので，この質点系には内力のみがはたらくことになります．したがって，この質点系の重心は一定です．

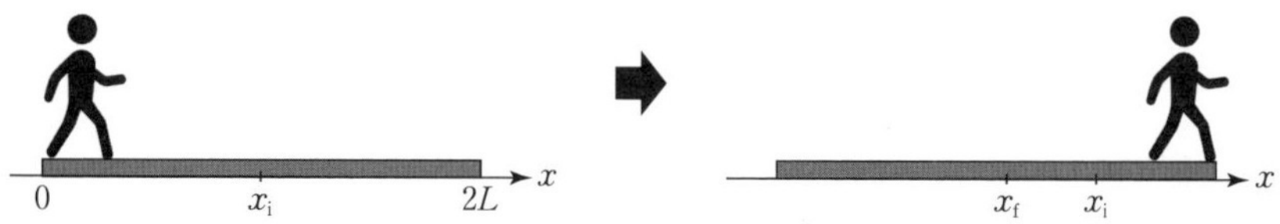

図 11.2　滑らかな水平面の上に置かれた板の上を歩く人

いま，水平面に沿って人が進む方向を x 軸の正の向きに選び，板の中心の始めの位置と終わりの位置をそれぞれ x_i と x_f とすると，人の始めと終わりの位置はそれぞれ $x_i - L$ と $x_f + L$ です．始めと終わりの重心の位置が等しいという条件により，

$$\frac{m(x_i - L) + Mx_i}{m + M} = \frac{m(x_f + L) + Mx_f}{m + M} \tag{11.9}$$

なので，板の移動距離 $x_f - x_i$ は

$$x_f - x_i = \frac{2mL}{m + M} \tag{11.10}$$

となります．■

11.1.3　質量中心と重心

質量中心は質点系の力学を記述する上で重要かつ特別な位置を示しますが，もう 1 つの重要かつ特別な位置として，**重心**があります．重心は，**質点系にはたらく重力による力のモーメント**（8.18）**がつり合う位置**として定義されます．

- **質量中心**：質点系の質量分布の平均的位置．
- **重心**：質点系にはたらく重力による力のモーメントがつり合う位置．

重心の位置を指定するベクトルを**重心ベクトル**といい，$\boldsymbol{r}_G$ と表すことにします（$\boldsymbol{r}_G$ を単に重心ということもあります）．上述の定義からわかるように，質量中心 $\boldsymbol{R}$ と重心 $\boldsymbol{r}_G$ は異なる概念ですが，**両者は一様な重力のもとでは一致**します（次の Exercise 11.2 を参照）．

Exercise 11.2

重力加速度 $\boldsymbol{g}$ の一様な重力のもとに，質量 m_1 と m_2 の 2 つの質点がそれぞれ位置ベクトル $\boldsymbol{r}_1$ と $\boldsymbol{r}_2$ にあるとき，この質点系の重心 $\boldsymbol{r}_{\mathrm{G}}$ を求め，それが質量中心 $\boldsymbol{R}$ と一致することを確かめなさい．

Coaching　図 11.3 に示すように，この系の重心周りでの重力による力のモーメントのつり合い条件は

$$(\boldsymbol{r}_1 - \boldsymbol{r}_{\mathrm{G}}) \times m_1\boldsymbol{g} + (\boldsymbol{r}_2 - \boldsymbol{r}_{\mathrm{G}}) \times m_2\boldsymbol{g} = \boldsymbol{0} \tag{11.11}$$

です．(11.11) を変形すると

$$\{m_1\boldsymbol{r}_1 + m_2\boldsymbol{r}_2 - (m_1 + m_2)\boldsymbol{r}_{\mathrm{G}}\} \times \boldsymbol{g} = \boldsymbol{0} \tag{11.12}$$

となるので，この系の重心 $\boldsymbol{r}_{\mathrm{G}}$ は

$$\boldsymbol{r}_{\mathrm{G}} = \frac{m_1\boldsymbol{r}_1 + m_2\boldsymbol{r}_2}{M}, \qquad M = m_1 + m_2 \tag{11.13}$$

であることがわかります．

(11.13) を $m_1(\boldsymbol{r}_1 - \boldsymbol{r}_{\mathrm{G}}) = -m_2(\boldsymbol{r}_2 - \boldsymbol{r}_{\mathrm{G}})$ と書き換え，両辺とも絶対値をとると，$m_1|\boldsymbol{r}_1 - \boldsymbol{r}_{\mathrm{G}}| = m_2|\boldsymbol{r}_2 - \boldsymbol{r}_{\mathrm{G}}|$ が得られます．したがって，つり合いの条件は $|\boldsymbol{r}_1 - \boldsymbol{r}_{\mathrm{G}}| : |\boldsymbol{r}_2 - \boldsymbol{r}_{\mathrm{G}}| = m_2 : m_1$ と書くこともできます．これは，よく知られているように天秤の支点です．

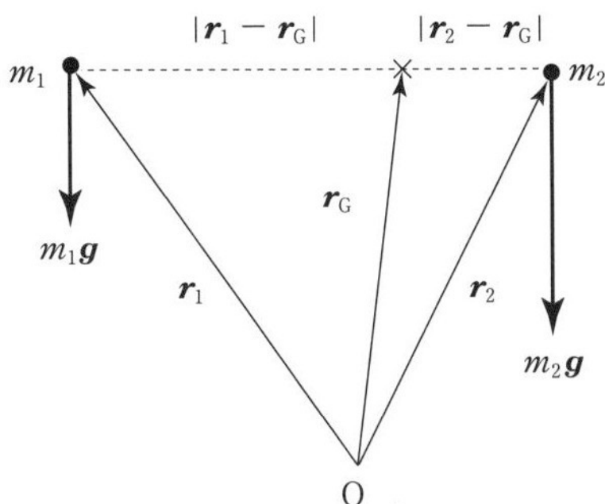

図 11.3　一様な重力のもとでの 2 つの質点の重心ベクトル $\boldsymbol{r}_{\mathrm{G}}$

また，この系の質量中心 $\boldsymbol{R}$ は (11.6) より

$$\boldsymbol{R} = \frac{m_1\boldsymbol{r}_1 + m_2\boldsymbol{r}_2}{M} \tag{11.14}$$

です．したがって，(11.13) と (11.14) が等しいことからわかるように，一様な重力のもとでは重心 $\boldsymbol{r}_{\mathrm{G}}$ と質量中心 $\boldsymbol{R}$ は等しくなります．■

地表付近での質点系の運動を考察する際には，大抵の場合，重力は一様（大きさが場所によらず一定）と近似して差し支えありません．そこで，**本書ではこれ以後，一様な重力の場合を想定し，質量中心と重心を区別せず，重心 $\boldsymbol{r}_{\mathrm{G}}$ と表記する**ことにします．

したがって，(11.7) の $\boldsymbol{R}$ を $\boldsymbol{r}_{\mathrm{G}}$ に置き換えることで，質点系の**重心の運動方程式**は

$$M\frac{d^2\boldsymbol{r}_{\mathrm{G}}}{dt^2} = \boldsymbol{F}^{(\mathrm{e})} \tag{11.15}$$

と表されます．

11.1.4 相対運動と換算質量

次に，外力がない場合の2つの質点の相対運動を考えてみましょう．いま，重心に相対的な各質点の位置ベクトル $\boldsymbol{r}'$ として

$$\boldsymbol{r}_1' = \boldsymbol{r}_1 - \boldsymbol{r}_{\mathrm{G}} \tag{11.16}$$

$$\boldsymbol{r}_2' = \boldsymbol{r}_2 - \boldsymbol{r}_{\mathrm{G}} \tag{11.17}$$

を導入（ガリレイ変換）し，これらを (11.3) と (11.4) の $\boldsymbol{F}_1^{(\mathrm{e})} = \boldsymbol{F}_2^{(\mathrm{e})} = \boldsymbol{0}$ とした式に代入すると，

$$m_1\frac{d^2\boldsymbol{r}_1'}{dt^2} = \boldsymbol{F}_{12} \tag{11.18}$$

$$m_2\frac{d^2\boldsymbol{r}_2'}{dt^2} = \boldsymbol{F}_{21} \tag{11.19}$$

となります．

一方，質点2から測った質点1の位置ベクトル（**相対座標**）

$$\boldsymbol{r} = \boldsymbol{r}_1 - \boldsymbol{r}_2 \tag{11.20}$$

を導入し，この式を (11.6) に代入すると

$$\boldsymbol{r}_1 = \frac{m_2}{M}\boldsymbol{r} + \boldsymbol{r}_{\mathrm{G}} \tag{11.21}$$

$$\boldsymbol{r}_2 = -\frac{m_1}{M}\boldsymbol{r} + \boldsymbol{r}_{\mathrm{G}} \tag{11.22}$$

となるので，これら2つの式を (11.18) と (11.19) に代入することで，$\boldsymbol{r}_1, \boldsymbol{r}_2$

と $\boldsymbol{r}_1{}', \boldsymbol{r}_2{}'$ との間の関係は

$$\boldsymbol{r}_1{}' = \frac{m_2}{M}\boldsymbol{r} \tag{11.23}$$

$$\boldsymbol{r}_2{}' = -\frac{m_1}{M}\boldsymbol{r} \tag{11.24}$$

であることがわかります．そして，これらを (11.18) と (11.19) に代入すると，いずれも

$$\mu\frac{d^2\boldsymbol{r}}{dt^2} = \boldsymbol{F}_{12}, \qquad \frac{1}{\mu} = \frac{1}{m_1} + \frac{1}{m_2} \tag{11.25}$$

となります（$\boldsymbol{F}_{12} = -\boldsymbol{F}_{21}$ を用いました）．これを**相対運動の運動方程式**といい，μ は**換算質量**といいます．

このように，外力と相互作用しない 2 体問題は，(11.15) の「重心の運動方程式」と (11.25) の「相対運動の運動方程式」に分離されます．そして，「重心の運動方程式」はすでに解けていて「静止または等速直線運動」することがわかっているので，後は「相対運動の方程式」を解けばよいことになります．なお，(11.25) は，質量 μ の 1 個の質点の運動方程式と同じ形をしているので，**外力のない 2 体問題は 1 体問題に帰着**します．

次節以降で取り扱う 3 個以上の質点から成る系については，2 体問題とは異なり 1 体問題に帰着できません．さらに，一般的には厳密に解けないことが知られています．

Exercise 11.3

図 11.4 に示されるように，バネ定数 K のバネで結ばれた 2 個の質点（それぞれ質点 1 と質点 2 とよび，いずれの質量も m とします）が，右の壁と左の壁にそれぞれバネ定数 k のバネでつながれています．3 つのバネの自然長はいずれも a とし，左右の壁の間の距離は $3a$ とします．

いま，質点 1 と質点 2 のそれぞれの平衡位置からの変位を u_1 と u_2 とすると，それぞれの座標は $x_1 = a + u_1$ と $x_2 = 2a + u_2$ と表されます．このとき，次の問いに答えなさい．

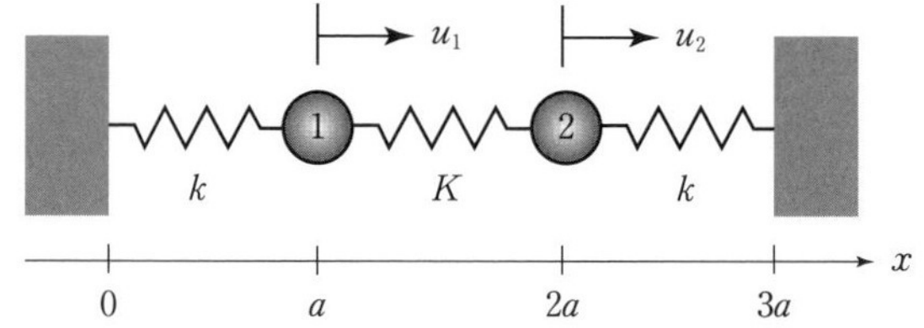

図 11.4　2個の質点から成る連成振動子

(1)　u_1 と u_2 が従う運動方程式を書きなさい．

(2)　この系の質量中心の座標 X と（質点1から見た質点2の）相対座標 x を変位 u_1 と u_2 を用いて表しなさい．

(3)　この系の質量中心の座標 X と相対座標 x が従う運動方程式を求めなさい．

(4)　(3) の運動方程式を解き，質量中心 X と相対座標 x ならびに a を求めなさい．さらに，それぞれの質点の変位 x_1 と x_2 を求めなさい．

Coaching　(1)　質点1と質点2に対する運動方程式は，それぞれ

$$m\frac{d^2u_1}{dt^2} = \underbrace{-ku_1}_{\text{左のバネ}} \underbrace{+ K(u_2 - u_1)}_{\text{真ん中のバネ}} = -(k + K)u_1 + Ku_2 \tag{11.26}$$

$$m\frac{d^2u_2}{dt^2} = \underbrace{-K(u_2 - u_1)}_{\text{真ん中のバネ}} \underbrace{- ku_2}_{\text{右のバネ}} = Ku_1 - (k + K)u_2 \tag{11.27}$$

となります．

(2)　座標の原点（$x = 0$）を左の壁に選ぶと，(11.6) より質量中心 X は

$$X = \frac{m(a + u_1) + m(2a + u_2)}{2m} = \frac{u_1 + u_2}{2} + X_0 \tag{11.28}$$

と表せます．ここで，$X_0 = \dfrac{3a}{2}$ は左右の壁を結ぶ線分の中点です．

一方，相対座標 x は，質点1の座標 $x_1 = a + u_1$，質点2の座標 $x_2 = 2a + u_2$ を用いて

$$x = x_2 - x_1 = u_2 - u_1 + a \tag{11.29}$$

と表せます．

(3)　(11.26) + (11.27)，ならびに (11.26) − (11.27) より

$$m\frac{d^2}{dt^2}(u_1 + u_2) = -k(u_1 + u_2) \tag{11.30}$$

$$m\frac{d^2}{dt^2}(u_1 - u_2) = -(k + 2K)(u_1 - u_2) \tag{11.31}$$

が得られます．こうして，(11.28) を (11.30) に代入し，(11.29) を (11.31) に代入することで，X と x が満たす方程式は

$$2m\frac{d^2(X-X_0)}{dt^2} = -2k(X-X_0) \tag{11.32}$$

$$m\frac{d^2(x-a)}{dt^2} = -(k+2K)(x-a) \tag{11.33}$$

となります．

なお，$\widetilde{X} \equiv X - X_0 = \dfrac{u_1+u_2}{2}$ と $\tilde{x} \equiv x - a = u_2 - u_1$ とおくことで，これらの方程式は

$$M\frac{d^2\widetilde{X}}{dt^2} = -2k\widetilde{X} \tag{11.34}$$

$$2\mu\frac{d^2\tilde{x}}{dt^2} = -(k+2K)\tilde{x} \tag{11.35}$$

となります．ここで，全質量 M と換算質量 μ はそれぞれ $M=2m$ と $\mu=\dfrac{m}{2}$ です．

(4)　(11.34) と (11.35) は 1 個の調和振動子の運動方程式 (6.2) と同じ形をしているので，それらの方程式の一般解はそれぞれ

$$\widetilde{X}(t) = A_X\sin(\omega_X t + \delta_X) \qquad (A_X, \delta_X \text{ は正の定数}) \tag{11.36}$$

$$\tilde{x}(t) = A_x\sin(\omega_x t + \delta_x) \qquad (A_x, \delta_x \text{ は正の定数}) \tag{11.37}$$

となります．ここで，$\omega_X = \sqrt{\dfrac{2k}{M}}$ と $\omega_x = \sqrt{\dfrac{k+2K}{2\mu}}$ は，それぞれ重心の角振動数と相対位置の角振動数です．また，$\widetilde{X}$ と $\tilde{x}$ は x_1 と x_2 を用いて

$$\widetilde{X} = \frac{x_1+x_2-3a}{2} \tag{11.38}$$

$$\tilde{x} = x_2 - x_1 - a \tag{11.39}$$

と表せるので，これを x_1 と x_2 に対して解くと

$$x_1 = \frac{2\widetilde{X}+\tilde{x}+4a}{2} \tag{11.40}$$

$$x_2 = \frac{2\widetilde{X}-\tilde{x}+2a}{2} \tag{11.41}$$

となります．■

Training 11.1

(11.38) と (11.39) を求めなさい．また，それらから (11.40) と (11.41) を求めなさい．

11.2　n 個の質点から成る系

ここからは，図 11.5 に示すような，n 個の質点から成る系（**質点系**）について考えてみましょう．いま，n 個の質点に 1 ～ n までの番号をそれぞれ割り当て，i 番目の質点から j 番目の質点にはたらく力を $\boldsymbol{F}_{ji}$，逆に，j 番目の質点から i 番目の質点にはたらく力（$\boldsymbol{F}_{ji}$ の反作用）を $\boldsymbol{F}_{ij}$ とします．2 個の質点のときと同様に，$\boldsymbol{F}_{ji}$ や $\boldsymbol{F}_{ij}$ は内力です．

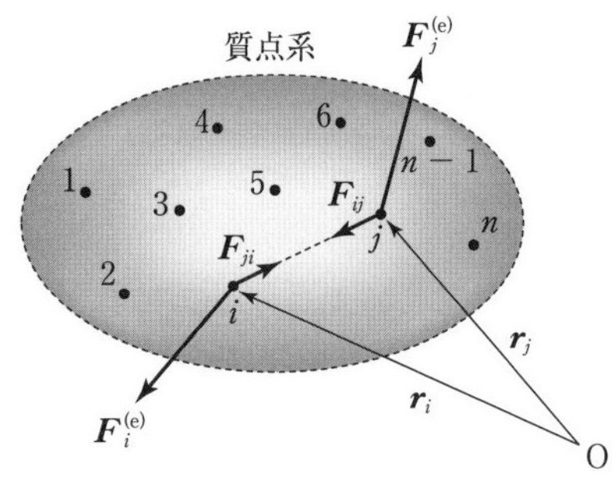

図 11.5　質点系を構成する質点間の内力 $\boldsymbol{F}_{ij}$ と外力 $\boldsymbol{F}_i^{(e)}$ $(i, j = 1, 2, \cdots, n)$

一方，質点系の外部から i 番目の質点に及ぼす外力を $\boldsymbol{F}_i^{(e)}$ と表すことにすると，i 番目の質点にはたらく合力 $\boldsymbol{F}_i$ は，内力と外力の総和として

$$\boldsymbol{F}_i = \sum_{k \neq i}^{n} \boldsymbol{F}_{ik} + \boldsymbol{F}_i^{(e)} \qquad (i = 1, 2, \cdots, n) \tag{11.42}$$

で与えられます．したがって，i 番目の質点に対するニュートンの運動方程式は，$d\boldsymbol{p}_i/dt = \boldsymbol{F}_i$ に（11.42）を代入することで，

$$\frac{d\boldsymbol{p}_i}{dt} = \sum_{k \neq i}^{n} \boldsymbol{F}_{ik} + \boldsymbol{F}_i^{(e)} \qquad (i = 1, 2, \cdots, n) \tag{11.43}$$

となります．ここで，$\boldsymbol{p}_i$ は i 番目の質点の運動量です．

なお，（11.42）と（11.43）の右辺第 1 項の $\sum_{k \neq i}^{n} \left(\equiv \sum_{k=1}^{i-1} + \sum_{k=i+1}^{n} \right)$ は「$k = i$ を除いて $k = 1$ から n まで和をとる」ことを表す記号です．

11.3　質点系の運動量

質点系を構成する各々の質点の力学的状態を決定するためには，（11.43）で与えられる $3n$ 元の連立微分方程式を解く必要があります．しかしながら，$n \geq 3$ の質点系に対して（11.43）を解析的に解く（手計算で式を解く）ことは，特別な場合を除いて不可能です[1),2)]．

そこで，質点系を構成する個々の質点の運動に着目するのではなく，質点系全体としての運動に着目することにし，(11.43) の運動方程式をすべての質点 ($i = 1, 2, \cdots, n$) について和をとった

$$\frac{d\boldsymbol{P}}{dt} = \sum_{i=1}^{n}\sum_{k \neq i}^{n} \boldsymbol{F}_{ik} + \sum_{i=1}^{n} \boldsymbol{F}_i^{(\mathrm{e})} \tag{11.44}$$

について考えることにしましょう．なお，(11.44) の左辺の

$$\boldsymbol{P} = \sum_{i=1}^{n} \boldsymbol{p}_i \tag{11.45}$$

は，質点系の全運動量です．

まず，(11.44) の右辺第1項は，質点系を構成するすべての質点間の内力を足し合わせたものであり，

$$\begin{aligned}
(11.44)\ \text{の右辺第1項} &= \sum_{i=1}^{n}\sum_{k \neq i}^{n} \boldsymbol{F}_{ik} \\
&= 0 + \boldsymbol{F}_{12} + \boldsymbol{F}_{13} + \cdots + \boldsymbol{F}_{1n} \\
&\quad + \boldsymbol{F}_{21} + 0 + \boldsymbol{F}_{23} + \cdots + \boldsymbol{F}_{2n} \\
&\quad + \boldsymbol{F}_{31} + \boldsymbol{F}_{32} + 0 + \cdots + \boldsymbol{F}_{3n} \\
&\quad + \cdots \\
&\quad + \boldsymbol{F}_{n1} + \boldsymbol{F}_{n2} + \boldsymbol{F}_{n3} + \cdots + 0 \\
&= \sum_{i=1}^{n}\sum_{j>i}^{n} (\boldsymbol{F}_{ij} + \boldsymbol{F}_{ji}) = 0
\end{aligned} \tag{11.46}$$

となります．最後の等号では，作用・反作用の法則 ($\boldsymbol{F}_{ij} = -\boldsymbol{F}_{ji}$) を用いました．(11.46) は，**作用・反作用の法則によって，質点系を構成する質点間に**

1)　(11.43) の運動方程式はベクトルで表記されているので，1つの i に対して3成分（デカルト座標では x, y, z 成分）に対する方程式を含みます．こうして，n 個の質点の場合には $3n$ 元の連立微分方程式となります．

2)　3つ以上の質点系の運動方程式を解くことは，求積法（有限回の不定積分を用いて微分方程式を解く方法）では不可能であることがポアンカレによって証明されています．最近では，コンピュータを用いて膨大な数の質点を含む質点系の運動を数値的に求めることが可能になったものの，アボガドロ数（$= 6.02 \times 10^{23}$ 個）程度の質点の運動を計算することは現実的ではありません．

はたらく内力はすべて打ち消し合い，その総和はゼロであることを意味します．

また，(11.44) の右辺第 2 項は，質点系に及ぼす外力の合力なので

$$\text{(11.44) の右辺第 2 項} = \sum_{i=1}^{n} \boldsymbol{F}_i^{(\mathrm{e})} \equiv \boldsymbol{F}^{(\mathrm{e})} \tag{11.47}$$

と表すと，(11.44) は結局，

$$\frac{d\boldsymbol{P}}{dt} = \boldsymbol{F}^{(\mathrm{e})} \tag{11.48}$$

となります．

以上をまとめると，次のようになります．

▶ **質点系の全運動量**：質点系の全運動量 $\boldsymbol{P}$ の時間変化率は，それぞれの質点にはたらく外力の合力 $\boldsymbol{F}^{(\mathrm{e})}$ に等しい．

また，質点系に作用する外力の合力がゼロ（$\boldsymbol{F}^{(\mathrm{e})} = \boldsymbol{0}$）の場合，(11.48) より $d\boldsymbol{P}/dt = \boldsymbol{0}$ となるので，質点系の全運動量は保存する（$\boldsymbol{P} =$ 一定）こともわかります．

▶ **全運動量保存の法則**：質点系にはたらく外力の和がゼロのとき，質点系の全運動量は保存する．

11.4 質量中心（重心）の運動

質点系を構成する質点の質量 m_i（$i = 1, 2, \cdots, n$）が**時間に依存せず一定の場合**を考えてみましょう．このとき，全運動量 $\boldsymbol{P}$ の時間変化率は

$$\frac{d\boldsymbol{P}}{dt} = \frac{d}{dt}\left(\sum_{i=1}^{n} m_i \boldsymbol{v}_i\right) = \sum_{i=1}^{n} m_i \frac{d\boldsymbol{v}_i}{dt} = \sum_{i=1}^{n} m_i \frac{d^2\boldsymbol{r}_i}{dt^2} \tag{11.49}$$

なので，(11.48) の運動方程式は

$$\sum_{i=1}^{n} m_i \frac{d^2\boldsymbol{r}_i}{dt^2} = \boldsymbol{F}^{(\mathrm{e})} \tag{11.50}$$

となります．ここで，$\boldsymbol{r}_i$ は i 番目の質点の位置ベクトルです．

(11.50) の左辺を，質点系の全質量 $M = \sum_{i=1}^{n} m_i$ を用いて，意図的に

$$(11.50)\text{ の左辺} = M\frac{d^2}{dt^2}\left(\frac{1}{M}\sum_{i=1}^{n} m_i \boldsymbol{r}_i\right) \tag{11.51}$$

と書き直すと，(11.51) の右辺のカッコの中に現れる

$$\boldsymbol{R} \equiv \frac{1}{M}\sum_{i=1}^{n} m_i \boldsymbol{r}_i = \frac{m_1\boldsymbol{r}_1 + m_2\boldsymbol{r}_2 + \cdots + m_n\boldsymbol{r}_n}{m_1 + m_2 + \cdots + m_n} \tag{11.52}$$

は (11.6) を n 個の場合に一般化した**質量中心**であり，質点系の質量分布の平均的位置を表します．この質量中心 $\boldsymbol{R}$ を用いて (11.51) を書き直して (11.50) に代入することで，**質量中心に対する運動方程式**

$$M\frac{d^2\boldsymbol{R}}{dt^2} = \boldsymbol{F}^{(\mathrm{e})} \tag{11.53}$$

が得られます．

(11.53) は，位置 $\boldsymbol{R}$ にある質量 M の 1 つの質点に外力 $\boldsymbol{F}^{(\mathrm{e})}$ がはたらく場合のニュートンの運動方程式と同じ形をしています．したがって，質点系の質量中心の運動を考察する際には，**全質量があたかも質量中心の 1 点に集中し，そこにすべての外力が加わったと考えても差し支えありません**．また (11.46) で確認したように，**内力はその和がゼロとなることから，質量中心の運動に一切影響しません．**

11.1.3 項で述べたように，一様な重力のもとでは，質点系の質量中心と重心は完全に一致します．そこで，(11.53) の質量中心の位置 $\boldsymbol{R}$ を重心の位置 $\boldsymbol{r}_{\mathrm{G}}$ に置き換えることで，質点系の**重心の運動方程式**は

$$M\frac{d^2\boldsymbol{r}_{\mathrm{G}}}{dt^2} = \boldsymbol{F}^{(\mathrm{e})} \tag{11.54}$$

と表されます．

11.5　質点系の角運動量

n 個の質点から成る質点系の角運動量について考えてみましょう．i 番目の質点の質量を m_i，位置ベクトルを $\boldsymbol{r}_i$，速度を $\boldsymbol{v}_i$，運動量を $\boldsymbol{p}_i$ とすると，この質点の原点 O の周りの角運動量 $\boldsymbol{l}_i$ は

$$\boldsymbol{l}_i = \boldsymbol{r}_i \times \boldsymbol{p}_i = \boldsymbol{r}_i \times m_i\boldsymbol{v}_i \tag{11.55}$$

と与えられます．また，質点系の全角運動量 $\boldsymbol{L}$ は，n 個の質点の角運動量の総和なので

$$\boldsymbol{L} \equiv \sum_{i=1}^{n} \boldsymbol{l}_i = \sum_{i=1}^{n} (\boldsymbol{r}_i \times m_i \boldsymbol{v}_i) \tag{11.56}$$

と与えられます．

いま，全角運動量 $\boldsymbol{L}$ の時間変化率を調べるために，(11.56) を時間 t で微分すると

$$\begin{aligned}\frac{d\boldsymbol{L}}{dt} &= \sum_{i=1}^{n}\left[\left(\underbrace{\frac{d\boldsymbol{r}_i}{dt}}_{=\boldsymbol{v}_i} \times m_i \boldsymbol{v}_i\right) + \left\{\boldsymbol{r}_i \times \underbrace{\frac{d}{dt}(m_i \boldsymbol{v}_i)}_{=\boldsymbol{F}_i}\right\}\right] \\ &= \sum_{i=1}^{n} \underbrace{(\boldsymbol{v}_i \times m_i \boldsymbol{v}_i)}_{=\boldsymbol{0}} + \sum_{i=1}^{n} (\boldsymbol{r}_i \times \boldsymbol{F}_i) \\ &= \sum_{i=1}^{n} (\boldsymbol{r}_i \times \boldsymbol{F}_i)\end{aligned} \tag{11.57}$$

となります．ここで，(11.57) の右辺に現れる力のモーメントの総和を

$$\boldsymbol{N} \equiv \sum_{i=1}^{n} (\boldsymbol{r}_i \times \boldsymbol{F}_i) \tag{11.58}$$

と表すと，全角運動量 $\boldsymbol{L}$ の時間変化率は

$$\frac{d\boldsymbol{L}}{dt} = \boldsymbol{N} \tag{11.59}$$

と表されます．

一方，(11.42) で示したように，i 番目の質点にはたらく力 $\boldsymbol{F}_i$ は内力 $\boldsymbol{F}_{ik}$ と外力 $\boldsymbol{F}_i^{(\mathrm{e})}$ の和として

$$\boldsymbol{F}_i = \sum_{k \neq i}^{n} \boldsymbol{F}_{ik} + \boldsymbol{F}_i^{(\mathrm{e})} \tag{11.60}$$

と与えられるので，(11.58) の力のモーメント $\boldsymbol{N}$ は

$$\begin{aligned}\boldsymbol{N} &= \sum_{i=1}^{n}\left\{\boldsymbol{r}_i \times \left(\sum_{k \neq i}^{n} \boldsymbol{F}_{ik} + \boldsymbol{F}_i^{(\mathrm{e})}\right)\right\} \\ &= \sum_{i=1}^{n}\left(\boldsymbol{r}_i \times \sum_{k \neq i}^{n} \boldsymbol{F}_{ik}\right) + \sum_{i=1}^{n} (\boldsymbol{r}_i \times \boldsymbol{F}_i^{(\mathrm{e})})\end{aligned}$$

$$= \sum_{i=1}^{n}\sum_{k\neq i}^{n}(\boldsymbol{r}_i \times \boldsymbol{F}_{ik}) + \sum_{i=1}^{n}(\boldsymbol{r}_i \times \boldsymbol{F}_i^{(\mathrm{e})}) \tag{11.61}$$

となります．ここで，(11.61) の右辺第 1 項は，

$$\begin{aligned}
\text{右辺第 1 項} &= \sum_{i=1}^{n}\sum_{k\neq i}^{n}(\boldsymbol{r}_i \times \boldsymbol{F}_{ik}) \\
&= \boldsymbol{0} + (\boldsymbol{r}_1 \times \boldsymbol{F}_{12}) + (\boldsymbol{r}_1 \times \boldsymbol{F}_{13}) + \cdots + (\boldsymbol{r}_1 \times \boldsymbol{F}_{1n}) \\
&\quad + (\boldsymbol{r}_2 \times \boldsymbol{F}_{21}) + \boldsymbol{0} + (\boldsymbol{r}_2 \times \boldsymbol{F}_{23}) + \cdots + (\boldsymbol{r}_2 \times \boldsymbol{F}_{2n}) \\
&\quad + (\boldsymbol{r}_3 \times \boldsymbol{F}_{31}) + (\boldsymbol{r}_3 \times \boldsymbol{F}_{32}) + \boldsymbol{0} + \cdots + (\boldsymbol{r}_3 \times \boldsymbol{F}_{3n}) \\
&\quad + \cdots \\
&\quad + (\boldsymbol{r}_n \times \boldsymbol{F}_{n1}) + (\boldsymbol{r}_n \times \boldsymbol{F}_{n2}) + (\boldsymbol{r}_n \times \boldsymbol{F}_{n3}) + \cdots + \boldsymbol{0} \\
&= \sum_{i=1}^{n}\sum_{j>i}^{n}(\boldsymbol{r}_i - \boldsymbol{r}_j) \times \boldsymbol{F}_{ij}
\end{aligned} \tag{11.62}$$

と式変形できます．最後の等号では，作用・反作用の法則 ($\boldsymbol{F}_{ij} = -\boldsymbol{F}_{ji}$) を用いました．

図 11.6 からわかるように，$\boldsymbol{r}_i - \boldsymbol{r}_j$ と $\boldsymbol{F}_{ij}$ は互いに平行なベクトルなので，$(\boldsymbol{r}_i - \boldsymbol{r}_j) \times \boldsymbol{F}_{ij} = \boldsymbol{0}$ であり，結局，(11.62) は

$$\sum_{i=1}^{n}\sum_{j>i}^{n}(\boldsymbol{r}_i - \boldsymbol{r}_j) \times \boldsymbol{F}_{ij} = \boldsymbol{0} \tag{11.63}$$

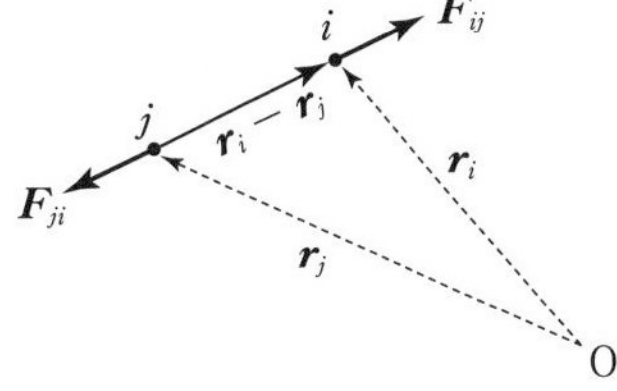

図 11.6　i 番目と j 番目の質点の位置ベクトルとそれらの間にはたらく内力の幾何学的関係

となります．こうして，(11.58) の力のモーメント $\boldsymbol{N}$ は

$$\boldsymbol{N} = \sum_{i=1}^{n}(\boldsymbol{r}_i \times \boldsymbol{F}_i^{(\mathrm{e})}) \equiv \boldsymbol{N}^{(\mathrm{e})} \tag{11.64}$$

のように，外力 $\boldsymbol{F}_i^{(\mathrm{e})}$ による力のモーメントだけが残ります．

したがって，(11.59) は

$$\frac{d\boldsymbol{L}}{dt} = \boldsymbol{N}^{(\mathrm{e})} \tag{11.65}$$

となり，この方程式を，質点系の**全角運動量の運動方程式**といいます．

以上をまとめると，次のようになります．

▶ **全角運動量の運動方程式**：質点系の全角運動量 $\boldsymbol{L}$ の時間変化率は，質点系にはたらく外力による力のモーメント $\boldsymbol{N}^{(\mathrm{e})}$ に等しい．

また，外力 $\boldsymbol{F}^{(\mathrm{e})}$ による力のモーメントがゼロ（$\boldsymbol{N}^{(\mathrm{e})} = \boldsymbol{0}$）の場合には，(11.65) より

$$\frac{d\boldsymbol{L}}{dt} = \boldsymbol{0} \quad \Leftrightarrow \quad \boldsymbol{L} = \text{一定} \tag{11.66}$$

なので，質点系の全角運動量は保存します．

▶ **全角運動量保存の法則**：質点系にはたらく外力による力のモーメントがゼロ（$\boldsymbol{N}^{(\mathrm{e})} = \boldsymbol{0}$）のとき，系の全角運動量 $\boldsymbol{L}$ は保存する．

11.6　重心座標系での質点系の運動

11.6.1　重心座標系

図 11.7 に示すように，原点を O とし，座標軸を x, y, z とする慣性系を K 系とします．K 系から見た質点系の i 番目の質点の位置ベクトルを $\boldsymbol{r}_i$ とし，質点系の重心 G の位置ベクトルを $\boldsymbol{r}_\mathrm{G}$ とします．一方，重心 G を原点 O′ とし，座標軸を x', y', z' とする慣性系を K′ 系とするとき[3]，K′ 系のことを**重心座標系**ともいいます[4]．

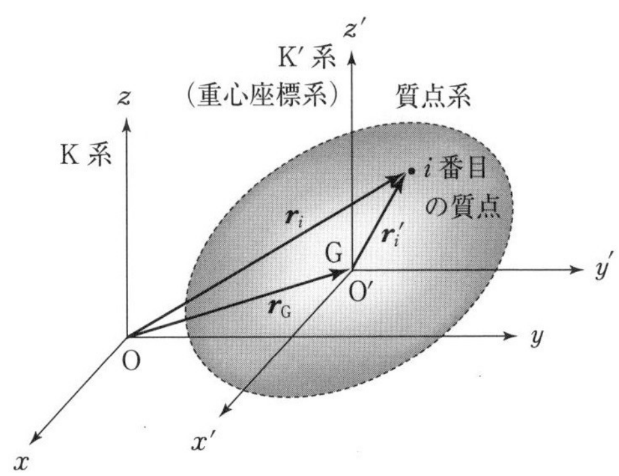

図 11.7　重心座標系

重心座標系（K′ 系）から見た質点系の i 番目の質点の位置ベクトルを $\boldsymbol{r}_i'$ とするとき，$\boldsymbol{r}_i'$ と $\boldsymbol{r}_i$ の間には

3）絶対時間の仮定（10.1.1 項を参照）をおき，K 系と K′ 系での時間 t と t' は同一であると考え，$t' = t$ とします．

4）一般に，重心座標系は慣性系とは限りません．

$$\boldsymbol{r}_i' = \boldsymbol{r}_i - \boldsymbol{r}_{\mathrm{G}} \tag{11.67}$$

の関係があります（図 11.7）.（11.67）の両辺に m_i（i 番目の質点の質量）を掛けて，すべての質点（$i = 1, 2, \cdots, n$）について加え合わせると

$$\begin{aligned}\sum_{i=1}^{n} m_i \boldsymbol{r}_i' &= \sum_{i=1}^{n} m_i (\boldsymbol{r}_i - \boldsymbol{r}_{\mathrm{G}}) \\ &= M\left(\sum_{i=1}^{n} \frac{1}{M} m_i \boldsymbol{r}_i\right) - \left(\sum_{i=1}^{n} m_i\right) \boldsymbol{r}_{\mathrm{G}} \\ &= M\boldsymbol{r}_{\mathrm{G}} - M\boldsymbol{r}_{\mathrm{G}} = \boldsymbol{0}\end{aligned} \tag{11.68}$$

となります．3 番目の等号に移る際に，質点系の全質量を M とし，重心 $\boldsymbol{r}_{\mathrm{G}}(= \boldsymbol{R})$ の定義を用いました．

（11.68）をもう一度書くと

$$\sum_{i=1}^{n} m_i \boldsymbol{r}_i' = \boldsymbol{0} \tag{11.69}$$

であり，（11.69）の両辺を全質量 M で割ると，

$$\sum_{i=1}^{n} \frac{m_i \boldsymbol{r}_i'}{M} = \boldsymbol{0} \quad \Leftrightarrow \quad \boldsymbol{r}_{\mathrm{G}}' = \boldsymbol{0} \tag{11.70}$$

となりますが，$\boldsymbol{r}_{\mathrm{G}}'$ は重心座標系から見た重心の位置なので，（11.70）すなわち（11.69）は当然の結果です．

次に，（11.67）の両辺を時間 t で微分すると，質点系の重心に相対的な i 番目の質点の速度 $\boldsymbol{v}_i' = d\boldsymbol{r}_i'/dt$ が

$$\boldsymbol{v}_i' = \boldsymbol{v}_i - \boldsymbol{v}_{\mathrm{G}} \tag{11.71}$$

の関係を満たすことがわかります．ここで，$\boldsymbol{v}_i = d\boldsymbol{r}/dt$ は i 番目の質点の速度，$\boldsymbol{v}_{\mathrm{G}} = d\boldsymbol{r}_{\mathrm{G}}/dt$ は重心の速度です．

また，（11.71）の両辺に質点の質量 m_i を掛けて，すべての質点について和をとると，

$$\sum_{i=1}^{n} m_i \boldsymbol{v}_i' = \boldsymbol{0} \tag{11.72}$$

が得られ，**重心から測った質点系の全運動量は常にゼロ**であることがわかります[5]．この（11.72）は，これ以降の話でも度々用いることになります．

5）（11.72）は（11.69）を時間 t で微分することでも得られます．

▶ **重心座標系から測った全運動量**：質点系の重心から測った系の全運動量は，常にゼロである．

11.6.2　質点系の運動エネルギー

n 個の質点から成る質点系の全運動エネルギー K は，

$$K = \sum_{i=1}^{n} \frac{1}{2} m_i \boldsymbol{v}_i{}^2 = \sum_{i=1}^{n} \frac{1}{2} m_i (\boldsymbol{v}_{\mathrm{G}} + \boldsymbol{v}_i')^2$$

$$= \sum_{i=1}^{n} \left(\frac{1}{2} m_i \boldsymbol{v}_{\mathrm{G}}{}^2 + m_i \boldsymbol{v}_{\mathrm{G}} \cdot \boldsymbol{v}_i' + \frac{1}{2} m_i \boldsymbol{v}_i'^2 \right) \tag{11.73}$$

となります．上の式変形では，2 番目の等号で (11.71) を用いました．そして，$\boldsymbol{v}_{\mathrm{G}}$ が質点の番号 i に依存しないことに注意して，(11.73) を式変形すると，

$$K = \frac{1}{2} M \boldsymbol{v}_{\mathrm{G}}{}^2 + \boldsymbol{v}_{\mathrm{G}} \cdot \underbrace{\sum_{i=1}^{n} m_i \boldsymbol{v}_i'}_{= \mathbf{0} \quad (\because (11.72))} + \sum_{i=1}^{n} \frac{1}{2} m_i \boldsymbol{v}_i'^2$$

$$= \frac{1}{2} M \boldsymbol{v}_{\mathrm{G}}{}^2 + \sum_{i=1}^{n} \frac{1}{2} m_i \boldsymbol{v}_i'^2 \tag{11.74}$$

となります．

ここで，(11.74) の右辺第 1 項は**重心の運動エネルギー**

$$K_{\mathrm{G}} \equiv \frac{1}{2} M \boldsymbol{v}_{\mathrm{G}}{}^2 \tag{11.75}$$

であり，右辺第 2 項は重心座標系を基準に測った質点系の運動エネルギー，すなわち，質点系の**内部運動の運動エネルギー**

$$K' \equiv \sum_{i=1}^{n} \frac{1}{2} m_i \boldsymbol{v}_i'^2 \tag{11.76}$$

なので，質点系の全運動エネルギー K は

$$\boxed{K = K_{\mathrm{G}} + K'} \tag{11.77}$$

となります．

以上をまとめると，次のようになります．

▶ **質点系の運動エネルギー**：質点系の運動エネルギー K は，重心の運動エネルギー K_G と重心座標系での質点の内部運動の運動エネルギー K' に分離される．

11.6.3　重心の角運動量と内部角運動量

質点系の全角運動量 $\boldsymbol{L}$ の（11.56）に（11.67）と（11.71）を代入すると，原点 O の周りの全角運動量 $\boldsymbol{L}$ は

$$
\begin{aligned}
\boldsymbol{L} &= \sum_{i=1}^{n} (\boldsymbol{r}_i \times m_i \boldsymbol{v}_i) \\
&= \sum_{i=1}^{n} \{(\boldsymbol{r}_G + \boldsymbol{r}_i') \times m_i(\boldsymbol{v}_G + \boldsymbol{v}_i')\} \\
&= \sum_{i=1}^{n} \{(\boldsymbol{r}_G \times m_i \boldsymbol{v}_G) + (\boldsymbol{r}_i' \times m_i \boldsymbol{v}_G) + (\boldsymbol{r}_G \times m_i \boldsymbol{v}_i') + (\boldsymbol{r}_i' \times m_i \boldsymbol{v}_i')\} \\
&= \left\{\boldsymbol{r}_G \times \Big(\underbrace{\sum_{i=1}^{n} m_i}_{=M}\Big)\boldsymbol{v}_G\right\} + \Big(\underbrace{\sum_{i=1}^{n} m_i \boldsymbol{r}_i'}_{=\boldsymbol{0}\ \ (\because (11.69))} \times \boldsymbol{v}_G\Big) \\
&\qquad + \Big(\boldsymbol{r}_G \times \underbrace{\sum_{i=1}^{n} m_i \boldsymbol{v}_i'}_{=\boldsymbol{0}\ \ (\because (11.72))}\Big) + \sum_{i=1}^{n} (\boldsymbol{r}_i' \times m_i \boldsymbol{v}_i') \\
&= (\boldsymbol{r}_G \times M \boldsymbol{v}_G) + \sum_{i=1}^{n} (\boldsymbol{r}_i' \times m_i \boldsymbol{v}_i')
\end{aligned}
\tag{11.78}
$$

となります．ここで，(11.78) の右辺第 1 項は**原点 O の周りの重心の角運動量**

$$\boldsymbol{L}_G \equiv (\boldsymbol{r}_G \times M \boldsymbol{v}_G) \tag{11.79}$$

であり，右辺第 2 項は質点系の**重心の周りの全角運動量**

$$\boldsymbol{L}' \equiv \sum_{i=1}^{n} (\boldsymbol{r}_i' \times m_i \boldsymbol{v}_i') \tag{11.80}$$

です．$\boldsymbol{L}'$ は，**内部角運動量**ともいいます．

こうして，質点系の角運動量 $\boldsymbol{L}$ は次のように表せます．

$$\boldsymbol{L} = \boldsymbol{L}_G + \boldsymbol{L}' \tag{11.81}$$

▶ **質点系の角運動量**：質点系の全角運動量 $\boldsymbol{L}$ は，原点 O の周りの重心の角運動量 $\boldsymbol{L}_G$ と重心座標系の原点（重心）の周りの全角運動量（内部角運動量）$\boldsymbol{L}'$ に分けることができる．

質点系の重心が静止している場合には $\boldsymbol{L}_{\rm G} = \boldsymbol{0}$ となり，質点系の全角運動量 $\boldsymbol{L}$ は内部角運動量 $\boldsymbol{L}'$ と一致します（すなわち，$\boldsymbol{L} = \boldsymbol{L}'$）．

Exercise 11.4

図 11.8 に示すように，距離 $2a$ だけ離れた質量 m の 2 つの惑星が，それらの中点（= 質量中心 G）を中心に xy 平面上の半径 a の円周上を角速度 ω で反時計回りに円運動しています．また，質量中心 G は原点 O を中心に，xy 平面上の半径 $r_{\rm G}$ の円周上を角速度 Ω で反時計回りに円運動しているとき，この 2 重惑星に関する次の問いに答えなさい[6]．

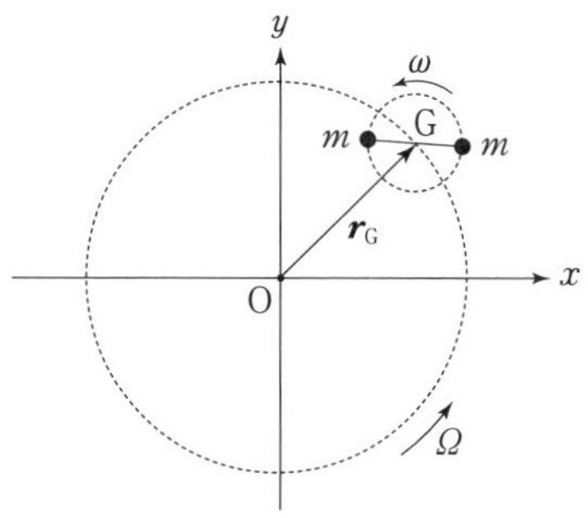

図 11.8　2 重惑星

(1)　原点 O の周りの質量中心 G の角運動量 $\boldsymbol{L}_{\rm G}$ を求めなさい．

(2)　重心の周りの 2 つの惑星の全角運動量 $\boldsymbol{L}$ を求めなさい．

Coaching　(1)　この系の重心の角運動量 $\boldsymbol{L}_{\rm G}$ を計算する際には，2 つの惑星の全質量 $M = 2m$ をもつ質点が，原点 O を中心に半径 $r_{\rm G}$ の円周上を速度 $v_{\rm G} = r_{\rm G}\Omega$ で反時計回りに円運動していると考えればよいので，角運動量は (11.79) より $\boldsymbol{L}_{\rm G} = (0, 0, 2mr_{\rm G}{}^2\Omega)$ です．

(2)　1 つの惑星（惑星 1 とよぶ）の重心 G の周りの角運動量は $\boldsymbol{l}_1' = (0, 0, ma^2\omega)$ です．もう 1 つの惑星（惑星 2 とよぶ）の角運動量も同様に $\boldsymbol{l}_2' = (0, 0, ma^2\omega)$ なので，重心 G の周りの 2 つの惑星の角運動量は

$$\boldsymbol{L}' = \boldsymbol{l}_1' + \boldsymbol{l}_2' = (0, 0, 2ma^2\omega)$$

です．したがって，原点 O の周りの 2 つの惑星の全角運動量は，

$$\boldsymbol{L} = \boldsymbol{L}_{\rm G} + \boldsymbol{L}' = (0, 0, 2m(r_{\rm G}{}^2\Omega + a^2\omega))$$

です． ■

6)　大きさと質量の似通った 2 つの惑星がそれらの質量中心の周りを公転しているとき，そのような系を 2 重惑星といいます．火星と木星の間にある小惑星アンティオペは，ほとんど同じ質量の 2 つの天体が 2 重小惑星を形成しています．

11.6.4　全角運動量の運動方程式の分離

n 個の質点から成る質点系の全角運動量について考えてみましょう．ここでは，この系の原点 O の周りの重心の角運動量 $\boldsymbol{L}_{\mathrm{G}}$ と内部角運動量 $\boldsymbol{L}'$ の時間変化率が，それぞれ独立な微分方程式

$$\frac{d\boldsymbol{L}_{\mathrm{G}}}{dt} = \boldsymbol{N}_{\mathrm{G}}^{(\mathrm{e})} \tag{11.82}$$

$$\frac{d\boldsymbol{L}'}{dt} = \boldsymbol{N}'^{(\mathrm{e})} \tag{11.83}$$

によって与えられることを示しましょう．なお，

$$\boldsymbol{N}_{\mathrm{G}}^{(\mathrm{e})} = \boldsymbol{r}_{\mathrm{G}} \times \boldsymbol{F}^{(\mathrm{e})} = \boldsymbol{r}_{\mathrm{G}} \times \sum_{i=1}^{n} \boldsymbol{F}_i^{(\mathrm{e})} \tag{11.84}$$

は，原点 O の周りの外力の合力のモーメントであり，

$$\boldsymbol{N}'^{(\mathrm{e})} = \sum_{i=1}^{n} (\boldsymbol{r}_i' \times \boldsymbol{F}_i^{(\mathrm{e})}) \tag{11.85}$$

は，重心 G の周りの外力の合力のモーメントです．

まず，(11.82) を導出してみましょう．重心の角運動量 $\boldsymbol{L}_{\mathrm{G}}$ の定義式の (11.79) の両辺を時間 t で微分すると

$$\begin{aligned}\frac{d\boldsymbol{L}_{\mathrm{G}}}{dt} &= \frac{d}{dt}(\boldsymbol{r}_{\mathrm{G}} \times M\boldsymbol{v}_{\mathrm{G}}) \\ &= \Bigl(\underbrace{\frac{d\boldsymbol{r}_{\mathrm{G}}}{dt}}_{=\boldsymbol{v}_{\mathrm{G}}} \times M\boldsymbol{v}_{\mathrm{G}}\Bigr) + \Bigl(\boldsymbol{r}_{\mathrm{G}} \times \underbrace{M\frac{d\boldsymbol{v}_{\mathrm{G}}}{dt}}_{=\boldsymbol{F}^{(\mathrm{e})}\ (\because (11.54))}\Bigr) \\ &= M(\underbrace{\boldsymbol{v}_{\mathrm{G}} \times \boldsymbol{v}_{\mathrm{G}}}_{=\boldsymbol{0}}) + (\boldsymbol{r}_{\mathrm{G}} \times \boldsymbol{F}^{(\mathrm{e})}) = \boldsymbol{N}_{\mathrm{G}}^{(\mathrm{e})}\end{aligned} \tag{11.86}$$

となり，(11.82) が導かれました．なお，最後の等号で (11.84) を用いました．

次に，(11.83) を導出してみましょう．(11.82) の導出と同様に，内部角運動量 $\boldsymbol{L}'$ の定義式の (11.80) を時間 t で微分しても導くことができますが，ここでは別の導出方法を示します．

(11.81) の $\boldsymbol{L} = \boldsymbol{L}_{\mathrm{G}} + \boldsymbol{L}'$ の両辺を時間 t で微分すると，

$$\frac{d\boldsymbol{L}'}{dt} = \frac{d\boldsymbol{L}}{dt} - \frac{d\boldsymbol{L}_{\mathrm{G}}}{dt} \tag{11.87}$$

が得られます．この式の右辺第 1 項に（11.65）を用い，右辺第 2 項に（11.82）を用いて式変形すると，

$$\begin{aligned}\frac{d\boldsymbol{L}'}{dt} &= \boldsymbol{N}^{(\mathrm{e})} - \boldsymbol{N}_{\mathrm{G}}{}^{(\mathrm{e})} \\ &= \sum_{i=1}^{n} (\boldsymbol{r}_i \times \boldsymbol{F}_i^{(\mathrm{e})}) - \left(\boldsymbol{r}_{\mathrm{G}} \times \sum_{i=1}^{n} \boldsymbol{F}_i^{(\mathrm{e})}\right) \\ &= \sum_{i=1}^{n} (\boldsymbol{r}_i' \times \boldsymbol{F}_i^{(\mathrm{e})}) = \boldsymbol{N}'^{(\mathrm{e})} \end{aligned} \tag{11.88}$$

のように，（11.83）が導かれます．この式変形において，2 番目の等号で（11.84）と（11.64）を用い，3 番目の等号で（11.67）を用いました．

本章のPoint

- **質点系**：互いに力を及ぼし合う複数の質点から成る系．
- **内力**：質点間の相互作用．
- **外力**：質点系の外部から各質点に及ぼす力．
- **質量中心**：質点系の質量分布の平均的位置．
- **重心**：重力による質点系にはたらく力のモーメントがつり合う位置で，一様な重力のもとでは質量中心と一致する．
- **換算質量**：2 体問題において，2 つの質点の質量（m_1 と m_2）の調和平均（逆数の平均の逆数）の半分．

$$\frac{1}{\mu} = \frac{1}{m_1} + \frac{1}{m_2}$$

- **質点系の運動量変化**：質点系の全運動量 $\boldsymbol{P}$ の時間変化率は，それぞれの質点にはたらく外力の合力 $\boldsymbol{F}^{(\mathrm{e})}$ に等しい．
- **質点系の全運動量保存の法則**：質点系にはたらく外力の和がゼロのとき，系の全運動量は保存する．
- **質点系の角運動量変化**：質点系の全角運動量 $\boldsymbol{L}$ の時間変化率は，質点系にはたらく外力による力のモーメント $\boldsymbol{N}^{(\mathrm{e})}$ に等しい．
- **質点系の全角運動量保存の法則**：質点系にはたらく外力による力のモーメントがゼロのとき，系の全角運動量は保存する．
- **重心座標系**：質点系の重心を原点とする慣性系．

▶ **質点系の運動エネルギー**：質点系の運動エネルギーは，重心の運動エネルギーと重心座標系での質点の内部運動の運動エネルギーの和で与えられる．

▶ **質点系の角運動量**：質点系の全角運動量は，原点Oの周りの重心の角運動量と重心座標系の原点（重心）の周りの全角運動量（内部角運動量）の和．ただし，重心が静止している場合は，重心の角運動量はゼロ．

Practice

[11.1]　質量中心

太陽と地球から成る2体系の質量中心は，太陽からどの程度離れているか求めなさい．ただし，地球の平均公転半径は $1.5 \times 10^{11}\,\mathrm{m}$，地球の質量は $6.0 \times 10^{24}\,\mathrm{kg}$，太陽の質量は $2.0 \times 10^{30}\,\mathrm{kg}$ とします．

[11.2]　質量差が大きい場合の換算質量

質量 m の質点と質量 M の質点から成る2体系において，$M \gg m$ の場合には，この系の換算質量 μ が近似的に $\mu \approx M$ と表されることを示しなさい．

[11.3]　アイススケート選手の回転

両手を広げて氷上の1点で回転するスケート選手が，回転の最中に両腕を縮めると回転速度が上がります．このことを理解するための簡単なモデルとして，長さ $2a$ のひもでつながれた2つの質点（いずれも質量 m とします）がひもの中点の周りを角速度 ω_a で回転しているモデルを考えてみましょう．このとき，ひもは緩むことなくピンと張っているものとします．次の問いに答えなさい．

(1)　2つの質点の，ひもの中点の周りの角運動量の大きさを求めなさい．

(2)　回転中にひもの長さを縮めて，中点から各質点までの距離を a から b にしたとき，ひもの中点の周りの角速度 ω_b を ω_a, a, b を用いて表しなさい．

(3)　ひもを縮める前後での運動エネルギーの比を求めなさい．

[11.4]　運動する3つの質点の質量中心

$t = 0$ において，質点1が位置 $(a, 0)$，速度 $(v, 0)$，質点2が位置 $(-a, 0)$，速度 $(-v, 0)$，質点3が位置 $(0, 3a)$，速度 $(0, v)$ で xy 平面上を運動していたとします．この質点の質量中心の x 成分 x_{G} と y 成分 y_{G} を求めなさい．

剛体の力学

すべての質点間の距離が変わらない質点系（変形しない物体）を**剛体**といいます．本章では，最初に剛体の力学の一般論について解説し，その後に，剛体の運動の具体的な例として，12.4 節で**固定軸の周りの回転運動**と 12.8 節で**剛体の平面運動**について解説します．

12.1 剛体とは

第 11 章では，互いに力を及ぼし合う複数の質点から成る質点系について解説しましたが，本章では質点系の中でも，すべての質点間の距離が変わらない特殊な質点系（変形しない物体）のことを**剛体**といいます．

物体に外部から力を加えると，多かれ少なかれ物体は変形するので，自然界には厳密な意味での剛体は存在しません．しかし，多くの固体は外力が小さいときには変形を無視できるので，剛体とみなすことができます．剛体の運動を扱う力学は**剛体の力学**とよばれ，物理学分野に限らず，機械工学や建築など様々な理工系分野の基礎を成す実用的な物理学の一分野であり，本書を締めくくる最終章に相応しい内容です．

▶ **剛体**：すべての質点間の距離が変わらない質点系（変形しない物体）．

12.2 剛体の自由度と運動方程式

12.2.1 自由度と拘束条件

系を構成するすべての質点の位置を定めるのに必要な独立変数（座標）の数を**自由度**といいます．3次元空間にある1つの質点の**自由度は 3** なので[1]，n 個の質点から成る質点系の**自由度は $3n$** です．したがって，自由度 $3n$ の質点系の運動を決定するためには，$3n$ 個のニュートンの運動方程式を解く必要があります．

▶ **自由度**：系を構成するすべての質点の位置を定めるのに必要な独立変数の数．

例えば「質点間の距離が一定」というような，質点の座標に関する何らかの条件を**拘束条件**といいます．質点系に拘束条件が課されると，質点系の自由度は $3n$ よりも少なくなります．3次元運動する質点系において，独立な拘束条件が h 個あるとすると，その系の自由度 f は次のように与えられます．

▶ **質点系の自由度**（3次元運動の場合）：

自由度 $f = 3n - h$　　（n：質点の数，h：拘束条件の数）

それでは，剛体の自由度はいくつでしょうか？　以下では，剛体の自由度について順を追って解説することにします．

12.2.2 剛体の自由度

ここでは剛体の自由度について，剛体を構成する質点の数が2つの場合，3つの場合，4つの場合と増やしながら順を追って調べ，最終的に，任意の質点数 n の場合の自由度について解説します．

2つの質点から成る剛体（$n = 2$）

拘束条件が課せられていなければ，2つの質点があるので自由度は $2 \times 3 = 6$ ですが，剛体では質点の2点間の距離が一定という拘束条件が1つ課さ

1）例えば，デカルト座標系では (x, y, z)，極座標系では (r, θ, ϕ) の自由度3です．

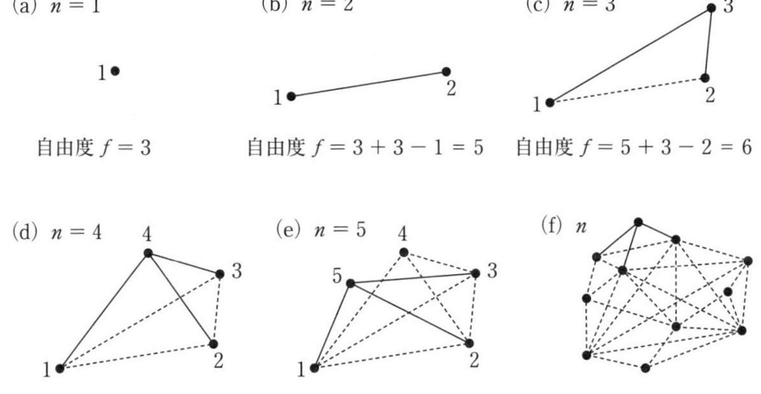

図 12.1　質点の数 n と自由度 f

れているので，この系の自由度 f は拘束条件の数を差し引いて $f = 6 - 1 = 5$ となります（図 12.1（b））.

3 つの質点から成る剛体（$n = 3$）

2 点間の距離が固定された 2 つの質点（自由度 5）に 1 つ質点（自由度 3）が追加されるので自由度は $5 + 3 = 8$ となりますが，追加された質点と元の 2 つの質点からの距離はいずれも固定されているので，これら拘束条件の数（$= 2$）を差し引くと，自由度は $f = 8 - 2 = 6$ となります（図 12.1（c））.

n 個（$n \geq 4$）**の質点から成る剛体**

$n = 4$ の場合を考えてみましょう（図 12.1（d））．3 つの質点から成る剛体（自由度 6）に 1 つ質点（自由度 3）が追加されるので自由度は $6 + 3 = 9$ となりますが，追加された質点と元の 3 つの質点からの距離がいずれも固定されているので，これら拘束条件の数（$= 3$）を 9 から差し引くと，自由度は $f = 9 - 3 = 6$ となります（図 12.1（d））.

次に，$n = 5$ の場合を考えてみましょう（図 12.1（e））．4 つの質点から成る剛体（自由度 6）に 1 つ質点（自由度 3）が追加されるので $6 + 3 = 9$ となりますが，追加された質点と元の剛体中の任意の 3 つの質点からの距離が固定されているので[2]，これら拘束条件の数（= 3）を9から差し引くと，自由度は $f = 9 - 3 = 6$ となります（図12.1（e））．

以上の議論から，$n(\geq 3)$ 個の場合では自由度の数は質点の数によらず $f = 6$ であることが推測できます．整理すると，$n(\geq 3)$ 個の質点から成る剛体においては，独立な拘束条件の数は $h = 3n - 6$ であり，自由度は $f = 3n - h = 6$ であることがわかります．

▶ $n(\geq 3)$ 個の剛体の自由度

拘束条件の数：$h = 3n - 6$　　（$n \geq 3$ は質点の数）

剛体の自由度：$f = 6$

12.2.3　剛体の運動方程式

3個以上の質点から成る剛体の自由度が6であるということは，剛体の運動を確定するには（$3n$ 個の膨大な変数を取り扱う必要はなく）6個の独立変数を決めればよいことを意味しています．6個の独立変数の選び方は任意ですが，本書では慣例に従って，剛体の運動を特徴づける物理量として

剛体の全運動量：$\boldsymbol{P}$　（デカルト座標では (P_x, P_y, P_z)）

剛体の全角運動量：$\boldsymbol{L}$　（デカルト座標では (L_x, L_y, L_z)）

の合計6成分を選ぶことにします．ここで，全運動量 $\boldsymbol{P}$ と全角運動量 $\boldsymbol{L}$ はいずれもベクトル量であり3成分もっているので，合計6変数となります．

全運動量 $\boldsymbol{P}$ と全角運動量 $\boldsymbol{L}$ は，それぞれ（11.48）と（11.65）に示したように，

$$\text{重心運動の方程式：}\frac{d\boldsymbol{P}}{dt} = \boldsymbol{F}^{(\mathrm{e})} \tag{12.1}$$

$$\text{回転運動の方程式：}\frac{d\boldsymbol{L}}{dt} = \boldsymbol{N}^{(\mathrm{e})} \tag{12.2}$$

2）n 個の質点から成る剛体に，新しく追加された $n + 1$ 番目の質点（図12.1（e）では5番目の質点）の位置を一義的に定めるためには，$n + 1$ 番目の質点と元の剛体を構成する n 個の質点との距離をすべて固定する必要はありません．元の剛体中の任意の3つの質点（図12.1（e）では1, 2, 3番目の質点とした）との距離を固定すれば十分です．

を満たします．ここで，$\boldsymbol{F}^{(\mathrm{e})}$ は質点系に作用する外力の合力，$\boldsymbol{N}^{(\mathrm{e})}$ は質点系にはたらく外力による力のモーメントです．これらの方程式が，剛体の運動を司る**剛体の運動方程式**です．

質点系を構成する各質点の質量が不変（$m_i =$ 一定（$i = 1, 2, \cdots, n$））である場合，剛体の運動量は $\boldsymbol{P} = M\boldsymbol{v}_{\mathrm{G}} = M(d\boldsymbol{r}_{\mathrm{G}}/dt)$ のように重心の運動量によって与えられるので，(12.1) の重心運動の方程式は (11.54) で示したように，

$$M\frac{d^2\boldsymbol{r}_{\mathrm{G}}}{dt^2} = \boldsymbol{F}^{(\mathrm{e})} \tag{12.3}$$

となります．

Coffee Break

猫ひねり問題

剛体の回転の運動方程式（12.2）からわかるように，剛体にはたらく外力による力のモーメントが $\boldsymbol{N}^{(\mathrm{e})} = \boldsymbol{0}$ のとき，この物体の角運動量は $\dfrac{d\boldsymbol{L}}{dt} = \boldsymbol{0}$ となり，保存します．ここでは，角運動量の保存則と関連する興味深い話題を紹介しましょう．その名も，「猫ひねり問題」です．

猫ひねり問題とは，猫を持ち上げて背中を下にした状態で手を離すと，猫は巧みに体を回転させて地面に見事に4つ足で着地するという問題です（図 12.2 (a)）．一体何が問題かというと，手を離した後の猫の重心の周りの力のモーメントはゼロなので，このとき角運動量は保存しているにも関わらず，猫が空中で見事に回転していることが「角運動量の保存則」に反しているように見えることが問題です．

この問題，さほど難しい問題には思えないかもしれませんが，この問いに物理学として正確に答えようとすると難題です．実際，流体力学で有名な物理学者のジョージ・ガブリエル・ストークスや電磁気学で有名な物理学者のジェームズ・クラーク・マクスウェルなど数々の著名な物理学者が，この問題に取り組みました．その後，1894 年に生理学者のエティンヌ゠ジュール・マレーは猫の落下を高速連続写真で撮影することで，猫が持ち主の手を蹴飛ばして回転したりはしておらず，空中で自ら回転している証拠を論文で発表しました．

長らく未解明だったこの問題は，1967 年に理論的に解明されました．理論の詳細は割愛しますが，猫の体を「2つの連結した円柱」としてモデル化（猫の上半身と下半身をそれぞれ異なる円柱とした）し（図 12.2 (b)），上半身と下半身を腰のところでV字に曲げた状態で，上半身と下半身のそれぞれを回転させることで，角運動

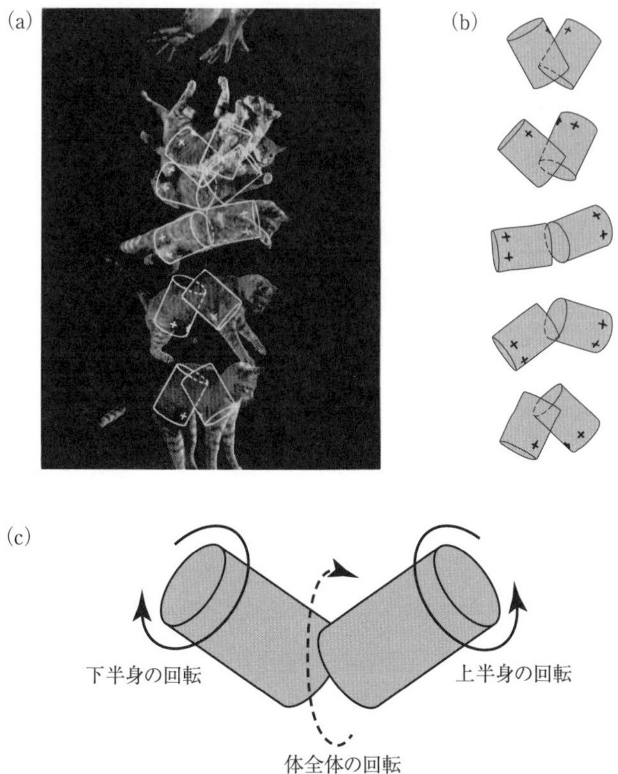

図 12.2　猫ひねり問題
(a)　猫の落下の様子
(b)　2円柱モデルによる落下の様子
(c)　2円柱モデルの回転
((a) と (b) は T. R. Kane and M. P. Scher: Int. J. Solids Structures **5** (7), 663-670 (1969) による)

量をゼロに保ったまま体全体を回転できることが明らかになりました（図 12.2 (c)）．ストークスやマクスウェルの時代から約 100 年後のことです．

「猫ひねり」は猫だけの技ではなく，実は，宇宙飛行士も無重力の宇宙船の中で生活している中で「猫ひねり」を自然と習得し，自らの姿勢をコントロールしているそうです．

12.3 連続的な質量分布をもつ剛体

前節までは，図 12.1 に示すような，質点が離散的に（バラバラに散らばって）分布しているような剛体を取り扱ってきました．実際，すべての固体は非常に小さな原子の集団から構成されていますが，少なくともマクロ（巨視的）なスケールでは，その質量分布は連続的であるとみなすことができます．

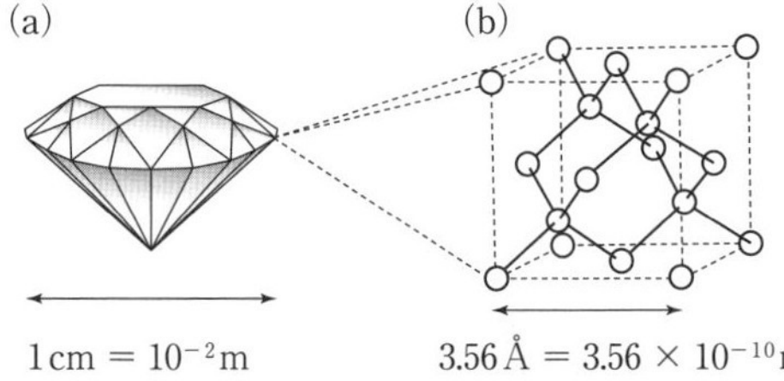

図 12.3 マクロに見たダイヤモンド (a) とミクロに見たダイヤモンド (b)．(b) の白丸は炭素原子，実線は共有結合を表す．

図 12.3 に，マクロに見たダイヤモンドとミクロ（微視的）に見たダイヤモンドの模式図を示します．ミクロには炭素原子の集まりであるダイヤモンドも，マクロには硬い連続体とみなすことができます．以下では，マクロに見た剛体の運動に焦点を当て，連続的な質量分布（質点の分布）をもつ剛体の取り扱い方について解説します．

質点系の力学の結論を連続体に適用するために，連続体を n 個の微小体積に分割し，それらに $1 \sim n$ までの番号をそれぞれ割り当てます．なお，n は後ほど非常に大きくとります（$n \to \infty$）．図 12.4 のように，i 番目の微小体積を ΔV_i，ΔV_i を指定する位置ベクトルを $\boldsymbol{r}_i$，$\boldsymbol{r}_i$ での連続体の密度を $\rho(\boldsymbol{r}_i)$ とすると，微小体積 ΔV_i の質量 m_i は

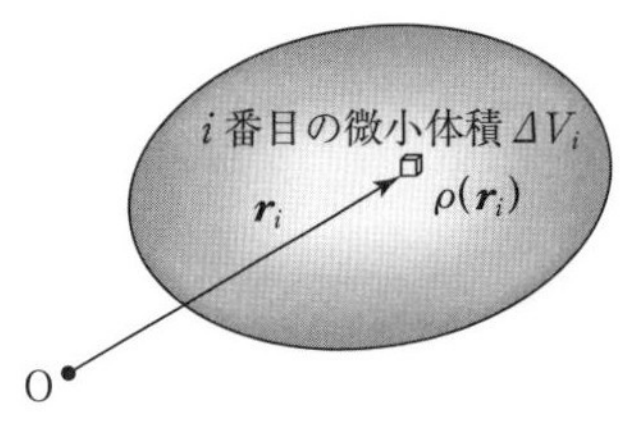

図 12.4 剛体中の i 番目の微小体積

$$m_i \approx \rho(\boldsymbol{r}_i)\,\Delta V_i \tag{12.4}$$

のように近似的に表すことができます．ここで，連続体の密度 $\rho(\boldsymbol{r}_i)$ が時間に依存しないと考えましたが，これは，いま考えている連続体が剛体であることを意味します．さらに，微小体積 ΔV_i の内部の密度が一様とみなせる

くらいに分割数 n を大きく（すなわち，分割数 n を無限大（$n \to \infty$）に）すれば，(12.4) は近似式ではなく，等式になります．

したがって，連続的な質量分布をもつ剛体の全質量 M は，n 個の微小体積の質量を足し合わせ，分割数を無限大（$n \to \infty$）にすれば

$$M = \lim_{n \to \infty} \sum_{i=1}^{n} m_i = \lim_{n \to \infty} \sum_{i=1}^{n} \rho(\boldsymbol{r}_i)\, \Delta V_i = \int_V \rho(\boldsymbol{r})\, dV \tag{12.5}$$

と表されます．ここで，積分記号 $\int_V$ は剛体の体積にわたる積分であり，このような積分を**体積分**といいます．

以下では，連続的な質量分布をもつ剛体の様々な物理量を，密度 $\rho(\boldsymbol{r})$ を用いて表現します．

12.3.1　重心（質量中心）

(11.52) の重心 $\boldsymbol{r}_{\mathrm{G}}$（質量中心 R）は密度 $\rho(\boldsymbol{r})$ を用いて

$$\boldsymbol{r}_{\mathrm{G}} = \frac{1}{M} \sum_{i=1}^{n} \boldsymbol{r}_i m_i = \frac{1}{M} \lim_{n \to \infty} \sum_{i=1}^{n} \boldsymbol{r}\, \rho(\boldsymbol{r}_i)\, \Delta V_i$$

$$= \frac{1}{M} \int_V \boldsymbol{r}\, \rho(\boldsymbol{r})\, dV \tag{12.6}$$

と表されます．次の Exercise 12.1 では，様々な形状の剛体の重心を計算してみましょう．

 **Exercise 12.1**

連続的な質量分布をもつ次の剛体の重心を求めなさい．

(1)　質量 M，長さ l の一様な線密度をもつ棒

(2)　質量 M，半径 a の一様な面密度をもつ半円の薄板

(3)　質量 M，半径 a の一様な面密度をもつ半球

Coaching　(1)　棒の線密度は $\lambda = M/l$ です．棒の片端を座標原点とし，棒の軸に沿って x 軸をとると，この棒の x 軸上の重心 x_{G} は

$$x_{\mathrm{G}} = \frac{1}{M} \int_0^l x\lambda\, dx = \frac{1}{l} \int_0^l x\, dx = \frac{l}{2} \tag{12.7}$$

となります.

(2)　図 12.5 に示すように，半円の底辺に沿って x 軸をとり，半円の底辺の中心を通って x 軸に垂直な y 軸をとります.

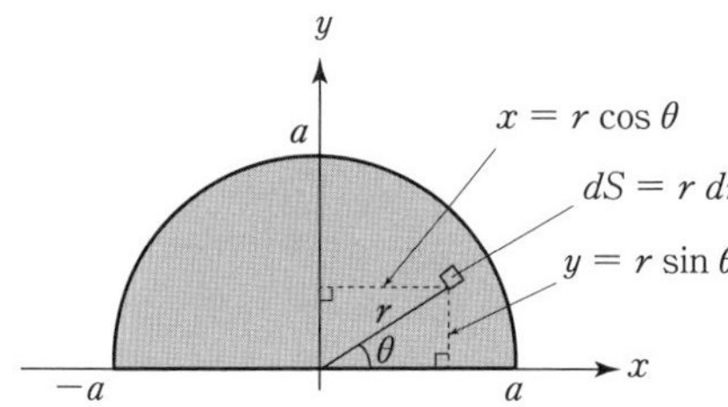

図 12.5　質量 M，半径 a の一様な面密度 $\sigma = 2M/\pi a^2$ の半円薄板

薄板の面密度は $\sigma = M/(\pi a^2/2) = 2M/\pi a^2$ で一定なので，重心の x 成分と y 成分はそれぞれ

$$x_{\mathrm{G}} = \frac{\sigma}{M}\int_S x\,dS = \frac{2}{\pi a^2}\int_S x\,dS \tag{12.8}$$

$$y_{\mathrm{G}} = \frac{\sigma}{M}\int_S y\,dS = \frac{2}{\pi a^2}\int_S y\,dS \tag{12.9}$$

の面積分によって与えられます．ここで，dS は xy 平面内の面積素であり，2 次元極座標系では $dS = r\,dr\,d\theta$ と表されます[3].

2 次元極座標（$x = r\cos\theta$, $y = r\sin\theta$）を用いて（12.8）と（12.9）の積分を実行すると，

$$x_{\mathrm{G}} = \frac{2}{\pi a^2}\int_0^a r^2\,dr\int_0^\pi \cos\theta\,d\theta = 0 \tag{12.10}$$

$$y_{\mathrm{G}} = \frac{2}{\pi a^2}\int_0^a r^2\,dr\int_0^\pi \sin\theta\,d\theta = \frac{4a}{3\pi} \tag{12.11}$$

となります.

(3)　図 12.6 のように 3 次元極座標系で考えます.

このとき，半球の密度は $\rho = M/(2\pi a^3/3) = 3M/2\pi a^3$ で一定なので，半球の重心の x, y, z 成分はそれぞれ

$$x_{\mathrm{G}} = \frac{\rho}{M}\int_V x\,dV = \frac{3}{2\pi a^3}\int_V x\,dV \tag{12.12}$$

$$y_{\mathrm{G}} = \frac{\rho}{M}\int_V y\,dV = \frac{3}{2\pi a^3}\int_V y\,dV \tag{12.13}$$

$$z_{\mathrm{G}} = \frac{\rho}{M}\int_V z\,dV = \frac{3}{2\pi a^3}\int_V z\,dV \tag{12.14}$$

---

3)　極座標の面積素については，本シリーズの『物理数学』などを参照してください.

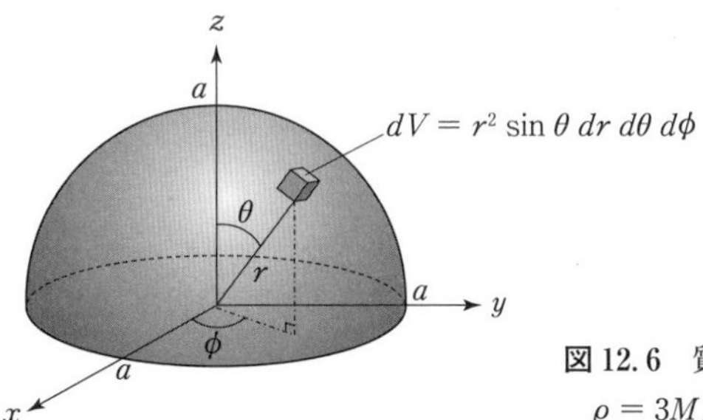

図 12.6　質量 M，半径 a の一様な密度 $\rho = 3M/2\pi a^3$ の半球

の体積分によって与えられます．ここで，dV は体積素であり，3 次元極座標系では $dV = r^2 \sin\theta\, dr\, d\theta\, d\phi$ です．

3 次元極座標（$x = r\sin\theta\cos\phi$, $y = r\sin\theta\sin\phi$, $z = r\cos\theta$）を用いて，(12.12)～(12.14) の積分を実行すると，

$$x_G = \frac{3}{2\pi a^3}\int_0^a r^3\, dr \int_0^{\pi/2} \sin^2\theta\, d\theta \int_0^{2\pi} \cos\phi\, d\phi = 0 \tag{12.15}$$

$$y_G = \frac{3}{2\pi a^3}\int_0^a r^3\, dr \int_0^{\pi/2} \sin^2\theta\, d\theta \int_0^{2\pi} \sin\phi\, d\phi = 0 \tag{12.16}$$

$$z_G = \frac{3}{2\pi a^3}\int_0^a r^3\, dr \int_0^{\pi/2} \sin\theta\cos\theta\, d\theta \int_0^{2\pi} d\phi = \frac{3a}{8} \tag{12.17}$$

となります．■

12.3.2　全運動量

全運動量 $\boldsymbol{P}$ は密度 $\rho(\boldsymbol{r})$ を用いて

$$\begin{aligned}\boldsymbol{P} &= \lim_{n\to\infty}\sum_{i=1}^{n} m_i \boldsymbol{v}_i = \lim_{n\to\infty}\frac{d}{dt}\sum_{i=1}^{n} m_i \boldsymbol{r}_i \\ &= \lim_{n\to\infty}\frac{d}{dt}\sum_{i=1}^{n} \rho(\boldsymbol{r}_i)\boldsymbol{r}_i\, \Delta V \\ &= \frac{d}{dt}\int_V \rho(\boldsymbol{r})\boldsymbol{r}\, dV \end{aligned} \tag{12.18}$$

と表されます．あるいは，(12.6) を用いて (12.18) を書き直すと

$$\boldsymbol{P} = M\boldsymbol{v}_G = M\frac{d\boldsymbol{r}_G}{dt} \tag{12.19}$$

と表されます．

この結果は，剛体の全運動量は，あたかも剛体の全質量 M が重心 $\boldsymbol{r}_{\mathrm{G}}$ の1点に集中した質点の運動量とみなせることを意味します．

12.3.3　全角運動量

全角運動量 $\boldsymbol{L}$ は密度 $\rho(\boldsymbol{r})$ を用いて

$$\boldsymbol{L} = \sum_{i=1}^{n} (\boldsymbol{r}_i \times m_i \boldsymbol{v}_i) = \lim_{n\to\infty} \sum_{i=1}^{n} \{\boldsymbol{r}_i \times \rho(\boldsymbol{r}_i)\boldsymbol{v}_i\}\, \Delta V_i$$
$$= \int_V \{\boldsymbol{r} \times \rho(\boldsymbol{r})\boldsymbol{v}\}\, dV \tag{12.20}$$

と表されます．なお，デカルト座標では

$$\begin{cases} L_x = \displaystyle\int_V \rho(\boldsymbol{r}) \left(y\frac{dz}{dt} - z\frac{dy}{dt} \right) dV \\ L_y = \displaystyle\int_V \rho(\boldsymbol{r}) \left(z\frac{dx}{dt} - x\frac{dz}{dt} \right) dV \\ L_z = \displaystyle\int_V \rho(\boldsymbol{r}) \left(x\frac{dy}{dt} - y\frac{dx}{dt} \right) dV \end{cases} \tag{12.21}$$

と表され，このとき体積素は $dV = dx\,dy\,dz$ です．

以上のことから，一般に質点系と連続体との間には

$$m_i \quad \longleftrightarrow \quad \rho(\boldsymbol{r})\, dV \tag{12.22}$$

$$\sum_{i=1}^{n} \quad \longleftrightarrow \quad \int_V \tag{12.23}$$

の対応関係があることがわかります．この関係を用いれば，質点系の物理量の表式から連続体の物理量の表式をすぐに導くことができます．

例えば，剛体の回転運動に対する運動エネルギー K' は，(11.76) より，

$$K' = \frac{1}{2}\sum_{i=1}^{n} m_i {\boldsymbol{v}_i}^2 \quad \longleftrightarrow \quad K' = \frac{1}{2}\int_V \rho(\boldsymbol{r})\boldsymbol{v}^2\, dV \tag{12.24}$$

となります．したがって，剛体の運動エネルギーは (11.75) と (11.77) から

$$K = K_{\mathrm{G}} + K'$$
$$= \frac{1}{2}M{v_{\mathrm{G}}}^2 + \frac{1}{2}\int_V \rho(\boldsymbol{r})\boldsymbol{v}^2\, dV \tag{12.25}$$

のように，重心の運動エネルギー K_G と回転の運動エネルギー K' の和として与えられます．

12.4　固定軸の周りの剛体の回転運動

本節では，簡単でありながら現実的な剛体の運動として，図 12.7 (a) に示すような，2 つの軸受けで支えられた軸に固定された剛体の回転運動について考えてみましょう．このとき，剛体の位置は基準位置からの回転角（図 12.7 (b) では x 軸からの角度 φ）を与えれば一義的に定まります．すなわち，次のことがいえます．

▶ 固定軸の周りの剛体の回転運動の**自由度は 1.**

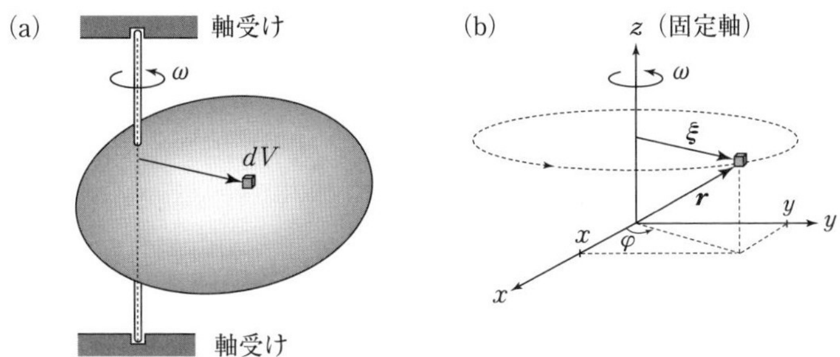

図 12.7　固定軸の周りの剛体の回転
(a) 固定軸（z 軸）の周りを角速度 ω で回転する剛体とその体積素 dV
(b) 体積素 dV の座標設定

12.4.1　回転の運動方程式と慣性モーメント

軸に固定された剛体の**自由度は 1** なので，剛体の運動を決定する方程式（運動方程式）の数も 1 つです．図 12.7 (b) のように，固定された軸を z 軸に選ぶと，剛体の運動方程式は回転の運動方程式 (12.2) の z 成分

$$\frac{dL_z}{dt} = N_z^{(e)} \tag{12.26}$$

に選べばよいことになります．ここで，L_z は剛体の角運動量の z 成分，$N_z^{(e)}$

は剛体にはたらく外力のモーメントの z 成分です．

密度 $\rho(\boldsymbol{r})$ の剛体の L_z は，(12.21) より

$$L_z = \int_V \rho(\boldsymbol{r})\left(x\frac{dy}{dt} - y\frac{dx}{dt}\right)dV \tag{12.27}$$

のように与えられます．固定軸の周りを回転する剛体の場合には，x と y は，回転軸（z 軸）から体積素 dV までの距離 ξ を用いて

$$x = \xi\cos\varphi \tag{12.28}$$

$$y = \xi\sin\varphi \tag{12.29}$$

と表されます．これら 2 式を (12.27) に代入し，角速度 $\omega = d\varphi/dt$ が剛体中のすべての体積素で同じであることを考慮して計算すると，角運動量の z 成分 L_z は

$$L_z = I_z\omega \tag{12.30}$$

$$I_z \equiv \int_V \rho(\boldsymbol{r})\xi^2\,dV \tag{12.31}$$

となります．ここで比例係数の I_z は，z 軸の周りの**慣性モーメント**といいます．

ここからは，(12.30) と (12.31) を，剛体の回転運動を考察するための出発点としましょう．

慣性モーメントの物理的意味

ここでは，慣性モーメントの物理的意味を理解するために，自由度 1 の運動である「速度 v で直線上を運動する質量 m の質点」と，上で求めた「固定軸（z 軸）の周りを回転する慣性モーメント I_z の剛体」を比較してみましょう．

「(12.30) の角運動量の表式 $L_z = I_z\omega$」と「直線上を運動する質量 m の質点の運動量 $p = mv$」を比較すると

運動量 p $\longleftrightarrow$ 角運動量 L_z　(12.32)

速度 v $\longleftrightarrow$ 角速度 ω　(12.33)

質量 m $\longleftrightarrow$ 慣性モーメント I_z　(12.34)

のような対応関係があることがわかります．すなわち，慣性モーメント I_z は質量 m に対応します．質点の質量は**物体が等速直線運動（または静止）を保ち続けようとする性質**（= **慣性**）の大きさなので（3.3.1 項を参照），慣性モーメントは**物体が等速回転を保ち続けようとする性質**（= **回転運動に対す**

る慣性）の大きさであると解釈できます．ただし，(12.31) からわかるように，慣性モーメントは質量のように物体に固有の量ではなく，回転軸が物体を貫く位置によって変化する量です．つまり，物体の回転のしづらさは，回転軸の選び方によって変わります．

以上をまとめると，次のようになります．

▶ **固定軸の周りを回転する剛体の慣性モーメント**

- 物体の等速回転を保ち続けようとする性質の大きさ（＝**回転運動に対する慣性**）を表す．
- 物体に固有の量ではなく，固定軸が物体を貫く位置によって変化する．
- 物体の質量分布に依存する．

なお，様々な形状の剛体に対する慣性モーメントの具体的な計算については 12.6 節で行うことにして，以下では慣性モーメントが与えられているものとして解説を進めます．

質点の直線運動と剛体の回転運動の対応関係

上に引き続き，質点の直線運動と剛体の回転運動の対応関係を調べてみましょう．そこで，固定軸の周りを回転する剛体の運動方程式を導出し，質点の運動方程式と比較することにします．

(12.30) を (12.26) に代入することで，(12.26) の回転の運動方程式は

$$I_z \frac{d^2\varphi}{dt^2} = N_z^{(\mathrm{e})} \tag{12.35}$$

となります．この方程式は，固定軸の周りを回転する剛体の自由度である回転角 φ を決定する方程式です．

一方，直線上（x 軸上）を運動する質点の運動方程式は，

$$m \frac{d^2x}{dt^2} = F \tag{12.36}$$

なので，(12.35) と (12.36) を比較して (12.32)～(12.34) も合わせると，表 12.1 に示すような対応関係があることがわかります．

表 12.1 質点の直線運動と剛体の固定軸の周りの回転運動の対応関係

質点の直線運動	固定軸の周りの剛体の回転運動
位置 x	回転角 φ
速度 $v = \dfrac{dx}{dt}$	角速度 $\omega = \dfrac{d\varphi}{dt}$
質量 m	慣性モーメント I_z
運動量 $p = mv$	角運動量 $L = I\omega$
外力 F	外力のモーメント N

Exercise 12.2

連続的な質量分布をもつ剛体が，ある固定軸の周りを角速度 ω で回転しています．この固定軸の周りの剛体の慣性モーメントを I とするとき，この剛体の全運動エネルギーを求めなさい．

Coaching 密度 $\rho(\boldsymbol{r})$ の剛体の回転速度を v とすると，固定軸から体積素 dV までの距離を ξ として，$v = \xi\omega$ と表せるので，(12.25) より運動エネルギーは

$$
\begin{aligned}
K &= \frac{1}{2}M{v_{\mathrm{G}}}^2 + \frac{1}{2}\int_V \rho v^2\, dV \\
&= \frac{1}{2}M{v_{\mathrm{G}}}^2 + \frac{1}{2}\left(\int_V \rho\xi^2\, dV\right)\omega^2 \\
&= \frac{1}{2}M{v_{\mathrm{G}}}^2 + \frac{1}{2}I\omega^2
\end{aligned}
\qquad (12.37)
$$

となります．3番目の等号においては，固定軸の周りの慣性モーメントの定義式である (12.31) を用いました．■

12.4.2 固定軸の周りの回転運動の具体例

ここでは，固定軸の周りを回転運動する剛体の具体的な例をいくつか示しましょう．

実体振り子

図 12.8 に示すように，水平な固定軸（図中では点 O を紙面に対して垂直に通る軸）の周りを自由に回転でき，重力によって振動する剛体を**実体振り子**（あるいは**剛体振り子**または**物理振り子**）といいます．

いま，実体振り子の質量を M，固定軸の周りの慣性モーメントを I とします．

また，固定軸から実体振り子の重心Gまでの垂直距離を h とし，固定軸を通る鉛直下向きの軸と直線OGの成す角（剛体の回転角）を φ とします．紙面に xy 平面をとると，この実体振り子の重心に作用する重力による力のモーメントの z 成分（紙面に対して垂直な成分で紙面手前向きを正とする）は

$$N_z^{(\mathrm{e})} = -Mgh\sin\varphi \tag{12.38}$$

となります．したがって，この剛体に対する回転の運動方程式は，(12.35) より

$$I\frac{d^2\varphi}{dt^2} = -Mgh\sin\varphi \tag{12.39}$$

で与えられます．$\ell \equiv \dfrac{I}{Mh}$ と定義して，この式を変形すると，

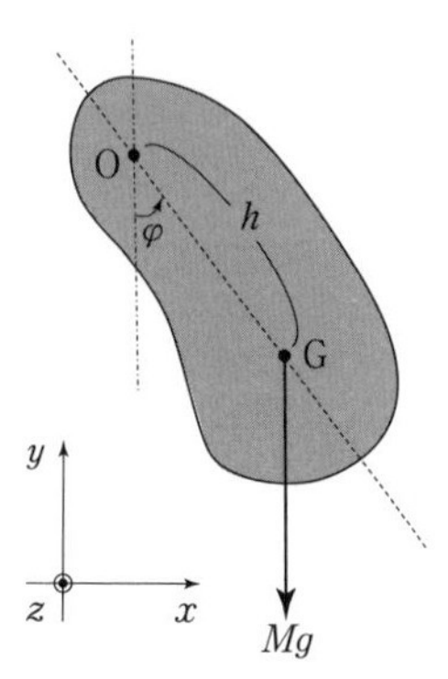

図 12.8　質量が M，点Oを通る固定軸の周りの慣性モーメントが I の実体振り子

$$\frac{d^2\varphi}{dt^2} = -\frac{g}{\ell}\sin\varphi \tag{12.40}$$

となります．

(12.40) と 6.2 節の (6.24) とを比較すると，(12.40) に現れる ℓ は単振り子の長さに相当することがわかります．このことから，ℓ は**相当単振り子の長さ**といいます．

いま，回転角 φ が非常に小さく $\sin\varphi \approx \varphi$ と近似できる場合には，(12.40) は

$$\frac{d^2\varphi}{dt^2} \approx -\frac{g}{\ell}\varphi \tag{12.41}$$

となります．この方程式は1個の調和振動子の運動方程式 (6.2) と同じ形をしているので，その一般解は

$$\varphi = A\sin\left(\sqrt{\frac{g}{\ell}}t + \delta\right) \tag{12.42}$$

となります．ここで，A は振幅，δ は初期位相です．

また，この実体振り子の角振動数 ω は

$$\omega = \sqrt{\frac{g}{\ell}} = \sqrt{\frac{Mgh}{I}} \tag{12.43}$$

であり，振動の周期 T は

$$T = \frac{2\pi}{\omega} = 2\pi\sqrt{\frac{I}{Mgh}} \tag{12.44}$$

となります．

アトウッドの器械

図 12.9 に示すように，半径 a の滑車に質量を無視できる糸をかけ，その両端にそれぞれ質量 m_1 の物体 1 と質量 $m_2(< m_1)$ の物体 2 を取り付けます．物体から手を放すと，滑車はその重心 G を中心に滑らかに回りますが，その際に糸は滑車を滑らないものとします．また，重心 G の周りの滑車の慣性モーメントを I とします．

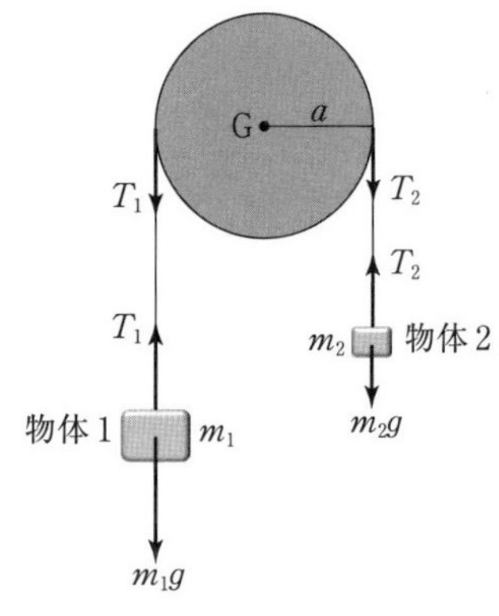

図 12.9　アトウッドの器械

物体 1 と物体 2 に対する運動方程式は，鉛直下向きを正の方向にとると，物体 1 と物体 2 の速度をそれぞれ v_1 と v_2 として

$$m_1\frac{dv_1}{dt} = m_1 g - T_1 \tag{12.45}$$

$$m_2\frac{dv_2}{dt} = m_2 g - T_2 \tag{12.46}$$

と表されます．ここで，$v_1 = -v_2$ $(=v)$ であり，T_1 と T_2 は糸の張力です．また，滑車に対する回転の運動方程式は

$$I\frac{d\omega}{dt} = aT_1 - aT_2 \tag{12.47}$$

となります．ここで，ω は滑車の角速度です．

糸は滑車を滑らずに回るので，滑車の回転の速度は物体 1 と物体 2 の速度 v と同じです．したがって，ω と v の間には，

$$v = a\omega \tag{12.48}$$

の関係が成り立ちます．この関係式を (12.47) に代入すると

$$I\frac{dv}{dt} = a^2(T_1 - T_2) \tag{12.49}$$

となります．

(12.45) の T_1 と (12.46) の T_2 を (12.49) に代入して整理すると，物体1と物体2の加速度 dv/dt は

$$\frac{dv}{dt} = \frac{(m_1 - m_2)a^2}{I + (m_1 + m_2)a^2}g \tag{12.50}$$

となります．すなわち，2つの物体の質量 m_1 と m_2，滑車の慣性モーメント I を調整することで，加速度 dv/dt を自由落下のときよりも小さくできます．

18世紀のイギリスの物理学者ジョージ・アトウッドが，この性質を利用して地表での重力加速度の大きさ g を測定したことから，この装置のことを**アトウッドの器械**といいます．

Exercise 12.3

アトウッドの器械の両端に加わる糸の張力 T_1 と T_2 を求めなさい．

Coaching　(12.50) を (12.45) と (12.46) にそれぞれ代入することで，T_1 と T_2 は

$$T_1 = m_1 g\left\{1 - \frac{(m_1 - m_2)a^2}{I + (m_1 + m_2)a^2}\right\}$$

$$T_2 = m_2 g\left\{1 - \frac{(m_1 - m_2)a^2}{I + (m_1 + m_2)a^2}\right\}$$

と求まります．　■

12.5　慣性モーメントに関する諸定理

本節では，剛体の慣性モーメントに関する有用な定理を2つ紹介します．

▶ **平行軸の定理（スタイナーの定理）**：質量 M の剛体の重心Gを通る固定軸の周りの慣性モーメントを I_G とするとき，これに平行で距離 h だけ離れた軸に関する慣性モーメント I は，

$$I = I_G + Mh^2 \tag{12.51}$$

によって与えられ，この関係式を**平行軸の定理**あるいは**スタイナーの定理**といいます．

[証明] 図 12.10 に示すように，z 軸を固定軸とした剛体の慣性モーメント I は，(12.31) に (12.28) と (12.29) を代入することで

$$I = \int_V \rho(\boldsymbol{r})(x^2 + y^2)\, dV \tag{12.52}$$

と表されます．

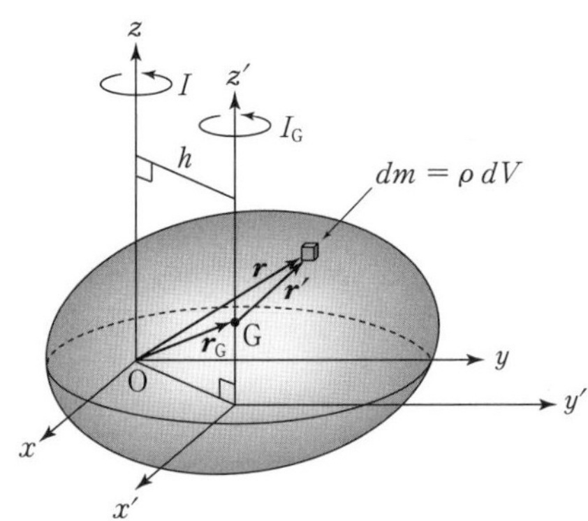

図 12.10 平行軸の定理（スタイナーの定理）

重心 G を通り，z 軸に平行で距離 h だけ離れた軸を z' 軸とすると，図 12.10 からもわかるように $\boldsymbol{r} = \boldsymbol{r}_G + \boldsymbol{r}'$ です．これをデカルト座標系の成分で表すと

$$x = x_G + x', \qquad y = y_G + y', \qquad z = z_G + z' \tag{12.53}$$

となります．また，$h = \sqrt{x_G{}^2 + y_G{}^2}$ です．したがって，(12.52) は

$$I = M(x_G{}^2 + y_G{}^2) + \int_V \rho(\boldsymbol{r})(x'^2 + y'^2)\, dV + 2x_G \int_V \rho(\boldsymbol{r}) x'\, dV + 2y_G \int_V \rho(\boldsymbol{r}) y'\, dV \tag{12.54}$$

と変形されます．ここで，(12.22) と (12.23) の対応関係を (11.69) に適応することで得られる関係式

$$\int_V \rho(\boldsymbol{r})\boldsymbol{r}'\, dV = 0 \tag{12.55}$$

を用いると，(12.54) の右辺第 3 項と第 4 項はゼロとなるので，結局，(12.54) は

$$I = Mh^2 + I_G \tag{12.56}$$

となります．（証明終了）

▶ **直交軸の定理（平板の定理）**：図 12.11 のような面密度 σ の薄い平面の板から成る剛体において，板面に垂直な軸（z 軸とする）に関する慣性モーメント（I_z）は，z 軸と板との交点を通り，板面内で直交する 2 つの軸（x 軸と y 軸とする）に関する慣性モーメント（I_x と I_y）の和

$$I_z = I_x + I_y \tag{12.57}$$

に等しく，この関係式を**直交軸の定理**あるいは**平板の定理**といいます．

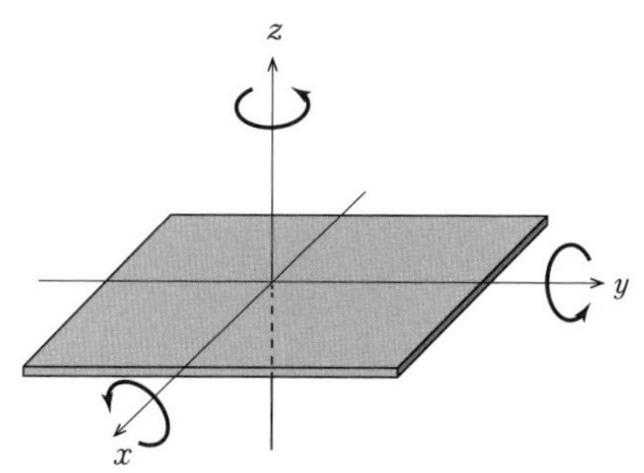

図 12.11　x, y, z 軸の周りの回転の様子

［証明］　慣性モーメントの定義である (12.31) に (12.28) と (12.29) を代入すると，板面に垂直な z 軸の周りの慣性モーメントは

$$\begin{aligned} I_z &= \int_S \sigma(\boldsymbol{r})(x^2 + y^2)\, dS \\ &= \int_S \sigma(\boldsymbol{r}) x^2\, dS + \int_S \sigma(\boldsymbol{r}) y^2\, dS \end{aligned} \tag{12.58}$$

となります．ここで，$\sigma(\boldsymbol{r})$ は板の面密度，dS は xy 平面の微小面積素であり，

$$I_x = \int_S \sigma(\boldsymbol{r}) x^2\, dS, \qquad I_y = \int_S \sigma(\boldsymbol{r}) y^2\, dS \tag{12.59}$$

は，それぞれ x 軸の周りと y 軸の周りの慣性モーメントです．

こうして，(12.58) は

$$I_z = I_x + I_y \tag{12.60}$$

となり，(12.57) が導かれます．　（証明終了）

12.6　慣性モーメントの具体的な計算

本節では，様々な形状（棒，円板，球体など）をもつ剛体の慣性モーメントの計算を行います．

12.6.1 長さ l，質量 M の一様な棒

太さを無視できる，長さが l，質量が M の一様な棒があります．図 12.12 (a) のように，この棒の中点（重心）を通り，棒に垂直な軸の周りの慣性モーメントと，図 12.12 (b) のように棒の一端を通り，棒に垂直な軸の周りの慣性モーメントを計算します．

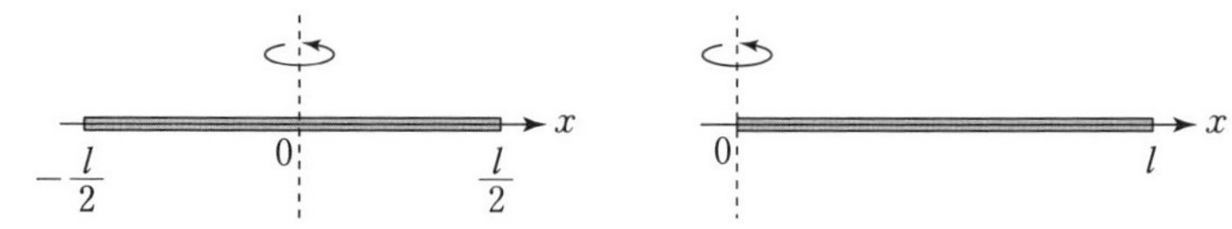

(a) 棒の中点の周りの回転　　(b) 棒の一端の周りの回転

図 12.12 長さ l，質量 M の一様な棒の慣性モーメント

まず図 12.12 (a) に示すように，棒に沿って x 軸をとり，棒の中点を座標原点（$x = 0$）とします．棒の線密度 λ は $\lambda = M/l$ なので，棒の中点の周りの慣性モーメントを I_c とすると (12.31) より

$$I_c = \int_{-l/2}^{l/2} \lambda x^2 \, dx = \frac{M}{l}\left[\frac{x^3}{3}\right]_{-l/2}^{l/2} = \frac{Ml^2}{12} \tag{12.61}$$

と計算されます．ここで，(12.31) の体積素 dV を線素 dx に置き換え，密度 ρ を線密度 λ に置き換えて計算を行いました．

次に，図 12.12 (b) に示すように，棒の一端を座標原点（$x = 0$）とすると，棒の一端の周りの慣性モーメント I_e は

$$I_e = \int_0^l \lambda x^2 \, dx = \frac{M}{l}\left[\frac{x^3}{3}\right]_0^l = \frac{Ml^2}{3} \tag{12.62}$$

となります．

同様の結果は，(12.51) の平行軸の定理（スタイナーの定理）を用いても得られますが，$I_e > I_c$ からわかるように，中点を軸に棒を回転させるよりも，棒の端を軸に回転させる方が慣性モーメントが大きくなります．つまり，(a) の場合より (b) の場合の方が回しづらいことを意味します．ぜひ，身の回りにある棒を使って体感してみてください．

12.6.2 半径 a，質量 M の薄い円板

厚さを無視できる，半径が a，質量が M の一様な円板があります．図 12.13 (a) に示すように，この円板の中心（重心）を通り，円板に垂直な軸（z 軸）の周りの慣性モーメントを計算してみましょう．

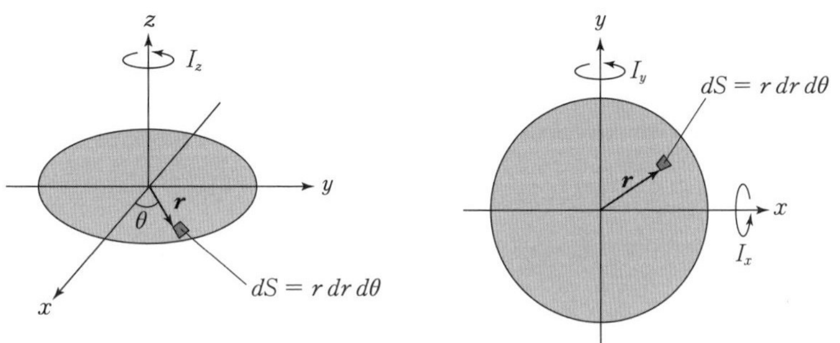

(a) 円板に垂直な軸（z 軸）の周りの回転　　(b) x 軸と y 軸の周りの回転

図 12.13　半径 a，質量 M の薄い円板の慣性モーメント

円板の面内に互いに直交する x 軸と y 軸をとり，円板の中心を座標原点（$(x, y, z) = (0, 0, 0)$）とします．円板の面密度 σ は $\sigma = M/\pi a^2$ です．図 12.13 (a) に示すように 2 次元極座標系をとると $dS = r\,d\theta \times dr = r\,dr\,d\theta$ なので，z 軸の周りの円板の慣性モーメント I_z は

$$I_z = \int_S \sigma r^2\,dS = \frac{M}{\pi a^2}\int_0^{2\pi}\int_0^a r^3\,dr\,d\theta$$

$$= \frac{Ma^2}{2} \tag{12.63}$$

となります．

次に，この円板の x 軸の周りの慣性モーメント I_x を求めると（図 12.13 (b)），(12.57) の直交軸の定理と $I_x = I_y$ であることを用いて

$$I_x = I_y = \frac{I_z}{2} = \frac{Ma^2}{4} \tag{12.64}$$

となります．

12.6.3　半径 a，質量 M の球体

半径が a，質量が M の一様な球体があります．この球体の中心（重心）を通る軸（z 軸）の周りの慣性モーメントを求めます．球体の密度 ρ は $\rho = 3M/4\pi a^3$ です．

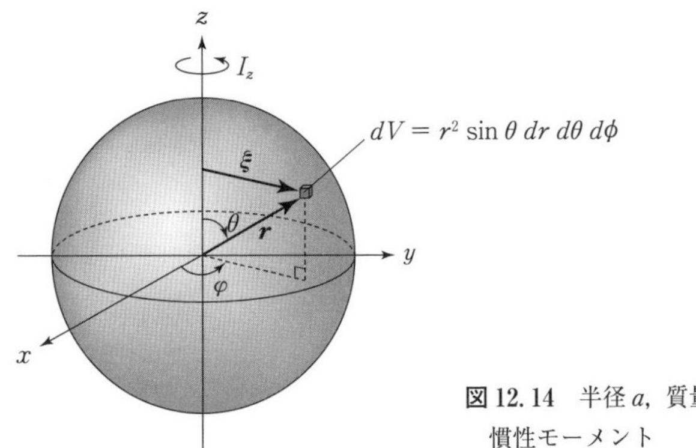

図 12.14　半径 a，質量 M の球体の慣性モーメント

図 12.14 に示すように，球体の中心を座標原点として極座標系をとると，$\xi = r\sin\theta$ および $dV = r^2 \sin\theta\, dr\, d\theta\, d\varphi$ なので，z 軸の周りの球体の慣性モーメント I_z を計算すると

$$
\begin{aligned}
I_z = \int_V \rho \xi^2\, dV &= \frac{3M}{4\pi a^3} \int_0^{2\pi} \int_0^{\pi} \int_0^{a} (r\sin\theta)^2 r^2 \sin\theta\, dr\, d\theta\, d\varphi \\
&= \frac{3M}{4\pi a^3} \int_0^{a} r^4\, dr \int_0^{\pi} \sin^3\theta\, d\theta \int_0^{2\pi} d\varphi \\
&= \frac{3}{10} Ma^2 \int_0^{\pi} \sin^3\theta\, d\theta
\end{aligned}
\tag{12.65}
$$

となります．ここで，$t = \cos\theta$ とおくと，θ に関する積分は

$$
\int_0^{\pi} \sin^3\theta\, d\theta = \int_{-1}^{1} (1 - t^2)\, dt = \frac{4}{3} \tag{12.66}
$$

と計算されるので，慣性モーメント I_z は

$$
I_z = \frac{2}{5} Ma^2 \tag{12.67}
$$

となります．

12.6.4　底の半径が a，高さが h の直円錐

底の半径が a，高さが h の直円錐があります．直円錐の頂点と底の中心を通る直線を回転軸とするとき，この直円錐の慣性モーメントを求めてみましょう．

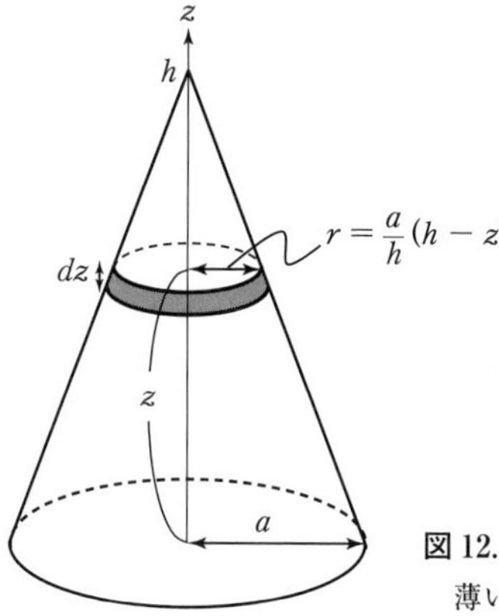

図 12.15　底の半径が a，高さが h の直円錐を薄い円板（厚さ dz）に輪切りにした様子

図 12.15 に示すように，直円錐の底辺の中心に座標原点を選び，原点から直円錐の頂点に向かって z 軸を正の向きにとった極座標系を設定します．このとき，高さ z の位置に，厚さ dz の薄い円板を考えると，この円板の z 軸の周りの慣性モーメント dI は

$$dI = \int_{\text{円板}} \rho r^2\, dV = \rho\left(\int_0^{\frac{a}{h}(h-z)} r^3\, dr \int_0^{2\pi} d\theta\right) dz$$

$$= \frac{\rho a^4 \pi}{2h^4}(h-z)^4\, dz \tag{12.68}$$

となります．ここで，ρ は直円錐の密度であり

$$\rho = \frac{M}{\frac{1}{3}\pi a^2 h} \tag{12.69}$$

なので，dI は

$$dI = \frac{3Ma^2}{2h^5}(h-z)^4\, dz \tag{12.70}$$

となります．したがって，円錐全体の慣性モーメントは

$$I = \frac{3Ma^2}{2h^5}\int_0^h (h-z)^4\,dz = \frac{3Ma^2}{2h^5}\frac{h^5}{5} = \frac{3}{10}Ma^2 \qquad (12.71)$$

となります．

12.7　剛体の平面運動

12.7.1　平面運動する剛体の自由度

水平な氷面上を運動するアイスホッケーのパックやカーリングのストーンのように，剛体内の任意の点が，常にある1つの平面内を運動するとき，この運動を**剛体の平面運動**といいます．剛体の平面運動においては，剛体の位置を確定するための3つの変数として

- **平面内での重心の座標**（デカルト座標では x_G, y_G）
- **重心の周りの回転角**（重心Gを通り x 軸に平行な軸から測った角度 φ）

を与えれば一義的に定まります（図12.16を参照）．すなわち，次のことがいえます．

▶ 剛体の平面運動の**自由度は3.**

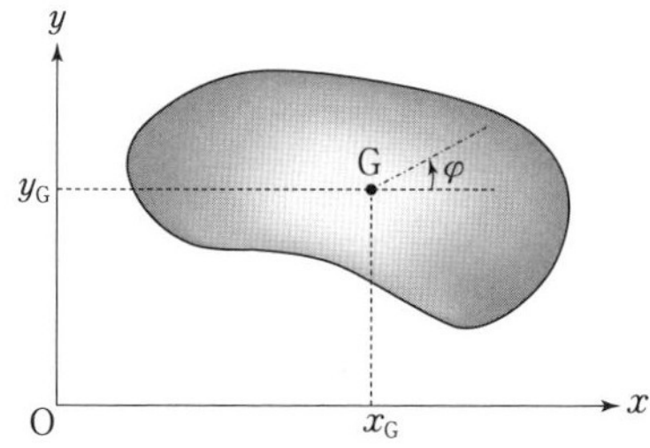

図12.16　剛体の平面運動と自由度

12.7.2　平面運動する剛体の運動方程式

上述のように，剛体の平面運動の3つの自由度を x_G, y_G, φ と選ぶことにしましょう．このとき，これら3つの変数を決定する方程式（運動方程式）は，(12.3) の x, y 成分（重心運動の方程式の x, y 成分）

$$M\frac{d^2x_G}{dt^2} = F_x^{(e)} \qquad (12.72)$$

$$M\frac{d^2y_{\rm G}}{dt^2} = F_y^{({\rm e})} \tag{12.73}$$

および，(12.2) の z 成分に (12.30) を代入した (回転運動の方程式の z 成分)

$$I_z\frac{d\omega}{dt} = N_z \tag{12.74}$$

によって与えられます．M は剛体の質量，$F_x^{({\rm e})}$ と $F_y^{({\rm e})}$ は外力の合力の x 成分と y 成分，ω と I_z と N_z はそれぞれ，回転軸（z 軸）の周りの剛体の角速度と慣性モーメントと力のモーメントです．

12.7.3　剛体のつり合い条件

いま，静止している剛体があるとします．この剛体が静止し続けるためには，まずは（12.72）と（12.73）より

$$F_x^{({\rm e})} = F_y^{({\rm e})} = 0 \tag{12.75}$$

でなければなりません．すなわち，剛体に作用する外力がつり合っている必要があります．しかし，外力がつり合っているだけでは，剛体は静止せずに重心の周りを回転し得ます．そのため，剛体が回転しない（$\omega = 0$ である）ためには，（12.74）より

$$N_z = 0 \tag{12.76}$$

でなければなりません．つまり，剛体に作用する力のモーメントもつり合う必要があります．

▶ **剛体のつり合い**：剛体がつり合って静止するためには，剛体に作用する外力がつり合うだけでなく，力のモーメントもつり合う必要がある．

12.8　剛体の平面運動の具体例

12.8.1　壁に立て掛けた棒

図 12.17 に示すように，長さ l で質量 M の一様な棒が，水平な床から鉛直な壁に立て掛けられて静止しています．棒と壁の間の静止摩擦係数を $\mu_{\rm A}$，棒と床の間の静止摩擦係数を $\mu_{\rm B}$，棒と床の間のなす角を θ とするとき，棒が

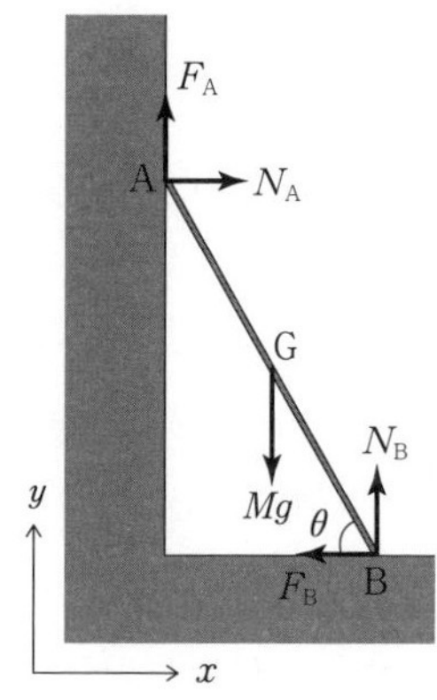

図 12.17　壁に立て掛けられた棒

静止するための角度 θ の条件を求めてみましょう．

壁面の点 A から棒が受ける摩擦力と垂直抗力の大きさを，それぞれ F_A と N_A とします．一方，床上の点 B から棒が受ける摩擦力と垂直抗力の大きさを，それぞれ F_B と N_B とします．このとき，水平方向を x 軸，鉛直方向を y 軸とすると，棒に対する力のつり合いの条件は

$$x \text{ 方向のつり合い：} N_A - F_B = 0 \tag{12.77}$$

$$y \text{ 方向のつり合い：} F_A + N_B - Mg = 0 \tag{12.78}$$

と表されます．また，点 A の周りの力のモーメントのつり合い条件は

$$N_B l \cos\theta - F_B l \sin\theta - Mg\frac{l}{2}\cos\theta = 0 \tag{12.79}$$

です．

(12.78) と (12.79) から重力 Mg を消去すると

$$\tan\theta = \frac{1 - \dfrac{F_A}{N_B}}{2\dfrac{F_B}{N_B}} \tag{12.80}$$

が得られます．また，(12.77) より $F_B/N_A = 1$ なので，この式を用いると (12.80) は

$$\tan\theta = \frac{1 - \dfrac{F_A}{N_A}\dfrac{F_B}{N_B}}{2\dfrac{F_B}{N_B}} \tag{12.81}$$

のように式変形できます．そして，棒が静止するためには，$F_A \leq \mu_A N_A$ および $F_B \leq \mu_B N_B$ が成り立つ必要があるので，棒が静止するための角度 θ に対する条件は

$$\tan\theta \geq \frac{1 - \mu_A \mu_B}{2\mu_B} \tag{12.82}$$

となります．

12.8.2　粗い斜面を転がる球体

図 12.18 に示すように，半径 a，質量 M の一様な球体が，水平面と成す角 θ の粗い斜面を滑らずに転がり落ちる場合の運動について考えてみましょう．

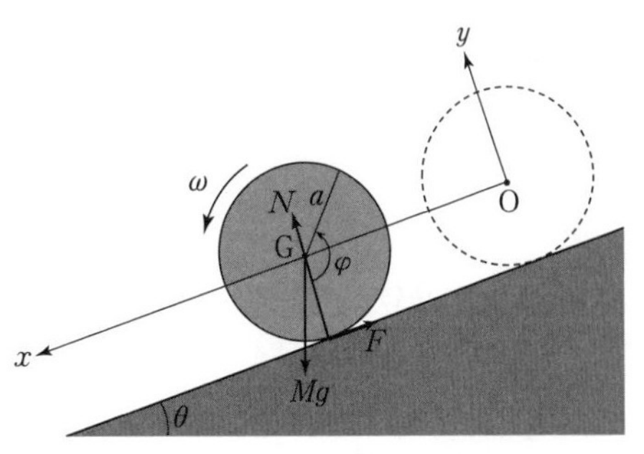

図 12.18　粗い斜面を転がる球体

まず，斜面に沿った方向の重心の加速度を求めます．そこで，時刻 $t=0$ における球体の中心を座標原点 O とし，斜面に沿って下向きに x 軸を，斜面に垂直で上向きに y 軸をとります．ある時刻 t における原点から球体の重心の移動距離を x とし，その間に剛体が回転した角度を φ とします．

球体と斜面との間の摩擦力の大きさを F，垂直抗力の大きさを N とすると，球体の重心に関する運動方程式の x 成分と y 成分は (12.72)，(12.73) より，それぞれ

$$M\frac{d^2x}{dt^2} = Mg\sin\theta - F \tag{12.83}$$

$$M\frac{d^2y}{dt^2} = N - Mg\cos\theta = 0 \tag{12.84}$$

となり，球体の回転に関する運動方程式は，(12.74) より

$$I\frac{d\omega}{dt} = aF \tag{12.85}$$

となります．

球体は斜面を滑らずに転がるので，重心の移動距離 x と回転角 φ の間には $x = a\varphi$ の関係があります．よって，x 方向の速度 dx/dt と角速度 ω との間には

$$\frac{dx}{dt} = a\frac{d\varphi}{dt} = a\omega \tag{12.86}$$

の関係が成り立ちます．この関係を（12.85）に代入することで得られる式

$$I\frac{d^2x}{dt^2} = a^2F \tag{12.87}$$

と（12.83）から摩擦力 F を消去すると

$$\left(M + \frac{I}{a^2}\right)\frac{d^2x}{dt^2} = Mg\sin\theta \tag{12.88}$$

となります．

したがって，この式に，（12.67）で与えられる球体の慣性モーメント $I = \frac{2}{5}Ma^2$ を代入することで，

$$\frac{d^2x}{dt^2} = \frac{5}{7}g\sin\theta \tag{12.89}$$

が得られます．

一方，摩擦がない場合には，球体は $d^2x/dt^2 = g\sin\theta$ で滑り落ちます．すなわち，摩擦によって球体が滑らない場合には，摩擦がない場合の 5/7 倍の加速度で運動することになります．

次に，球体が斜面を滑らずに転がるための，斜面の角度 θ が満たす条件を求めてみましょう．斜面から球体への垂直抗力 N は（12.84）より

$$N = Mg\cos\theta \tag{12.90}$$

と与えられます．また，球体と斜面との間の摩擦力 F は，（12.89）を（12.83）に代入することで

$$F = \frac{2}{7}Mg\sin\theta \tag{12.91}$$

と与えられます．

球体が斜面を滑らずに転がるためには，$F \leq \mu N$（μ は球体と斜面との間の静止摩擦係数）でなければなりません．したがって，斜面の角度 θ が

$$\tan\theta \leq \frac{7}{2}\mu \tag{12.92}$$

を満たすとき，球体は斜面を滑らずに転がることになります．

12.8.3　ビリヤードの玉の運動

ビリヤードの玉をキュー（玉を突く棒）で突くと，その突き方によって玉は様々な運動をします．以下では，ビリヤードの玉の突き方と玉の運動の関係について解説します．

図 12.19 に示すように，ビリヤード台（粗い水平面上）に質量 M，半径 a の玉が静止して置かれています．なお，この玉の重心を通る軸の周りの慣性モーメントは (12.67) より $I_G = \dfrac{2}{5}Ma^2$ です．床から高さ h の球の表面の 1 点に対して，水平方向に非常に短い時間帯 $[0, \Delta t]$ に撃力 $F(t)$ を与えたとしましょう[4]．

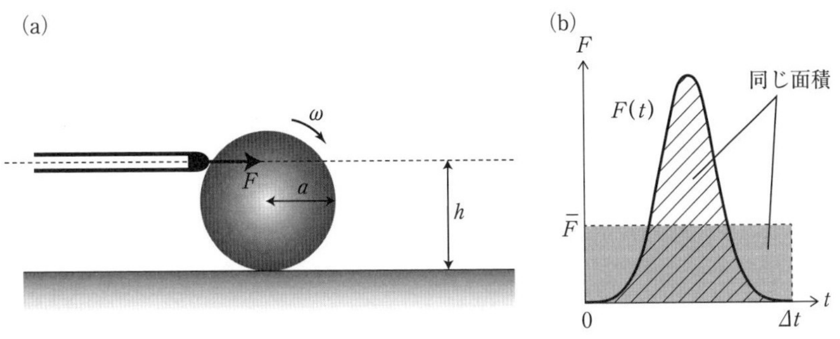

図 12.19　(a)　ビリヤードの球を突く位置
(b)　ビリヤードの玉に与えた撃力の様子

撃力を与えた直後の玉と水平面との接触点の滑り速度 u は，

$$u = \bar{v} - a\bar{\omega} \tag{12.93}$$

によって与えられます．ここで，$\bar{v}$ と $a\bar{\omega}$ は（玉に撃力を加えた直後の）玉の重心の速度と回転速度で，撃力がはたらいている時間帯 $[0, \Delta t]$ での「重心

4)　バットでボールを打つときや金づちで釘を打つときのように，瞬間的にはたらく極めて大きな力のことを**撃力**といいます．

の運動方程式」と「重心周りの回転の運動方程式」

$$M\frac{dv_G}{dt} = F(t) \tag{12.94}$$

$$I_G\frac{d\omega}{dt} = N(t) = (h-a)F(t) \tag{12.95}$$

を用いて決定することができます.

この 2 式の両辺を $[0, \Delta t]$ の時間帯で積分すると

$$M\int_0^{\Delta t}\frac{dv_G}{dt}\,dt = \int_0^{\Delta t}F(t)\,dt \tag{12.96}$$

$$I_G\int_0^{\Delta t}\frac{d\omega}{dt}\,dt = (h-a)\int_0^{\Delta t}F(t)\,dt \tag{12.97}$$

となります. これら 2 式は, Δt が非常に小さいので

$$M\{\underbrace{v_G(\Delta t)}_{=\bar{v}} - \underbrace{v_G(0)}_{=0}\} = \overline{F}\,\Delta t \tag{12.98}$$

$$I_G\{\underbrace{\omega(\Delta t)}_{=\overline{\omega}} - \underbrace{\omega(0)}_{=0}\} = (h-a)\overline{F}\,\Delta t \tag{12.99}$$

となります. ここで, $\overline{F}$は微小時間 Δt の間の力の平均値です. いま, $\overline{J} \equiv \overline{F}\,\Delta t$ によって定義される**力積**を導入すると

$$M\bar{v} = \overline{J} \tag{12.100}$$

$$I_G\overline{\omega} = (h-a)\overline{J} \tag{12.101}$$

と表されます.

こうして, $\bar{v}$ と $\overline{\omega}$ はそれぞれ

$$\bar{v} = \frac{\overline{J}}{M} \tag{12.102}$$

$$\overline{\omega} = \frac{(h-a)\overline{J}}{I_G} = \frac{5(h-a)\overline{J}}{2Ma^2} \tag{12.103}$$

となります. ここで, $I_G = \dfrac{2}{5}Ma^2$ を用いました.

(12.102) と (12.103) を (12.93) に代入することで, 滑り速度 u は

$$u = \bar{v} - a\overline{\omega} = \frac{7a-5h}{2aM}\overline{J} \tag{12.104}$$

となります．

以下では，この結果を踏まえて，玉を突く位置 h と球の運動の関係について考察してみましょう．

玉を突く高さ h に応じて，玉の運動は次の 3 パターンに分類されます．

1. $h = \dfrac{7}{5}a$ の場合

   この場合，(12.104) より滑り速度は $u = 0$ となり，玉は滑らずに前方に転がります．したがって，玉と水平面との間に摩擦力ははたらかず，玉は速度 v_0 で転がり続けます．

2. $h > \dfrac{7}{5}a$ の場合

   この場合，(12.104) より滑り速度は $u < 0$ となり，回転の速度の方が並進の速度より速くなります（後向きに滑りながら前進します）．すなわち，摩擦力は前向きにはたらくので[5]，回転を減速し，重心の並進運動を加速します．その後，やがて玉は滑らずに前方に転がります（詳細は次の Exercise 12.4 を参照）．もし，滑らなくなる前に（同じ質量の）別の玉に衝突すると，衝突後に自玉は前方に進みます．いわゆる「押し玉」です．

3. $h < \dfrac{7}{5}a$ の場合

   この場合，(12.104) より滑り速度は $u > 0$ となり，回転の速度の方が並進の速度より遅くなります（前向きに滑りながら前進します）．すなわち，摩擦力は後向きにはたらくので，回転を加速し，並進を減速します．その後，やがて玉は滑らずに前方に転がります（詳細は次の Exercise 12.4 を参照）．もし，滑らなくなる前に同じ質量の別の玉に衝突すると，衝突後に自玉は（後ろ向きの摩擦力によって）後方に

5）　ここでの摩擦力とは「滑り摩擦」のことです．滑り摩擦とは，物体が面上を滑る際に生じる摩擦のことです．滑り摩擦とは別に「転がり摩擦」があります．転がり摩擦とは，物体が面上を転がる際に生じる摩擦のことで，回転を妨げるようにはたらく抵抗力です．転がり摩擦は滑り摩擦に比べて十分に小さいので，この性質はベアリングなどに利用されています．

進みます．いわゆる「引き玉」です．なお，$h < a$ のときには玉は逆回転（$\omega_0 < 0$）で運動し始めますが，それ以外の点は上述の内容と同じです．

Exercise 12.4

図 12.19 に示した，質量 M，半径 a のビリヤードの玉の運動について考えます．玉を突く位置 h が $h \neq \frac{7}{5}a$ のときに，玉を突いた後に玉が滑らなくなるまでの時間 t を求めなさい．さらに，滑らなくなった後の玉の速度を求めなさい．ただし，ビリヤードの玉とビリヤード台の間の動摩擦係数を μ とします．

Coaching　撃力を受けた後の時間帯（$t > \Delta t$）での玉の「重心の運動方程式」と「重心周りの回転の運動方程式」はそれぞれ

$$M\frac{dv_G}{dt} = \pm\mu Mg \tag{12.105}$$

$$I_G\frac{d\omega}{dt} = N(t) = \mp\mu Mga \tag{12.106}$$

です．ここで，上下の符号はそれぞれ $h > \frac{7}{5}a$ の場合と $h < \frac{7}{5}a$ の場合に対応します．これら 2 式を時間について積分すると

$$v_G(t) = \pm\mu gt + v_0 \qquad (v_0\text{ は積分定数}) \tag{12.107}$$

$$\omega(t) = \mp\frac{5}{2a}\mu gt + \omega_0 \qquad (\omega_0\text{ は積分定数}) \tag{12.108}$$

となります．ここで，$I_G = \frac{2}{5}Ma^2$ を用いました．初期条件として $t = \Delta t$（$\to 0$）で

$$v_G(\Delta t) \underset{\Delta t \to 0}{\longrightarrow} \frac{\bar{J}}{M} \tag{12.109}$$

$$\omega(\Delta t) \underset{\Delta t \to 0}{\longrightarrow} \frac{5(h-a)}{2a^2}\frac{\bar{J}}{M} \tag{12.110}$$

であることを用いて積分定数 v_0 と ω_0 を決定すると，(12.107) と (12.108) は

$$v_G(t) = \pm\mu gt + \frac{\bar{J}}{M} \tag{12.111}$$

$$\omega(t) = \mp\frac{5}{2a}\mu gt + \frac{5(h-a)}{2a^2}\frac{\bar{J}}{M} \tag{12.112}$$

となり，玉が滑らなくなるとき，滑り速度 $u(t) = v_G(t) - a\omega(t)$ がゼロとなります．この条件より，玉が滑らなくなる時刻は

$$t = \pm\frac{(5h - 7a)\bar{J}}{7\mu gMa} \tag{12.113}$$

となります．また，滑らなくなってからの速度は，この式を (12.111) に代入することで

$$v_G = \frac{5h}{7a}\frac{\bar{J}}{M} \tag{12.114}$$

のように与えられます．

さぁ，本を閉じてビリヤード場に行こう！ ■

本章のPoint

▶ **剛体**：すべての質点間の距離が変わらない質点系（変形しない物体）．

▶ **剛体の自由度**：系を構成するすべての質点の位置を定めるのに必要な独立変数の数．

- 質点系の自由度：$f = 3n - h$（n：質点の数，h：拘束条件の数）
- 剛体の自由度：$f = 6$
- 回転軸を回る剛体：自由度 $f = 1$（基準位置からの回転角）
- 平面運動する剛体：自由度 $f = 3$

▶ **剛体の運動方程式**：全運動量 $\boldsymbol{P}$ と全角運動量 $\boldsymbol{L}$ の時間変化率は

$$重心運動の方程式：\frac{d\boldsymbol{P}}{dt} = \boldsymbol{F}^{(e)}$$

$$回転運動の方程式：\frac{d\boldsymbol{L}}{dt} = \boldsymbol{N}^{(e)}$$

と表される（$\boldsymbol{F}^{(e)}$ は外力，$\boldsymbol{N}^{(e)}$ は外力の力のモーメント）．

▶ **慣性モーメント**：物体が等速回転を保ち続けようとする性質（＝回転運動に対する慣性）で

$$I = \int_V \rho(\boldsymbol{r})\xi^2\, dV$$

と表される（$\rho(\boldsymbol{r})$ は密度，ξ は回転軸から微小体積素 dV までの距離）．

▶ **固定軸の周りの剛体の運動**：固定軸（z 軸）の周りの剛体の回転の運動方程式は

$$I_z\frac{d^2\varphi}{dt^2} = N_z^{(e)}$$

と表される（I_z は z 軸の周りの慣性モーメント，φ は回転角，$N_z^{(\mathrm{e})}$ は外力の力のモーメント）．

▶ **平行軸の定理（スタイナーの定理）**：$I = I_{\mathrm{G}} + Mh^2$
（I_{G} は，質量 M の剛体の重心を通る固定軸に関する慣性モーメント，I は，重心を通る固定軸に平行で距離 h だけ離れた軸に関する慣性モーメント）．

▶ **直交軸の定理（平板の定理）**：$I_z = I_x + I_y$
（I_z は，薄い板面に垂直な軸（z 軸）に関する慣性モーメント，I_x と I_y は，z 軸と板との交点を通り，板面内で直交する 2 つの軸（x 軸と y 軸）に関する慣性モーメント）．

▶ **質点の直線運動と剛体の固定軸周りの回転運動の関係**：

表 12.1　質点の直線運動と剛体の固定軸の周りの回転運動の対応関係

質点の直線運動	固定軸の周りの剛体の回転運動
位置 x	回転角 φ
速度 $v = \dfrac{dx}{dt}$	角速度 $\omega = \dfrac{d\varphi}{dt}$
質量 m	慣性モーメント I_z
運動量 $p = mv$	角運動量 $L = I\omega$
外力 F	外力のモーメント N

Practice

[12.1]　リングの慣性モーメント

質量 M，半径 a のリング（1次元状の輪）に関する次の問いに答えなさい．

(1)　リングの中心を通り，リングの内側の面に垂直な軸の周りの慣性モーメントを求めなさい．

(2)　リングの中心を通り，リングの内側の面に水平な軸の周りの慣性モーメントを求めなさい．

[12.2]　円柱の慣性モーメント

半径が a，長さが $2l$ の円柱に関する次の問いに答えなさい．

(1)　この円柱の中心軸周りでの慣性モーメントを求めなさい．

(2)　この円柱の中心軸の中点を通って中心軸に垂直な軸の周りの慣性モーメントを求めなさい．

[12.3]　楕円体の慣性モーメント

3軸が $2a, 2b, 3c$ の楕円体について，この楕円体の3軸周りの慣性モーメント（I_x, I_y, I_z）を求めなさい．

[12.4]　トーラスの慣性モーメント

中心半径が a（xy 平面内），管の半径 c のトーラス（ドーナツ型の物体：図12.20）に関する次の問いに答えなさい．

(1)　トーラスの中心を通り，xy 平面に垂直な軸（z 軸）の周りの慣性モーメントを求めなさい．

(2)　トーラスの中心を通り，xy 平面に水平な軸（x 軸と y 軸）の周りの慣性モーメントを求めなさい．

図 12.20

[12.5]　円板状の実体振り子

半径 a の円板の中心から距離 h の位置を固定軸とする実体振り子を微小振動させるとき，次の問いに答えなさい．

(1)　固定軸の周りの慣性モーメント I を求めなさい（ヒント：円板の中心を通り，面に垂直な軸の周りの慣性モーメントは $\dfrac{Ma^2}{2}$ です）．

(2)　この実体振り子の周期 T を求めなさい．

(3)　周期 T を最小にする h を求めなさい．

付録 ～力学を学ぶための数学ミニマム～

ここでは，数学的な厳密さにはこだわらず，本書で力学を学ぶ上で最低限必要な数学の要点を簡潔にまとめます．

A. テイラー展開および偏微分と全微分

1 変数関数の導関数　変数 x の関数 $f(x)$ の**導関数**は

$$\lim_{h \to 0} \frac{f(x+h) - f(x)}{h} = \frac{df}{dx} = f'(x) \tag{A.1}$$

によって定義されます．同様に，$f'(x)$ の微分は

$$\lim_{h \to 0} \frac{f'(x+h) - f'(x)}{h} = \frac{df'}{dx} = f''(x) \tag{A.2}$$

となります．一般に，n 次導関数は $\dfrac{d^n f}{dx^n}$ または $f^{(n)}(x)$ のように表されます．

1 変数関数のテイラー展開　関数 $f(x)$ を $x = x_0$ の周りで ベキ級数展開すると

$$\begin{aligned} f(x) &= f(x_0) + \frac{1}{1!} f'(x_0)(x - x_0) + \frac{1}{2!} f'(x_0)(x - x_0)^2 + \cdots \\ &= \sum_{n=0}^{\infty} \frac{1}{n!} f^{(n)}(x_0)(x - x_0)^n \end{aligned} \tag{A.3}$$

と表されます．これを，$x = x_0$ の周りでの関数 $f(x)$ の**テイラー展開**といいます．そして，特に $x_0 = 0$ のときの展開を**マクローリン展開**といいます．

2 変数関数の偏微分　2 変数関数 $f(x, y)$ の導関数は，x と y に関する 2 つの導関数が存在し，(A.1) にならって

$$\lim_{h \to 0} \frac{f(x+h, y) - f(x, y)}{h} = \frac{\partial f}{\partial x} = f_x(x, y) \tag{A.4}$$

$$\lim_{h \to 0} \frac{f(x, y+h) - f(x, y)}{h} = \frac{\partial f}{\partial y} = f_y(x, y) \tag{A.5}$$

のように定義されます．ここで，(A.4)（ならびに (A.5)）を関数 $f(x, y)$ の x（ならびに y）に関する**偏微分**といいます．

同様に，$f_x(x, y)$ と $f_y(x, y)$ の微分（$f(x, y)$ の 2 次導関数）は

$$\frac{\partial}{\partial x} f_x(x, y) = \frac{\partial^2}{\partial x^2} f(x, y) = f_{xx}(x, y) \tag{A.6}$$

$$\frac{\partial}{\partial y} f_x(x,y) = \frac{\partial^2}{\partial y\,\partial x} f(x,y) = f_{xy}(x,y) \tag{A.7}$$

$$\frac{\partial}{\partial x} f_y(x,y) = \frac{\partial^2}{\partial x\,\partial y} f(x,y) = f_{yx}(x,y) \tag{A.8}$$

$$\frac{\partial}{\partial y} f_y(x,y) = \frac{\partial^2}{\partial y^2} f(x,y) = f_{yy}(x,y) \tag{A.9}$$

となります．f_{xy} と f_{yx} が連続であれば，$f_{xy} = f_{yx}$ が成り立ちます．

2 変数関数のテイラー展開　2 変数関数 $f(x,y)$ を $x = x_0$, $y = y_0$ の周りでテイラー展開すると

$$\begin{aligned} f(x,y) = f(x_0,y_0) &+ f_x(x_0,y_0)(x-x_0) + f_y(x_0,y_0)(y-y_0) \\ &+ \frac{1}{2!}\{f_{xx}(x_0,y_0)(x-x_0)^2 + 2f_{xy}(x_0,y_0)(x-x_0)(y-y_0) \\ &+ f_{yy}(x_0,y_0)(y-y_0)^2\} + \cdots \end{aligned} \tag{A.10}$$

となります．ここで，f_{xy} と f_{yx} は連続であるとし，$f_{xy} = f_{yx}$ を用いました．

2 変数関数の全微分　2 変数関数 $z = f(x,y)$ が偏微分可能なとき，x の変化を $\Delta x = x - x_0$, y の変化を $\Delta y = y - y_0$ とすると，関数 z の変化 $\Delta z = f(x,y) - f(x_0,y_0)$ は，(A.10) より $\Delta z = f_x(x_0,y_0)\Delta x + f_y(x_0,y_0)\Delta y + \cdots$ となります．Δz は，Δx と Δy が微小量の場合には，

$$dz = \frac{\partial z}{\partial x}dx + \frac{\partial z}{\partial y}dy \tag{A.11}$$

のように近似され，(A.11) を $z = f(x,y)$ の**全微分**といいます．ここで，(A.4) と (A.5) より $f_x = \dfrac{\partial z}{\partial x}$, $f_y = \dfrac{\partial z}{\partial y}$ としました．

B.　2 階線形微分方程式

2 階線形微分方程式　変数 t の関数 x が満たす次の方程式

$$\frac{d^2x}{dt^2} + P_1(t)\frac{dx}{dt} + P_2(t)\,x = Q(t) \tag{A.12}$$

を**2 階線形微分方程式**といいます．ここで，$P_1(t), P_2(t)$，そして $Q(t)$ は，いずれも t の関数です．特に，(A.12) において，$Q(t) = 0$ の場合を**斉次**（または**同次**）であるといい，その場合の方程式，

$$\frac{d^2x}{dt^2} + P_1(t)\frac{dx}{dt} + P_2(t)x = 0 \tag{A.13}$$

を**斉次方程式**（または**同次方程式**）といいます[1)]．

1)　(A.12) の左辺は，x およびその導関数の 1 次のみ（同じ次数のみ）を含むので斉次ですが，右辺の $Q(t)$ は x の関数ではないので，$Q(t) \neq 0$ の場合の (A.12) は非斉次です．

2階線形微分方程式の一般解と特殊解　(A.13) の斉次方程式を満たす2つの独立な解を $x_1(t), x_2(t)$ とするとき[2]，(A.13) の一般解 $x_c(t)$ は

$$x_c(t) = C_1 x_1(t) + C_2 x_2(t) \tag{A.14}$$

によって与えられます．ここで，C_1 と C_2 は任意の定数です．また，(A.12) の非斉次方程式の一般解 $x(t)$ は，

$$\begin{aligned} x(t) &= (\text{斉次方程式の一般解}) + (\text{非斉次方程式の特殊解}) \\ &= x_c(t) + x_p(t) \end{aligned} \tag{A.15}$$

によって与えられます．ここで，非斉次方程式の特殊解 $x_p(t)$ とは，(A.12) を満たす1つの解のこと，すなわち，(A.12) の一般解における任意定数が特定の値をとったものです．

定数係数の斉次方程式　(A.13) の斉次方程式の $P_1(t)$ と $P_2(t)$ が定数の場合，すなわち，

$$\frac{d^2x}{dt^2} + a\frac{dx}{dt} + bx = 0 \qquad (a, b\text{ は定数}) \tag{A.16}$$

の場合，この方程式を**定数係数の斉次方程式**といいます．この方程式の特殊解として，$x = e^{\lambda t}$ (λ は定数) を仮定し，これを (A.16) に代入して得られる2次方程式

$$\lambda^2 + a\lambda + b = 0 \tag{A.17}$$

を (A.16) の**特性方程式**といいます．

この特性方程式の解 $\lambda = \dfrac{-a \pm \sqrt{a^2 - 4b}}{2}$ は，以下の3つのケースに分類されます．

(i)　$a^2 < 4b$ のとき，異なる2つの複素数の解 ($= \alpha \pm i\omega$) をもつ．

(ii)　$a^2 > 4b$ のとき，異なる2つの実数解 ($= \alpha, \beta$) をもつ．

(iii)　$a^2 = 4b$ のとき，重解 ($= \alpha$) をもつ．

これら3つのケースに応じて，(A.17) の一般解 $x_c(t)$ は，

(i)　$x_c(t) = e^{\alpha t}(C_1 \sin \omega t + C_2 \cos \omega t)$

(ii)　$x_c(t) = C_1 e^{\alpha t} + C_2 e^{\beta t}$

(iii)　$x_c(t) = (C_1 + C_2 t)e^{\alpha t}$

となります．ここで，C_1, C_2 は任意の定数です．

定数係数の非斉次方程式　(A.13) の斉次方程式の $P_1(t)$ と $P_2(t)$ が定数かつ $Q(t) \neq 0$ の場合，すなわち，

$$\frac{d^2x}{dt^2} + a\frac{dx}{dt} + bx = Q(t) \qquad (a, b\text{ は定数}) \tag{A.18}$$

のとき，この方程式を**定数係数の非斉次方程式**といいます．この方程式の解は

2)　2つの解 x_1 と x_2 が独立とは，$\dfrac{x_2}{x_1} \neq 0$ を満たす場合です．

(A.15) のように $x(t) = x_c(t) + x_p(t)$ によって与えられるので，まずは，(A.17) の斉次方程式の一般解 $x_c(t)$ を上述の方法で求め，次に，(A.18) の非斉次方程式の特殊解 x_p を求める必要があります．

特殊解 $x_p(t)$ は，表 A.1 を参考に，$Q(t)$ の関数形に応じて特殊解 $x_p(t)$ の関数形を予測し，それを (A.18) に代入することで，未定係数を定めれば求まります．($Q(t)$ が，この表にある関数の和で与えられる場合には，予想される特殊解も対応する関数形の和にすればよいです．)

表 A.1　非斉次方程式の特殊解

$Q(t)$ の関数形	予想される特殊解の関数形
定数	定数
n 次式	n 次式
$Ae^{\alpha t}$	$Ce^{\alpha t}$
$A\sin\omega t$	$C\sin\omega t$
$A\cos\omega t$	$C\cos\omega t$

C.　ベクトルの内積と外積

C.1　ベクトルの内積（スカラー積）

内積の定義　　$\mathbf{0}$ でない 2 つのベクトル $\boldsymbol{A}$ と $\boldsymbol{B}$ に対して，$\boldsymbol{A}$ と $\boldsymbol{B}$ の**内積**は

$$\boldsymbol{A}\cdot\boldsymbol{B} = |\boldsymbol{A}||\boldsymbol{B}|\cos\theta \\ = AB\cos\theta \tag{A.19}$$

によって定義されます．ここで，$|\boldsymbol{A}| = A$ と $|\boldsymbol{B}| = B$ は，それぞれ $\boldsymbol{A}$ と $\boldsymbol{B}$ の大きさ (絶対値) であり，$0 \leq \theta \leq \pi$ は，$\boldsymbol{A}$ と $\boldsymbol{B}$ のなす角です．2 つのベクトルの内積はスカラー (大きさのみをもつ量) であることから，内積は**スカラー積**ともいいます．

内積の性質　　(A.19) の内積の定義から，ベクトル $\boldsymbol{A}$ の大きさ (絶対値) $|\boldsymbol{A}|$ は

$$|\boldsymbol{A}| = \sqrt{\boldsymbol{A}\cdot\boldsymbol{A}} \tag{A.20}$$

によって与えられることがわかります．また，$\boldsymbol{A}$ と $\boldsymbol{B}$ のなす角が $\theta = \pi/2$ のとき，すなわち，$\boldsymbol{A}$ と $\boldsymbol{B}$ が**直交する**とき，(A.19) より $\boldsymbol{A}\cdot\boldsymbol{B} = 0$ となります．

$$\boldsymbol{A} \perp \boldsymbol{B} \quad \Leftrightarrow \quad \boldsymbol{A}\cdot\boldsymbol{B} = 0 \tag{A.21}$$

他にも，ベクトルの内積が満たす性質として次のものがあります．

(1)　交換則：$\boldsymbol{A}\cdot\boldsymbol{B} = \boldsymbol{B}\cdot\boldsymbol{A}$

(2)　分配則：$\boldsymbol{A}\cdot(\boldsymbol{B}+\boldsymbol{C}) = \boldsymbol{A}\cdot\boldsymbol{B} + \boldsymbol{A}\cdot\boldsymbol{C}$

(3)　結合則：$(\lambda\boldsymbol{A})\cdot\boldsymbol{B} = \boldsymbol{A}\cdot(\lambda\boldsymbol{B}) = \lambda(\boldsymbol{A}\cdot\boldsymbol{B})$　　(λ は定数)

基底ベクトルと内積　　3 次元デカルト座標の x, y, z 軸にそれぞれ平行で，大きさが 1 の単位ベクトル

$$\boldsymbol{e}_x = (1,0,0), \qquad \boldsymbol{e}_y = (0,1,0), \qquad \boldsymbol{e}_z = (0,0,1) \tag{A. 22}$$

を，3次元デカルト座標の**基底ベクトル**（または**基本ベクトル**）といいます．これら3つの基底ベクトルは，それぞれの大きさが1で，互いに直交しているので，

$$\boldsymbol{e}_x \cdot \boldsymbol{e}_x = 1, \qquad \boldsymbol{e}_x \cdot \boldsymbol{e}_y = 0, \qquad \boldsymbol{e}_x \cdot \boldsymbol{e}_z = 0 \tag{A. 23}$$

$$\boldsymbol{e}_y \cdot \boldsymbol{e}_x = 0, \qquad \boldsymbol{e}_y \cdot \boldsymbol{e}_y = 1, \qquad \boldsymbol{e}_y \cdot \boldsymbol{e}_z = 0 \tag{A. 24}$$

$$\boldsymbol{e}_z \cdot \boldsymbol{e}_x = 0, \qquad \boldsymbol{e}_z \cdot \boldsymbol{e}_y = 0, \qquad \boldsymbol{e}_z \cdot \boldsymbol{e}_z = 1 \tag{A. 25}$$

が成り立ちます．そこで，**クロネッカーのデルタ**

$$\delta_{ij} \equiv \begin{cases} 1 & (i = j) \\ 0 & (i \neq j) \end{cases} \tag{A. 26}$$

を導入すると，基底ベクトルの内積は

$$\boldsymbol{e}_i \cdot \boldsymbol{e}_j = \delta_{ij} \qquad (i, j = x, y, z) \tag{A. 27}$$

と表すことができます．

デカルト座標系の2つのベクトルの内積　3次元デカルト座標での2つのベクトル $\boldsymbol{A} = A_x\boldsymbol{e}_x + A_y\boldsymbol{e}_y + A_z\boldsymbol{e}_z$ と $\boldsymbol{B} = B_x\boldsymbol{e}_x + B_y\boldsymbol{e}_y + B_z\boldsymbol{e}_z$ の内積 $\boldsymbol{A} \cdot \boldsymbol{B}$ は，基底ベクトルに対する（A. 27）の性質を用いて計算すると，

$$\boldsymbol{A} \cdot \boldsymbol{B} = A_xB_x + A_yB_y + A_zB_z \tag{A. 28}$$

となります．したがって，ベクトル $\boldsymbol{A}$ の絶対値 $|\boldsymbol{A}|$ は，

$$\begin{aligned} |\boldsymbol{A}| &= \sqrt{\boldsymbol{A} \cdot \boldsymbol{A}} \\ &= \sqrt{A_x{}^2 + A_y{}^2 + A_z{}^2} \end{aligned} \tag{A. 29}$$

となります．なお，最初の等号で（A. 20）を用い，2番目の等号で（A. 29）を用いました．

C. 2　ベクトルの外積（ベクトル積）

外積の定義　以下で示すように，2つのベクトルの**外積**は（内積と違って）その結果がベクトルとなるように定義されるので，**ベクトル積**ともいいます．

$\boldsymbol{0}$ でない2つのベクトル $\boldsymbol{A}$ と $\boldsymbol{B}$ の外積を $\boldsymbol{A} \times \boldsymbol{B}$ と表すとき，その大きさ $|\boldsymbol{A} \times \boldsymbol{B}|$ は

$$\begin{aligned} |\boldsymbol{A} \times \boldsymbol{B}| &= |\boldsymbol{A}||\boldsymbol{B}| \sin\theta \\ &= AB \sin\theta \end{aligned} \tag{A. 30}$$

によって定義されます．（A. 30）は $\boldsymbol{A}$ と $\boldsymbol{B}$ を2辺とする平行四辺形の面積です（図 A. 1（a））．

一方，外積 $\boldsymbol{A} \times \boldsymbol{B}$ の向きは，$\boldsymbol{A}$ と $\boldsymbol{B}$ がつくる平面に垂直で，右ネジを $\boldsymbol{A}$ から $\boldsymbol{B}$ に向かって回転させたときに，右ネジが進む向きです（図 A. 1（b））．別のいい方をすると，右手を握って親指を立てて「Good のジェスチャー」をした際に，親指が指す向きのベクトルです（図 A. 1（c））．

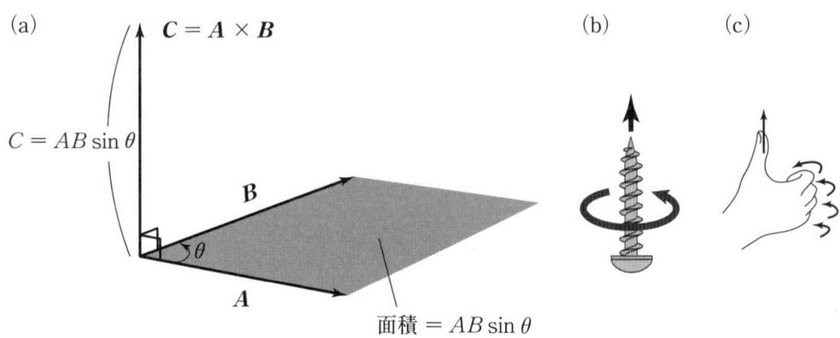

図 A.1　(a) ベクトル $\boldsymbol{A}$ と $\boldsymbol{B}$ の外積（ベクトル積）$\boldsymbol{C}$
(b)　右ネジの進む向き
(c)　右ネジの法則のジェスチャー（= Good のジェスチャー）

この定義からわかるように，$\boldsymbol{A}$ と $\boldsymbol{B}$ の掛け算の順序を逆にすると符号が変わり，

$$\boldsymbol{A} \times \boldsymbol{B} = -\boldsymbol{B} \times \boldsymbol{A} \tag{A.31}$$

となります．

基底ベクトルと外積　(A.22) で導入した 3 次元デカルト座標の基底ベクトル $\boldsymbol{e}_x, \boldsymbol{e}_y, \boldsymbol{e}_z$ の外積を計算すると

$$\begin{cases} \boldsymbol{e}_x \times \boldsymbol{e}_x = \boldsymbol{0}, & \boldsymbol{e}_x \times \boldsymbol{e}_y = \boldsymbol{e}_z, & \boldsymbol{e}_x \times \boldsymbol{e}_z = -\boldsymbol{e}_y \\ \boldsymbol{e}_y \times \boldsymbol{e}_x = -\boldsymbol{e}_z, & \boldsymbol{e}_y \times \boldsymbol{e}_y = \boldsymbol{0}, & \boldsymbol{e}_y \times \boldsymbol{e}_z = \boldsymbol{e}_x \\ \boldsymbol{e}_z \times \boldsymbol{e}_x = \boldsymbol{e}_y, & \boldsymbol{e}_z \times \boldsymbol{e}_y = -\boldsymbol{e}_x, & \boldsymbol{e}_z \times \boldsymbol{e}_z = \boldsymbol{0} \end{cases} \tag{A.32}$$

が成り立ちます．

デカルト座標系の 2 つのベクトルの外積　3 次元デカルト座標での 2 つのベクトル $\boldsymbol{A} = A_x\boldsymbol{e}_x + A_y\boldsymbol{e}_y + A_z\boldsymbol{e}_z$ と $\boldsymbol{B} = B_x\boldsymbol{e}_x + B_y\boldsymbol{e}_y + B_z\boldsymbol{e}_z$ の外積 $\boldsymbol{A} \times \boldsymbol{B}$ の各成分は，基底ベクトルに対する (A.32) の性質を用いて計算すると，

$$(\boldsymbol{A} \times \boldsymbol{B})_x = A_yB_z - A_zB_y \tag{A.33}$$

$$(\boldsymbol{A} \times \boldsymbol{B})_y = A_zB_x - A_xB_z \tag{A.34}$$

$$(\boldsymbol{A} \times \boldsymbol{B})_z = A_xB_y - A_yB_x \tag{A.35}$$

となります．

C.3　スカラー三重積とベクトル三重積

▶ **スカラー三重積**：任意の 3 つのベクトル $\boldsymbol{A}, \boldsymbol{B}, \boldsymbol{C}$ に対して，

$$\boldsymbol{A} \cdot (\boldsymbol{B} \times \boldsymbol{C}) = \boldsymbol{B} \cdot (\boldsymbol{C} \times \boldsymbol{A}) = \boldsymbol{C} \cdot (\boldsymbol{A} \times \boldsymbol{B}) \tag{A.36}$$

が成り立つ．

[証明]　以下では，(A.36) の最初の等式を証明します．

$$
\begin{aligned}
\boldsymbol{A}\cdot(\boldsymbol{B}\times\boldsymbol{C}) &= A_x(\boldsymbol{B}\times\boldsymbol{C})_x + A_y(\boldsymbol{B}\times\boldsymbol{C})_y + A_z(\boldsymbol{B}\times\boldsymbol{C})_z \\
&= A_x(B_yC_z - B_zC_y) + A_y(B_zC_x - B_xC_z) + A_z(B_xC_y - B_yC_x) \\
&= A_xB_yC_z - A_xB_zC_y + A_yB_zC_x - A_yB_xC_z + A_zB_xC_y - A_zB_yC_x \\
&= B_x(C_yA_z - C_zA_y) + B_y(C_zA_x - C_xA_z) + B_z(C_xA_y - C_yA_x) \\
&= B_x(\boldsymbol{C}\times\boldsymbol{A})_x + B_y(\boldsymbol{C}\times\boldsymbol{A})_y + B_z(\boldsymbol{C}\times\boldsymbol{A})_z \\
&= \boldsymbol{B}\cdot(\boldsymbol{C}\times\boldsymbol{A}) \qquad \text{(A.37)}
\end{aligned}
$$

(A.36) の 2 番目の等式についても，同様の方法で証明できます（各自でチャレンジしてみてください）．

（証明終了）

▶ **ベクトル三重積**：任意の 3 つのベクトル $\boldsymbol{A}, \boldsymbol{B}, \boldsymbol{C}$ に対して，

$$
\boldsymbol{A}\times(\boldsymbol{B}\times\boldsymbol{C}) = \boldsymbol{B}(\boldsymbol{A}\cdot\boldsymbol{C}) - \boldsymbol{C}(\boldsymbol{A}\cdot\boldsymbol{B}) \qquad \text{(A.38)}
$$

が成り立つ．

[証明]　以下では，(A.38) の x 成分について証明します．

$$
\begin{aligned}
\{\boldsymbol{A}\times(\boldsymbol{B}\times\boldsymbol{C})\}_x &= A_y(\boldsymbol{B}\times\boldsymbol{C})_z - A_z(\boldsymbol{B}\times\boldsymbol{C})_y \\
&= A_y(B_xC_y - B_yC_x) - A_z(B_zC_x - B_xC_z) \\
&= B_x(A_xC_x + A_yC_y + A_zC_z) - C_x(A_xB_x + A_yB_y + A_zB_z) \\
&= \{\boldsymbol{B}(\boldsymbol{A}\cdot\boldsymbol{C}) - \boldsymbol{C}(\boldsymbol{A}\cdot\boldsymbol{B})\}_x \qquad \text{(A.39)}
\end{aligned}
$$

2 行目から 3 行目に移る際に，$A_xB_xC_x - A_xB_xC_x$ $(=0)$ を挿入しました．なお，y 成分，z 成分についても同様の方法で証明できます（各自でチャレンジしてみてください）．

（証明終了）

Training と Practice の略解

（解答補足は，本書の Web ページをご参照ください．）

Training

1.1　地球の半径と地球の公転半径の比を計算すると $\dfrac{6.4 \times 10^6}{1.5 \times 10^{11}} \approx 4.3 \times 10^{-5}$. つまり，地球の半径は地球の公転半径と比べて，とても小さいことがわかります．

1.2　(1)　[面 積] = [L^2]　　(2)　[体 積] = [L^3]　　(3)　[密 度] = [ML^{-3}]
(4)　[速 度] = [LT^{-1}]　　(5)　[加 速 度] = [LT^{-2}]　　(6)　[力] = [MLT^{-2}]
(7)　[圧力] = [ML^{-1}T^{-2}]

1.3　(1.10) より

$$x^2 + y^2 + z^2 = r^2(\sin^2\theta\cos^2\phi + \sin^2\theta\sin^2\phi + \cos^2\theta) = r^2$$

となるので，(1.11) の第 1 式 $r = \sqrt{x^2 + y^2 + z^2} > 0$ が得られます．同様に，(1.10) の第 1 式と第 2 式より，

$$x^2 + y^2 = r^2(\sin^2\theta\cos^2\phi + \sin^2\theta\sin^2\phi) = r^2\sin^2\theta$$

となるので，$\sqrt{x^2 + y^2} = r\sin\theta$ $(0 \leq \theta \leq \pi)$ が得られます．これを (1.10) の第 3 式 $z = r\cos\theta$ で割ることで，(1.11) の第 2 式 $\dfrac{\sqrt{x^2 + y^2}}{z} = \tan\theta$ となり，(1.10) の第 1 式と第 2 式より，(1.11) の第 3 式 $\dfrac{y}{x} = \tan\phi$ が得られます．

1.4　(1.17) の第 1 式と第 2 式より $x^2 + y^2 = \rho^2(\cos^2\phi + \sin^2\phi) = \rho^2$ が得られるので，$\rho = \sqrt{x^2 + y^2} > 0$ となります．また $\dfrac{y}{x} = \dfrac{\rho\sin\phi}{\rho\cos\phi} = \tan\phi$ となります．

2.1　時速 72 km = 20 m/s なので，この車がブレーキをかけてから停止するまでの時間 t は $t = \dfrac{20\,\mathrm{m/s}}{5\,\mathrm{m/s^2}} = 4\,\mathrm{s}$．この車が停止するまでの走行距離 L は v_0 をブレーキをかける前の車の速さ（$v_0 = 20\,\mathrm{m/s}$）として，$L = \dfrac{1}{2}v_0 t$．ブレーキをかけた後の加速度の大きさ a と $v_0 = aT$ の関係にあるので，

$$L = \frac{1}{2}at^2 = \frac{1}{2} \times 5 \times 4^2 = 40\,\mathrm{m}.$$

2.2 (2.53) より

$$a = r\omega^2 = r(2\pi\nu)^2 = 0.1 \times \left(2\pi \times \frac{1000}{60}\right)^2 \approx 1097\,\mathrm{m/s^2}.$$

したがって，a と g の比は $\dfrac{a}{g} = \dfrac{1097}{9.8} \approx 112$ となり，約 112 倍と求まります．

3.1 この物体にはたらく力の大きさ F は，(3.6) より

$$F = \frac{5.0\,\mathrm{kg} \times (3.0\,\mathrm{m/s} - 0\,\mathrm{m/s})}{1.0\,\mathrm{s}} = 15.0\,\mathrm{N}$$

ここで，力の単位として N $(=\mathrm{kg{\cdot}m/s^2})$ を用いました．

3.2 ピンポン球の運動量の大きさは $p = mv = 2.7\,\mathrm{kg} \times 28\,\mathrm{m/s} = 75.6\,\mathrm{kg{\cdot}m/s}$，ゴルフボールの運動量の大きさは $p = 46\,\mathrm{kg} \times 28\,\mathrm{m/s} = 1288\,\mathrm{kg{\cdot}m/s}$.

3.3 運動量 $p = mv$ で壁に衝突した後，この質点の運動量は $p' = -mv$ となるので，質点が壁から受ける力積は $2mv = 2 \times 0.145\,\mathrm{kg} \times 110\,\mathrm{m/s} = 31.9\,\mathrm{m{\cdot}kg/s}$.

4.1 (4.1) より

$$|F| = G\frac{mM}{r^2} = 6.67 \times 10^{-11} \times \frac{1 \times 1}{(0.1)^2} = 6.67 \times 10^{-9}\,\mathrm{N}$$

となり，非常に小さな値であることがわかります．

4.2 (1) 水平方向の力のつり合いの条件から，$R = F = 10\,\mathrm{N}$.

(2) 垂直抗力を N とすると，最大摩擦力の大きさ $R_{\max}$ は，(4.18) と鉛直方向の力のつり合いの条件 $(N = mg)$ より，

$$R_{\max} = \mu N = \mu mg = 0.6 \times 15 \times 9.8 = 88.2\,\mathrm{N}$$

(3) 動摩擦力 R' は，(4.19) と鉛直方向の力のつり合いの条件 $(N = mg)$ より，

$$R' = \mu' N = \mu' mg = 0.5 \times 15 \times 9.8 = 73.5\,\mathrm{N}$$

5.1 (1) (5.8) にそれぞれの数値を代入すると

$$T = \sqrt{\frac{2 \times 50}{9.8}} = 1.49\,\mathrm{s}$$

(2) (5.9) にそれぞれの数値を代入すると

$$v(T) = \sqrt{2gh} = \sqrt{2 \times 9.8 \times 50} = 31.3\,\mathrm{m/s}$$

5.2 $T = \dfrac{v_0}{\mu' g} = \dfrac{1.0}{0.5 \times 9.8} = 0.204\,\mathrm{s}$

$$L = \frac{{v_0}^2}{2\mu' g} = \frac{(1.0)^2}{2 \times 0.5 \times 9.8} = 0.102\,\mathrm{m} = 10.2\,\mathrm{cm}$$

5.3 ストークスの抵抗法則 (4.22) より，半径 R の球体の粘性抵抗の係数は $\gamma = 6\pi\eta R$. 表 4.1 より，空気（摂氏 25℃）の粘性抵抗は $\eta = 1.8 \times 10^{-5}\,\mathrm{N{\cdot}s/m^2}$ な

ので，半径 $R = 0.1\,\mathrm{mm}$ の雨滴の粘性抵抗の係数 γ は $\gamma \approx 3.4 \times 10^{-8}\,\mathrm{N \cdot s/m}$. また，この雨滴の質量は $m = \dfrac{4}{3}\pi R^3 \rho \approx 4.2 \times 10^{-9}\,\mathrm{kg} = 4.2\,\mu\mathrm{g}$ となるので，雨滴の終端速度を v_∞ とすると $v_\infty = \dfrac{mg}{\gamma} = 1.2\,\mathrm{m/s}$.

5.4　(6.25) より，$\beta/m = g/v_\infty{}^2 = 9.8/(6.5)^2 = 0.23\,\mathrm{m}^{-1}$.

6.1　(6.6) より

$$m = \frac{kT^2}{(2\pi)^2} = \frac{20 \times 1^2}{(2 \times 3.14)^2} \approx 0.5\,\mathrm{kg} = 500\,\mathrm{g}$$

の物体を付ければよいことがわかります.

7.1　(1)　ゆっくりと持ち上げているので，人が物体を持ち上げる力の大きさ F は重力の大きさ mg よりわずかに大きいですが，この差は小さいので無視し，$F = mg$ とします．また，力の方向と移動方向は同じなので，(7.1) のなす角 θ はゼロ ($\theta = 0^\circ$) です．こうして，人が物体にする仕事 W は (7.1) から $W = mgh = 49\,\mathrm{J}$.

(2)　物体をゆっくりと移動させているので，斜面に沿ってはたらく力の大きさ F_s は重力の斜面方向の成分 ($= mg\sin\phi$) よりわずかに大きいですが，この差は小さいので無視し，$F_s = mg\sin\phi$ とします．また，斜面上の移動距離 s は $s = h/\sin\phi$ であり，力の方向と移動方向は同じ ($\theta = 0^\circ$) なので，人が物体にする仕事 W は

$$W = F_s s = mg\sin\phi \frac{h}{\sin\phi} = mgh = 49\,\mathrm{J}$$

となり，(1) と同じ値になることがわかります.

7.2　任意の位置 $\boldsymbol{r} = (x, y)$ での，この力のポテンシャルエネルギー $U(\boldsymbol{r})$ を計算するために，力 $\boldsymbol{F}$ を経路：$(0,0) \to (x,0) \to (x,y)$ に対して積分すると

$$\begin{aligned} U(\boldsymbol{r}) &= -\int_{(0,0)}^{(x,y)} \boldsymbol{F} \cdot d\boldsymbol{r} = -\int_0^x F_x(x',0)\,dx' - \int_0^y F_y(x,y')\,dy' \\ &= -\int_0^x 0\,dx' - \int_0^y x^2 y'\,dy' = -\frac{x^2y^2}{2}. \end{aligned}$$

7.3　人工衛星は半径 R の円周上を角速度 ω で等速円運動しているので，人工衛星の動径方向の速度は $v = 0$，動径方向の加速度は $\dfrac{dv}{dt} = 0$ です．このとき，この人工衛星の動径方向の運動方程式は (3.3) の第 1 式より $M\left(\dfrac{dv}{dt} - R\omega^2\right) = -Mg$ となります．等速円運動における角速度 ω と速度 v の関係は $v = R\omega$ なので，この式は $\dfrac{v^2}{R} = g$ となり，第 1 宇宙速度を v_1 とすると

$$v_1 = \sqrt{gR} = \sqrt{9.8 \times (6.38 \times 10^6)} = 7.91\,\mathrm{km/s}.$$

8.1　2 次元極座標表示において，質点の位置ベクトルは（2.34）より $\boldsymbol{r} = r\boldsymbol{e}_r$，速度ベクトルは（2.37）より $\boldsymbol{v} = v_r\boldsymbol{e}_r + v_\theta\boldsymbol{e}_\theta = \dfrac{dr}{dt}\boldsymbol{e}_r + r\dfrac{d\theta}{dt}\boldsymbol{e}_r$ で表されるので，角運動量は $\boldsymbol{L} = \boldsymbol{r} \times \boldsymbol{L} = mr^2\dfrac{d\theta}{dt}\boldsymbol{e}_z$ となります．ここで，$\boldsymbol{e}_r \times \boldsymbol{e}_r = \boldsymbol{0}$ と $\boldsymbol{e}_r \times \boldsymbol{e}_\theta = \boldsymbol{e}_z$（$\boldsymbol{e}_z$ は z 方向の単位ベクトル）を用いました．こうして，角運動量の大きさ $L = |\boldsymbol{L}| = |\boldsymbol{r} \times \boldsymbol{L}| = mr^2\dfrac{d\theta}{dt}$ となります．ここで，$|\boldsymbol{e}_z| = 1$ を用いました．

8.2　等速円運動なので角速度 $\omega = \dfrac{d\theta}{dt} =$ 一定 となり，Training 8.1 の答（$L = mr^2\dfrac{d\theta}{dt}$）より $L = mr^2\omega$.

9.1　省略.

10.1　エレベータに固定された座標系を設定し，鉛直上向きに x 軸の正の向きを選ぶと，この質点に対するニュートンの運動方程式は $m\dfrac{d^2x}{dt^2} = -mg + N + ma$ となります（g は重力加速度の大きさ，N は垂直抗力，a はエレベータの加速度の大きさ）．エレベータに固定された座標系から見た質点の加速度はゼロなので，$N = m(g - a)$ となり，エレベータが自由落下する（$a = g$）ときには $N = 0$，すなわち，質点は無重力状態となります．

10.2　（10.11）の左辺に（10.9）の $r = r'$ と（10.10）の $\theta = \theta' + \omega t$ を代入すると，

$$m\left\{\frac{d^2r}{dt^2} - r\left(\frac{d\theta}{dt}\right)^2\right\} = m\left\{\frac{d^2r'}{dt^2} - r'\left(\frac{d\theta'}{dt}\right)^2\right\} - 2mv_\theta'\,\omega - mr'\omega^2$$

が得られます（ここで，$v_\theta' = r'\dfrac{d\theta'}{dt}$）．この式を（10.11）に代入すると，（10.13）が得られます．同様に，$r = r'$ と $\theta = \theta' + \omega t$ を（10.12）の左辺に代入すると，

$$m\left(r\frac{d^2\theta}{dt^2} + 2\frac{dr}{dt}\frac{d\theta}{dt}\right) = m\left(r'\frac{d^2\theta'}{dt^2} + 2\frac{dr'}{dt}\frac{d\theta'}{dt}\right) + 2mv_r'\,\omega$$

が得られます（ここで，$v_r' = \dfrac{dr'}{dt}$）．この式を（10.12）に代入すると（10.14）が得られます．

11.1　$v_1 = x_1 - a$，$v_2 = x_2 - 2a$ なので

$$\widetilde{X} = \frac{v_1 + v_2}{2} = \frac{(x_1 - a) + (x_2 - 2a)}{2} = \frac{x_1 + x_2 - 3a}{2}$$

$$\tilde{x} = v_2 - v_1 = (x_2 - 2a) - (x_1 - a) = x_2 - x_1 - a$$

となります．これら 2 式を連立することで（11.40）と（11.41）が得られます．

Practice

［1.1］ (1)～(3)　本文の説明を参照してください．

［1.2］ B から A に向かうベクトル $\boldsymbol{a} - \boldsymbol{b}$ を λ 倍したベクトル $\lambda(\boldsymbol{a} - \boldsymbol{b})$ は，A と B を結ぶ直線上の点に向かって B から引いたベクトルなので，$\boldsymbol{c} = \boldsymbol{b} + \lambda(\boldsymbol{a} - \boldsymbol{b})$ は A と B を結ぶ直線上にあります．

［1.3］（1.21）の右辺が周期の次元（つまり時間の次元）と一致するためには，$\alpha = 0$, $\beta + \gamma = 0$, $-2\gamma = 1$ を満たす必要があるので，$\alpha = 0$, $\beta = 1/2$, $\gamma = -1/2$. 周期 T は（1.20）より $T \propto \sqrt{\ell/g}$ となり，おもり（質点）の質量 m に依存しないことがわかります．

［1.4］ $$\boldsymbol{e}_x\boldsymbol{e}_x + \boldsymbol{e}_y\boldsymbol{e}_y + \boldsymbol{e}_z\boldsymbol{e}_z = \begin{pmatrix} 1 & 0 & 0 \\ 0 & 0 & 0 \\ 0 & 0 & 0 \end{pmatrix} + \begin{pmatrix} 0 & 0 & 0 \\ 0 & 1 & 0 \\ 0 & 0 & 0 \end{pmatrix} + \begin{pmatrix} 0 & 0 & 0 \\ 0 & 0 & 0 \\ 0 & 0 & 1 \end{pmatrix} = \begin{pmatrix} 1 & 0 & 0 \\ 0 & 1 & 0 \\ 0 & 0 & 1 \end{pmatrix}$$

［2.1］ (1)　$v(t) = v_0 + a_0 t$, $a(t) = a_0$　(2)　$v(t) = -A\omega \sin(\omega t + \delta)$, $a(t) = -\omega^2 x(t)$　(3)　$v(t) = -\kappa x(t)$, $a(t) = -\kappa v(t)$　(4)　$v(t) = -\kappa x(t) - A\omega e^{-\kappa t} \sin(\omega t + \delta)$, $a(t) = -\kappa v(t) + A\omega\kappa e^{-\kappa t} \sin(\omega t + \delta) - \omega^2 x(t)$

［2.2］ (1)　第 1 式を第 2 式に代入して時間 t を消去すると，$y = (b/a^2)x^2 + (c/a)x + c_0$（放物線）．また，速度の x, y 成分はそれぞれ

$$v_x = \frac{dx}{dt} = a, \qquad v_y = \frac{dy}{dt} = 2bt + c = \frac{2b}{a}x + c$$

（ここで，第 1 式より $t = x/a$ を用いました），加速度の x, y 成分はそれぞれ

$$a_x = \frac{dv_x}{dt} = 0, \qquad a_y = \frac{dv_y}{dt} = 2b$$

(2)　第 1 式と第 2 式より $x/a = \cos\omega t$, $y/b = \sin\omega t$ なので，これらをそれぞれ 2 乗して足すと，$x^2/a^2 + y^2/b^2 = \cos^2\omega t + \sin^2\omega t = 1$（楕円）となります．また，速度の x 成分と y 成分はそれぞれ

$$v_x = \frac{dx}{dt} = -a\omega \sin\omega t = -\frac{a\omega}{b}y, \qquad v_y = \frac{dy}{dt} = b\omega\cos\omega t = \frac{b\omega}{a}x$$

加速度の x, y 成分はそれぞれ

$$a_x = \frac{dv_x}{dt} = -a\omega^2 \cos \omega t = -\omega^2 x, \qquad a_y = \frac{dv_y}{dt} = -b\omega^2 \sin \omega t = -\omega^2 y$$

［2. 3］　$\dfrac{2\{(x_2 - x_3)t_1 + (x_3 - x_1)t_2 + (x_1 - x_2)t_3\}}{(t_2 - t_3)\{t_3 - t_1(t_1 - t_2)\}}$

［2. 4］　(1)　$r = v_0 t$ と $\theta = \omega_0 t$ から時間 t を消去して，$r = (v_0/\omega_0)\theta$.

(2)　速度の r 成分は，$r = v_0 t$ を (2. 42) の第 1 式に代入して，$v_r = \dfrac{dr}{dt} = v_0$ となります．一方，速度の θ 成分は，$r = v_0 t$ と $\theta = \omega_0 t$ を (2. 42) の第 2 式に代入して，$v_\theta = r\dfrac{d\theta}{dt} = v_0 \omega_0 t$.

(3)　加速度の r 成分と θ 成分は，$r = v_0 t$ と $\theta = \omega_0 t$ を (2. 44) の第 1 式と第 2 式に代入して，それぞれ

$$a_r = \frac{d^2 r}{dt^2} - r\left(\frac{d\theta}{dt}\right)^2 = -v_0 {\omega_0}^2 t, \qquad a_\theta = r\frac{d^2\theta}{dt^2} + 2\frac{dr}{dt}r\left(\frac{d\theta}{dt}\right) = 2v_0\omega_0$$

［2. 5］　$x = a(\theta - \sin\theta)$, $y = a(1 - \cos\theta)$ を t で微分することで，速度の x, y 成分はそれぞれ $v_x = \dfrac{dx}{dt} = a\omega(1 - \cos\theta)$, $v_y = \dfrac{dy}{dt} = a\omega \sin\theta$ となります．ここで，$\omega = \dfrac{d\theta}{dt}$ です．また，v_x と v_y を t でそれぞれ微分することで，加速度の x, y 成分はそれぞれ $a_x = \dfrac{dv_x}{dt} = a\omega^2 \sin\theta$, $a_y = \dfrac{dv_y}{dt} = a\omega^2 \cos\theta$ となります．なお，加速度の大きさ a は $a = \sqrt{{a_x}^2 + {a_y}^2} = a\omega^2$ (= 一定) です．

［3. 1］　(1)　物体 A, B, C の加速度の大きさを a とすると，それぞれの物体に対するニュートンの運動方程式は $m_A a = F - F_1$, $m_2 a = F_2 - F_3$, $m_3 a = F_4$ となり，連結された糸にはたらく張力は互いにつり合っているので $F_1 = F_2$ と $F_3 = F_4$. これより，加速度の大きさは $a = \dfrac{F}{m_1 + m_2 + m_3}$.

(2)　(1) で得られた加速度 a の表式を物体 A の運動方程式 ($m_A a = F - F_1$) に代入して $F_1 (= F_2) = \dfrac{m_2 + m_3}{m_1 + m_2 + m_3}F$, 加速度 a の表式を物体 C の運動方程式 ($m_3 a = F_4$) に代入して $F_4 (= F_3) = \dfrac{m_3}{m_1 + m_2 + m_3}F$.

［3. 2］　(1)　ボールの速さを MKS 単位で表すと，

$$140\,\mathrm{km/h} = \frac{140000\,\mathrm{m}}{(60 \times 60)\,\mathrm{s}} = 38.9\,\mathrm{m/s}, \qquad 200\,\mathrm{km/h} = \frac{200000\,\mathrm{m}}{(60 \times 60)\,\mathrm{s}} = 55.6\,\mathrm{m/s}$$

なので，運動量の変化は $0.15\,\mathrm{kg} \times 55.6\,\mathrm{m/s} - (-0.15\,\mathrm{kg} \times 38.9\,\mathrm{m/s}) = 14.2\,\mathrm{kg\cdot m/s}$, 力積は $14.2\,\mathrm{N\cdot s}$.

(2)　力の平均の大きさを f とすると，$f \times 0.01 = 14.2$ より，$f = 1.42 \times 10^3\,\mathrm{N} = 1.42\,\mathrm{kN}$.

[3.3]　床に衝突する直前の質点の速さを v，衝突直後の速さを v' とすると，跳ね返り係数 e は $e = \dfrac{v'}{v}$ と表されます．一方，質量 m の質点が高さ h にあるときの位置エネルギー mgh と床に衝突する直前の運動エネルギー $\dfrac{1}{2}mv^2$ は等しいので $v = \sqrt{2gh}$，エネルギー保存の法則より，衝突直後の質点の運動エネルギー $\dfrac{1}{2}mv'^2$ と跳ね返り後の最高到達点 $h'(=h/4)$ での位置エネルギー mgh' は等しいので $v' = \sqrt{mgh'}$．よって，跳ね返り係数は $e = \dfrac{v'}{v} = \sqrt{\dfrac{h'}{h}} = \sqrt{\dfrac{h/4}{h}} = \dfrac{1}{2}$.

[3.4]　(1)　時刻 t と $t + \varDelta t$ における系に対して運動量保存則は，$M(t)\,v(t) = \{M(t) - \gamma\varDelta t\}v(t + \varDelta t) + \gamma\varDelta t\{v(t + \varDelta t) - v_0\}$ と表され，$\varDelta t$ を微小として $v(t + \varDelta t) \approx v(t) + \dfrac{dv}{dt}\varDelta t$ のようにテイラー展開し，$(\varDelta t)^2$ の項を無視すると，$M(t)\,\dfrac{dv}{dt}\varDelta t = \gamma v_0\varDelta t$ が得られます．いま，$M(t) = M_0 - \gamma t$ なので $(M_0 - \gamma t)\,\dfrac{dv}{dt} = \gamma v_0$ となり，ロケットの加速度 a は，$a = \dfrac{dv}{dt} = \dfrac{\gamma v_0}{M_0}\left(1 - \dfrac{\gamma t}{M_0}\right)$ となります．

(2)　(1) で得られた加速度を t で積分し，初期条件（$v_{(0)} = 0$）を用いることで，$V_0 \ln\left|\dfrac{M_0}{M_0 - \gamma t}\right|$ となります．

[4.1]　(4.1) より，

$$|F| = (6.7 \times 10^{-11})\frac{60 \times 60}{1^2} = 2.412 \times 10^{-7}\,\mathrm{N}$$

[4.2]　(1)　周期 $T = 1\,\mathrm{day} = 86400\,\mathrm{s}$（$= 24\,\mathrm{h} \times 60\,\mathrm{min/h} \times 60\,\mathrm{s/min}$）なので，地球の角速度 ω は

$$\omega = \frac{2\pi}{T} = \frac{2\pi}{86400} = 7.272 \times 10^{-5}\,\mathrm{rad/s}$$

(2)　赤道上での万有引力（重力）$F_{\mathrm{g}} = mg$（ただし，$g = G\dfrac{M}{R^2} = 9.8\,\mathrm{m/s^2}$）と遠心力 $F_{\mathrm{c}} = mR\omega^2$ の比は，

$$\frac{F_{\mathrm{c}}}{F_{\mathrm{g}}} = \frac{R\omega^2}{g} = \frac{(6.4 \times 10^6) \times (7.272 \times 10^{-5})^2}{9.8} \approx 3.45 \times 10^{-3}$$

となり，万有引力（重力）は遠心力の 300 倍ほど大きいことがわかります．

(3) 地球の質量 $M = \dfrac{gR^2}{G} = \dfrac{9.8 \times (6.4 \times 10^6)^2}{6.7 \times 10^{-11}} = 59.9 \times 10^{23}\,\mathrm{kg}$

$$地球の平均密度\ \rho = \frac{M}{\frac{4}{3}\pi R^3} = \frac{59.9 \times 10^{23}}{\frac{4}{3} \times 3.14 \times (6.4 \times 10^6)^3}$$

$$= 5.51 \times 10^3\,\mathrm{kg/m^3}\ \ (= 5.51 \times 10^3\,\mathrm{g/cm^3})$$

[4.3] 図1(a)に示すように，2つの点電荷の中点を座標原点に選び，正電荷の位置ベクトルを $\boldsymbol{r}_1 = \boldsymbol{d}/2$，負電荷の位置ベクトルを $\boldsymbol{r}_2 = -\boldsymbol{d}/2$ とすると，この正電荷と負電荷が位置 $\boldsymbol{r}$ につくる電場 $\boldsymbol{E}(\boldsymbol{r})$ は，正電荷がつくる電場 $\boldsymbol{E}_+(\boldsymbol{r})$ と負電荷がつくる電場 $\boldsymbol{E}_-(\boldsymbol{r})$ の重ね合わせ

$$\boldsymbol{E}(\boldsymbol{r}) = \boldsymbol{E}_+(\boldsymbol{r}) + \boldsymbol{E}_-(\boldsymbol{r}) = \frac{q}{4\pi\varepsilon_0}\left(\frac{\boldsymbol{r} - \frac{\boldsymbol{d}}{2}}{\left|\boldsymbol{r} - \frac{\boldsymbol{d}}{2}\right|^3} - \frac{\boldsymbol{r} + \frac{\boldsymbol{d}}{2}}{\left|\boldsymbol{r} + \frac{\boldsymbol{d}}{2}\right|^3}\right) \tag{1}$$

によって与えられます．ここで，

$$\left|\boldsymbol{r} \mp \frac{\boldsymbol{d}}{2}\right|^{-3} = \left\{\left(\boldsymbol{r} \mp \frac{\boldsymbol{d}}{2}\right)\cdot\left(\boldsymbol{r} \mp \frac{\boldsymbol{d}}{2}\right)\right\}^{-\frac{3}{2}} = \frac{1}{r^3}\left\{1 \mp \frac{d}{r}\cos\theta + \frac{1}{4}\left(\frac{d}{r}\right)^2\right\}^{-\frac{3}{2}} \tag{2}$$

$$\approx \frac{1}{r^3}\left(1 \mp \frac{d}{r}\cos\theta\right)^{-\frac{3}{2}} \tag{3}$$

のように式変形できます．なお，θ は $\boldsymbol{d}$ と $\boldsymbol{r}$ との成す角です．また，(3) では，$d/r \ll 1$ であることを考慮して，(2) 式の2番目の等式の $\{\cdots\}$ 内の $(d/r)^2$ の項を無視しました．

さらに，近似式 $(1 + x)^\alpha \approx 1 + \alpha x$ $(x \ll 1)$ を利用すると，(3) は

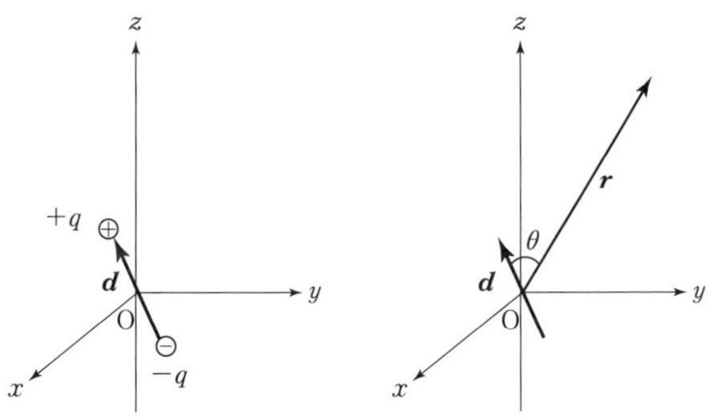

(a) 電気双極子モーメント $\boldsymbol{d}$　　(b) $\boldsymbol{d}$ と位置ベクトル $\boldsymbol{r}$

図1 電気双極子

$$\left|\boldsymbol{r} \mp \frac{\boldsymbol{d}}{2}\right|^{-3} \approx \frac{1}{r^3}\left(1 \pm \frac{3}{2}\frac{d}{r}\cos\theta\right) = \frac{1}{r^3}\left(1 \pm \frac{3}{2}\frac{\boldsymbol{r}\cdot\boldsymbol{d}}{r^2}\right) \tag{4}$$

となるので，これを (1) に代入して

$$\begin{aligned}\boldsymbol{E}(\boldsymbol{r}) &= \frac{q}{4\pi\varepsilon_0}\left\{\frac{1}{r^3}\left(1 + \frac{3}{2}\frac{\boldsymbol{r}\cdot\boldsymbol{d}}{r^2}\right)\left(\boldsymbol{r} - \frac{\boldsymbol{d}}{2}\right) - \frac{1}{r^3}\left(1 - \frac{3}{2}\frac{\boldsymbol{r}\cdot\boldsymbol{d}}{r^2}\right)\left(\boldsymbol{r} + \frac{\boldsymbol{d}}{2}\right)\right\} \\ &= \frac{q}{4\pi\varepsilon_0}\left\{\frac{3(\boldsymbol{r}\cdot\boldsymbol{d})}{r^5}\boldsymbol{r} - \frac{1}{r^3}\boldsymbol{d}\right\}\end{aligned}$$

となります．電気双極子モーメント $\boldsymbol{p} = q\boldsymbol{d}$ を用いて上式を書き直すと

$$\boldsymbol{E}(\boldsymbol{r}) = \frac{1}{4\pi\varepsilon_0}\left\{\frac{3(\boldsymbol{r}\cdot\boldsymbol{p})}{r^5}\boldsymbol{r} - \frac{1}{r^3}\boldsymbol{p}\right\}$$

となり，電気双極子のつくる電場は中心から距離 r に対して r^3 に反比例することがわかります．

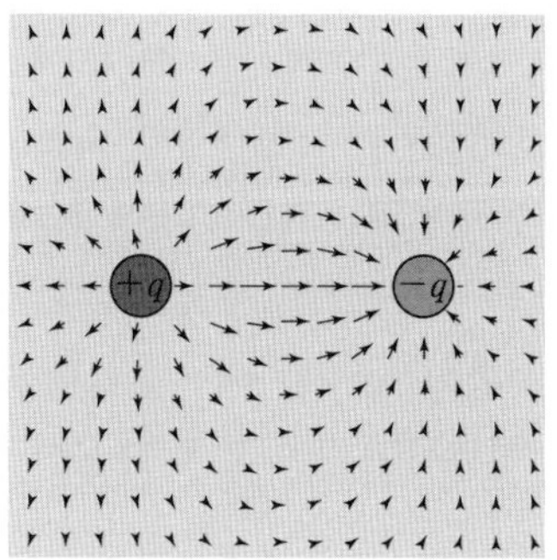

図 2　電気双極子がつくる電場の様子

[4.4]　(1)　物体は静止しているので，力 F $(= 10\mathrm{N})$ と摩擦力はつり合っています．したがって，摩擦力の大きさは 10N となります．

(2)　力の大きさが $F = 20\mathrm{N}$ のときに物体が動き出したということは，このとき力 F と (4.18) の最大摩擦力 $R_{\max} = \mu N$ がつり合っています．したがって，このときの摩擦係数（最大摩擦係数）は $\mu = F/N$ で与えられ，垂直抗力 N は物体にはたらく重力 mg とつり合っているので，静止摩擦係数は $\mu = F/mg = 20/(2.0 \times 9.8) = 1.02$.

[4.5]　物体をぶら下げて静止した状態では，フックの力 $-k\ell$（ℓ はバネの自然長からの伸び）と重力 $-mg$ がつり合っている ($k\ell = mg$) ので，

$$\ell = \frac{mg}{k}$$

となります．

言い換えると，物体の質量 m が既知の場合には，バネの伸び ℓ を測定することで，$k = mg/\ell$ を用いてバネ定数 k を知ることができます．

[4.6] (1) 重力と粘性抵抗がつり合っている ($mg = 6\pi\eta Rv_0$) ので，粘性係数 η は $\eta = mg/6\pi Rv_0$.

(2) 電気量 q に帯電した油滴は電場 E の中でクーロン力 qE を受けるので，つり合いの式は $qE = mg + 6\pi\eta Rv_1$ となり，(1) の答え $mg = 6\pi\eta Rv_0$ を用いてつり合いの式を書き直すと，油滴の電気量 q は $q = \dfrac{6\pi\eta R}{E}(v_0 + v_1)$.

(3) 表 4.2 をよく眺めてみると，それぞれの油滴の電気量がとびとびの値をとっていて，何らかの最小公約数 e (最小単位) が存在しているように見えます．e を用いて表 4.2 を書き直すと

	油滴 1	油滴 2	油滴 3	油滴 4	油滴 5	油滴 6
$\times 10^{-19}$C	$-2e$	$-2e$	$-3e$	$-4e$	$-4e$	$-5e$

のようになります．したがって，$2e + 2e + 3e + 4e + 4e + 5e = (3.21 + 3.19 + 4.81 + 6.42 + 6.40 + 8.02) \times 10^{-19}$C となるので，これを計算すると $20e = 32.05 \times 10^{-19}$C となり，$e = 1.6025 \times 10^{-19}$C (この値を電気素量といいます)．よって，電子の電気量は $q = -e = -1.6025 \times 10^{-19}$C.

(4) (4.28) より，電子の質量は

$$m = \frac{e}{1.758820 \times 10^{11}} = \frac{1.6025 \times 10^{-19}}{1.758820 \times 10^{11}} = 9.11 \times 10^{-31}\,\mathrm{kg}$$

[5.1] (1) この質点の速度 $\boldsymbol{v} = (v_x, v_y)$ はニュートンの運動方程式

$$m\frac{dv_x}{dt} = -\gamma v_x, \qquad m\frac{dv_y}{dt} = -mg - \gamma v_y$$

に従います (y 軸を鉛直上向きに選びました)．第 1 式を変数分離法によって解くことで $v_x = V_x e^{-\gamma t/m}$ (V_x は積分定数)．初期条件として，$t = 0$ で $v_x(0) = v_0 \cos\theta$ が与えられているので，$V_x = v_0 \cos\theta$ となり，質点の速度の x 成分は $v_x = v_0 \cos\theta\, e^{-\gamma t/m}$. 一方，第 2 式で $u_y \equiv v_y + \dfrac{mg}{\gamma}$ とおくと，第 2 式は $\dfrac{du_y}{dt} = \dfrac{\gamma}{m}u_y$ となり，この微分方程式も変数分離法を用いて解けます．さらに $t = 0$ で $u_y(0) = v_0 \sin\theta + \dfrac{mg}{\gamma}$ とすると，質点の速度の y 成分は

$$v_y = -\frac{mg}{\gamma}t + \left(v_0 \sin\theta + \frac{mg}{\gamma}\right)e^{\gamma t/m}$$

(2) $t \to \infty$ で $v_x \to 0$, $v_y \to -\dfrac{mg}{\gamma}$ となり，初期の投射角度 θ や初速度 $\boldsymbol{v}_0$ に無

関係に速さ $\dfrac{mg}{\gamma}$ で鉛直下向きに落下していきます．

(3)　(1) で求めた v_x と v_y を時間 t で積分して，初期条件 ($t=0$ で $x=0$, $y=0$) を代入すると

$$x=\frac{m}{\gamma}v_0\cos\theta(1-e^{-\gamma t/m}),\qquad y=-\frac{mg}{\gamma}+\frac{m}{\gamma}\left(v_0\sin\theta+\frac{mg}{\gamma}\right)(1-e^{-\gamma t/m})$$

[**5.2**]　(1)　(5.43) に $\dfrac{dv}{dt}=0$ を代入することで，終端速度は $v_\infty=\dfrac{e\tau E}{m}$.

(2)　(1) で求めた v_∞ を電流密度の表式 $j=-env_\infty$ に代入することで，$j=\sigma E$. ここで，$\sigma=\dfrac{ne^2\tau}{m}$ は電気伝導率です．

(3)　$\tau=\dfrac{m\sigma}{ne^2}=\dfrac{(9.1\times10^{-31})\times(6.45\times10^{7})}{(8.5\times10^{28})\times(1.6\times10^{-19})^2}=2.7\times10^{-14}\,\mathrm{s}$

[**5.3**]　この質点に対するニュートンの運動方程式は，鉛直上向きを x 軸とすると，$m\dfrac{dv}{dt}=-mg-\beta v^2$. この方程式の両辺を m で割ると $\dfrac{dv}{dt}=-g-\dfrac{\beta}{m}v^2$. ここで，$\dfrac{dv}{dt}=\dfrac{dx}{dt}\dfrac{dv}{dx}=v\dfrac{dv}{dx}$ (合成関数の微分) を用いると微分方程式は $v\dfrac{dv}{dx}=-\dfrac{\beta}{m}\left(v^2+\dfrac{mg}{\beta}\right)$. この微分方程式は，変数分離法で解くことができて $\displaystyle\int\frac{v}{v^2+mg/\beta}\,dv=-\frac{\beta}{m}\int dx$, すなわち $\dfrac{1}{2}\ln\left|v^2+\dfrac{mg}{\beta}\right|=-\dfrac{\beta}{m}x+C$ (C は積分定数). 投げ上げ地点 ($x=0$) での速度を $v=v_0$, 最高到達点 ($x=h$) での速度は $v=0$ なので，その 2 つの条件より

$$\frac{1}{2}\ln\left|{v_0}^2+\frac{mg}{\beta}\right|=C,\qquad \frac{1}{2}\ln\left|\frac{mg}{\beta}\right|=-\frac{\beta}{m}h+C$$

この 2 式から積分定数 C を消去して，h についてまとめると $h=\dfrac{m}{2\beta}\ln\left|\dfrac{mg+\beta{v_0}^2}{mg}\right|$.

[**5.4**]　極板に平行かつ荷電粒子の入射速度と同じ向きに x 軸をとり，電場と同じ向きに y 軸をとるとします．このとき，荷電粒子に対する運動方程式の x 成分と y 成分はそれぞれ，$m\dfrac{dv_x}{dt}=0$, $m\dfrac{dv_y}{dt}=qE$ となります．これら 2 式を t で積分すると，$v_x(t)=v_0$, $v_y(t)=\dfrac{qE}{m}t$ が得られます．ここで，入射時 ($t=0$) での荷電粒子の速度として，$v_x(0)=v_0$, $v_y(0)=0$ を用いました．さらに，$v_x(t)$ と $v_y(t)$ を t で積分すると，荷電粒子の位置は，$x(t)=v_0t$, $y(t)=\dfrac{qE}{2m}t^2$ となります．

ここで，$t=0$ での荷電粒子の位置を $x(0)=y(0)=0$ としました．

以上の結果より，$x(t_{\mathrm{L}})=L$ となる時刻 t_{L} は $t_{\mathrm{L}}=L/v_0$ なので，この荷電粒子が x 軸に沿って L だけ進んだときの y 軸方向のずれ $y(t_{\mathrm{L}})$ は，$y(t_{\mathrm{L}})=\dfrac{qE}{2m}t_{\mathrm{L}}{}^2=\dfrac{qE}{2m}\left(\dfrac{L}{v_0}\right)^2$ となります．

［**5.5**］ この質点に対する運動方程式は，座標軸を鉛直下向きに選ぶと $m\dfrac{dv}{dt}=mg-\gamma v-\beta v^2$ となります．この微分方程式は変数分離法で解くことができて，

$$\int\frac{1}{(v-v_+)(v-v_-)}\,dv=-\frac{\beta}{m}\int dt$$

のように変形できます．ここで，$v_\pm=-\dfrac{\gamma}{2\beta}\pm\sqrt{\left(\dfrac{\gamma}{2\beta}\right)^2+\dfrac{mg}{\beta}}$ です．

上式の左辺の被積分関数を部分分数分解すると，

$$\frac{1}{2\sqrt{\left(\dfrac{\gamma}{2\beta}\right)^2+\dfrac{mg}{\beta}}}\int\left(\frac{1}{v-v_+}-\frac{1}{v-v_-}\right)dv=-\frac{\beta}{m}\int dt$$

となるので，両辺の積分を実行して，v について整理することで

$$v(t)=\frac{v_+-v_-A\exp\left\{-\dfrac{2\beta t}{m}\sqrt{\left(\dfrac{\gamma}{2\beta}\right)^2+\dfrac{mg}{\beta}}\right\}}{1-A\exp\left\{-\dfrac{2\beta t}{m}\sqrt{\left(\dfrac{\gamma}{2\beta}\right)^2+\dfrac{mg}{\beta}}\right\}}$$

となります．ここで，A は定数です．

［**6.1**］ 振り子の上端（支点）の中心 $x_0=0$ を原点として，水平に x 軸，鉛直下向きに y 軸をとると，おもりの位置は $x=x_0+\ell\sin\theta$, $y=\ell\cos\theta$ と表され（θ はひもと y 軸の成す角），おもりに対するニュートンの運動方程式は

$$m\frac{d^2x}{dt^2}=-T\sin\theta,\qquad m\frac{d^2y}{dt^2}=mg-T\cos\theta\ (T\text{ は糸の張力})$$

いま，振り子が微小振動しているとすると，$\sin\theta\approx\theta$, $\cos\theta\approx1$ のように近似できるので，おもりの y 座標は（この近似の範囲では）常に $y=\ell$．そこで，これ以降ではおもりも x 座標について調べます．x 座標の運動方程式から θ と T を消去すると，$\dfrac{d^2x}{dt^2}=-\omega_0(x-x_0)$．ここで，$\omega_0{}^2\equiv\dfrac{g}{\ell}$ とおきました．さらに，新しい変数 $\xi\equiv x-x_0=x-X_0\sin\omega t$ を導入すると，運動方程式は $\dfrac{d^2\xi}{dt^2}+\omega_0{}^2\xi=X_0\omega^2\sin\omega t$．この非斉次微分方程式は，(6.72) と同様の手続きで解くことができ，

$\xi = A\sin(\omega_0 t + \delta) + \dfrac{X_0\omega^2}{{\omega_0}^2 - \omega^2}\sin\omega t$. したがって，$x = A\sin(\omega_0 t + \delta) + \dfrac{X_0{\omega_0}^2}{{\omega_0}^2 - \omega^2}\sin\omega t$.

［**6.2**］（6.103）の両辺を m で割って整理すると，$\dfrac{d^2x}{dt^2} + {\omega_0}^2 x = \dfrac{a}{m}t$. ここで，${\omega_0}^2 \equiv k/m$ とおきました．この微分方程式の右辺をゼロとおいた斉次微分方程式の一般解 x_{c} は $x_{\mathrm{c}} = A\cos(\omega_0 t + \delta)$（$A$ と δ は定数）．一方，非斉次微分方程式の特解 x_{p} を $x_{\mathrm{p}} = \lambda t$（$\lambda$ は定数）のように仮定して，非斉次微分方程式に代入すると $\lambda = a/k$ が得られ，$x_{\mathrm{p}} = \dfrac{a}{k}t$. こうして，非斉次微分方程式の一般解は $x = x_{\mathrm{c}} + x_{\mathrm{p}} = A\cos(\omega_0 t + \delta) + \dfrac{a}{k}t$. 初期条件として，$t = 0$ で $x = 0$ と $\dfrac{dx}{dt} = 0$ を課すと，$x = \dfrac{a}{k\omega_0}(\omega_0 t - \sin\omega_0 t)$.

［**6.3**］$\kappa \ll \omega_0$ のとき，（6.101）より $\Omega_r \approx \omega_0$. このとき，（6.90）と（6.102）はそれぞれ $A^2 \approx \dfrac{{f_0}^2}{({\Omega_{\mathrm{r}}}^2 - \Omega^2)^2 + 4\kappa^2\Omega^2}$ と $A_{\max} \approx \dfrac{{f_0}^2}{4\kappa^2{\Omega_{\mathrm{r}}}^2}$ のように近似できます．いま，Ω_{r} 近傍での Ω を考えているので，${\Omega_{\mathrm{r}}}^2 - \Omega^2 = (\Omega_{\mathrm{r}} + \Omega)(\Omega_{\mathrm{r}} - \Omega) \approx 2\Omega_{\mathrm{r}}(\Omega_{\mathrm{r}} - \Omega)$ を用いて，さらに $A^2 \approx \dfrac{{f_0}^2}{4{\Omega_{\mathrm{r}}}^2\{(\Omega_{\mathrm{r}} - \Omega)^2 + \kappa^2\}}$ のように近似できます．こうして，$\dfrac{A^2}{{A_{\max}}^2} = \dfrac{\kappa^2}{(\Omega_{\mathrm{r}} - \Omega)^2 + \kappa^2} = \dfrac{1}{2}$ を満たす Ω は $\Omega = \Omega_{\mathrm{r}} \pm \kappa (\equiv \Omega_{\pm})$ なので，共鳴半値幅は $\Delta\Omega \equiv \Omega_+ - \Omega_- = 2\kappa$ となり，Q 値は $Q \equiv \dfrac{\Omega_{\mathrm{r}}}{\Delta\Omega} = \dfrac{\omega_0}{2\kappa}$.

［**6.4**］（1）半径 r の球内の質量は $\dfrac{r^3}{R^3}M$ なので，$F = G\dfrac{\frac{r^3}{R^3}Mm}{r^2} = G\dfrac{Mmr}{R^3}$ となります．また，（4.5）の $g = G\dfrac{M}{R^2}$ を用いることで，$F = \dfrac{mg}{R}r$ を得ます．

（2）この質点に対する運動方程式は，$m\dfrac{d^2r}{dt^2} = -\dfrac{mg}{R}r$ となり，この式は $k \equiv \dfrac{mg}{R}$ とおくことで，（6.1）の単振動の運動方程式と一致します．したがって，この質点の振動の周期 T_0 は（6.6）より $T_0 = 2\pi\sqrt{\dfrac{m}{k}} = 2\pi\sqrt{\dfrac{R}{g}}$ となり，地球の裏側に到達するまでの時間 T は T_0 の半分なので，$T = \dfrac{T_0}{2} = \pi\sqrt{\dfrac{R}{g}}$ となります．

(3) 単振動する質点の位置（地球の中心を原点とする）$r(t)$ は，$r(t) = R\cos\sqrt{\dfrac{g}{R}}t$ なので，質点の速さ v は，$v = \left|\dfrac{dr}{dt}\right| = \sqrt{gR}\left|\sin\sqrt{\dfrac{g}{R}}t\right|$ となります．例えば，最初に地球の中心に質点が到達する時刻 $t = \dfrac{T_0}{4} = \dfrac{\pi}{2}\sqrt{\dfrac{R}{g}}$ では，$v = \sqrt{gR}$ となります．その後に中心を通過する時刻 $t = \dfrac{T_0}{4} + n\dfrac{T_0}{2}$ $(n = 1, 2, 3, \cdots)$ においても同様に $v = \sqrt{gR}$ となります．

［6.5］ コンデンサーに蓄えられるエネルギーは $\dfrac{1}{2}CV^2(t)$，コイルに蓄えられるエネルギーは $\dfrac{1}{2}LI^2(t)$ であり，これらの時間変化が抵抗で消費される電力 $RI^2(t)$ であるので，

$$\frac{d}{dt}\left\{\frac{1}{2}CV^2(t) + \frac{1}{2}LI^2(t)\right\} + RI^2(t) = V(t)$$

の関係が成り立ちます．したがって，$CV\dfrac{dV}{dt} + LI\dfrac{dI}{dt} + RI^2 = V(t)$ となりますが，$V = \dfrac{Q}{C}$，$\dfrac{dV}{dt} = \dfrac{1}{C}\dfrac{dQ}{dt} = \dfrac{1}{C}I$ を用いて式を整理すると，$L\dfrac{dI}{dt} + RI + \dfrac{1}{C}Q = V(t)$ となります．$I = \dfrac{dQ}{dt}$ なので

$$L\frac{d^2Q}{dt^2} + R\frac{dQ}{dt} + \frac{1}{C}Q = V_0\cos\Omega t$$

となり，この式と (6.87) を比較すると，次の表のような対応関係があります．

力学振動	変位 x	質量 m	バネ定数 k	粘性係数 γ	外力 F
電気振動	電荷 Q	インダクタンス L	電気容量 $\dfrac{1}{C}$	抵抗 R	電圧 V

［7.1］ 保存力 $\boldsymbol{F}$ の作用のもとで，点 A から点 B まで質点を移動させる際に，経路 $\mathrm{C_1}$ を辿った場合の仕事 $W_{\mathrm{AB}}^{(\mathrm{C_1})} = \int_{\mathrm{A(C_1)}}^{\mathrm{B}}\boldsymbol{F}\cdot d\boldsymbol{s}$ と経路 $\mathrm{C_2}$ を辿った場合の仕事 $W_{\mathrm{AB}}^{(\mathrm{C_2})} = \int_{\mathrm{A(C_2)}}^{\mathrm{B}}\boldsymbol{F}\cdot d\boldsymbol{s}$ は等しく，$W_{\mathrm{AB}}^{(\mathrm{C_1})} = W_{\mathrm{AB}}^{(\mathrm{C_2})}$，すなわち，$\int_{\mathrm{A(C_1)}}^{\mathrm{B}}\boldsymbol{F}\cdot d\boldsymbol{s} = \int_{\mathrm{A(C_2)}}^{\mathrm{B}}\boldsymbol{F}\cdot d\boldsymbol{s}$．この式の右辺の積分経路を逆行させて B → A として，右辺を左辺に移行すると，$\int_{\mathrm{A(C_1)}}^{\mathrm{B}}\boldsymbol{F}\cdot d\boldsymbol{s} + \int_{\mathrm{B(C_2)}}^{\mathrm{A}}\boldsymbol{F}\cdot d\boldsymbol{s} = 0$．この式の左辺の第 1 項は，点 A から

経路 C_1 を辿って点 B に到達することを表しており，第 2 項は，点 B から経路 C_2 を辿って点 A に戻ることを表しています．つまり，第 1 項と第 2 項を合わせると，閉じた経路 $C = C_1 + C_2$ を周回積分したことを表しています．こうして，

$\oint_{(C)} \boldsymbol{F} \cdot d\boldsymbol{s} = 0.$

［**7.2**］ (1) 力学的エネルギー保存の法則より，初期位置の高さ h での位置エネルギー mgh と地面に衝突する寸前での運動エネルギー $\frac{1}{2}mv_0{}^2$ が等しいので $v_0 = \sqrt{2gh}$.

(2) 地面に衝突した直後の速さ v_1 は $v_1 = ev_0 = e\sqrt{2gh}$ なので，その時の運動エネルギー $\frac{1}{2}mv_1{}^2 = \frac{1}{2}m(e\sqrt{2gh})^2$ とその後の最高到達点 h_1 での位置エネルギー mgh_1 が等しいとする力学的エネルギー保存の法則より，$h_1 = e^2h_0$. 同様に，2 回目の衝突後の最高到達点の高さは $h_2 = e^4h_0$, 3 回目は $h_3 = e^6h_0$. こうして，k 回目の衝突後の最高到達点の高さは $h_k = e^{2k}h_0$ と推察できます（この推察が正しいことは，数学的帰納法を用いて証明できます（証明略））.

(3)
$$L = h_0 + 2h_1 + 2h_2 + 2h_3 + \cdots = h_0 + 2h_0e^2(1 + e^2 + e^4 + \cdots)$$
$$= h_0 + 2h_0\frac{e^2}{1 - e^2} = h_0\frac{1 + e^2}{1 - e^2}$$

［**7.3**］ この質点の位置エネルギー $U(t)$ は

$$U(t) = \frac{1}{2}kx^2 = \frac{A^2}{2}ke^{-2\kappa t}\cos^2(\omega_1 t + \delta)$$

一方，この質点の速度 $v = dx/dt$ は (7.77) より

$$v(t) = -Ae^{-\kappa t}\{\kappa\cos(\omega_1 t + \delta) + \omega_1\sin(\omega_1 t + \delta)\}$$

となるので，この質点の運動エネルギー $K(t)$ は

$$K(t) = \frac{1}{2}mv^2(t) = \frac{A^2}{2}me^{-2\kappa t}\{\kappa\cos(\omega_1 t + \delta) + \omega_1\sin(\omega_1 t + \delta)\}^2$$

したがって，時刻 t におけるこの質点の力学的エネルギー $E(t)$ は $E(t) = K(t) + U(t) = \frac{A^2}{2}e^{-2\kappa t}F(t)$. ここで，時間 t の関数 $F(t)$ は

$$F(t) \equiv k\cos^2(\omega_1 t + \delta) - m\{\kappa\cos(\omega_1 t + \delta) + \omega_1\sin(\omega_1 t + \delta)\}^2$$

です．関数 $F(t)$ が $F(t + T) = F(t)$ を満たすことから，力学的エネルギー $E(t)$ は，$E(t + T) = e^{-2\kappa T}E(t)$ を満たすことがわかります．したがって，時間 T が経過したときのエネルギー減衰率 $\varDelta$ は

$$\varDelta \equiv \frac{E(t) - E(t + T)}{E(t)} = 1 - e^{-2\kappa T}$$

となります．粘性抵抗が小さく $\kappa \ll T$ を満たす場合には，エネルギー減衰率 $\varDelta$ は

近似的に $\varDelta \approx 2\kappa T$ と表されます．

[7.4] $\left(\dfrac{dV(x)}{dx}\right)_{x=x_0} = V_0\left(\dfrac{1}{a} - \dfrac{a}{{x_0}^2}\right) = 0$ より，$x_0 = a$ となります．$V(x)$ を $x = a$ の周りでテイラー展開すると，$V(x) \approx V(a) + \dfrac{1}{2}\left(\dfrac{d^2V}{dx^2}\right)_{x=a}(x-a) = 2V_0 + \dfrac{V_0}{a^2}(x-a)^2$ となります．こうして，質点にはたらく力 F は $F(x) = -\dfrac{dV(x)}{dx} \approx -\dfrac{2V_0}{a^2}(x-a)$ となり，質量 m の質点の微小振動の角速度 ω は，$\omega = \sqrt{\dfrac{2V_0}{ma^2}}$ であり，周期 T は $T = \dfrac{2\pi}{\omega} = 2\pi\sqrt{\dfrac{ma^2}{2V_0}}$ となります．

[8.1] 行列式をサラスの方法（本シリーズの『物理数学』などを参照）を用いて展開すると，(8.5) と一致します．

[8.2] 電気双極子を構成する負電荷の位置ベクトルを $\boldsymbol{r}$，正電荷の位置を $\boldsymbol{r} + \boldsymbol{d}$ とすると，この電気双極子にはたらく力のモーメントは

$$\boldsymbol{N} = \boldsymbol{r} \times (-q\boldsymbol{E}) + (\boldsymbol{r} + \boldsymbol{d}) \times (q\boldsymbol{E}) = \boldsymbol{d} \times q\boldsymbol{E} = \boldsymbol{p} \times \boldsymbol{E}$$

[8.3] (1) $\omega = \dfrac{d\theta}{dt} = \dfrac{v_0}{L}\cos^2\theta$

(2) $r = \dfrac{L}{\cos\theta}$ なので，面積速度は

$$\frac{dS}{dt} = \frac{1}{2}r^2\frac{d\theta}{dt} = \frac{1}{2}\left(\frac{L}{\cos\theta}\right)^2\frac{v_0}{L}\cos^2\theta = \frac{1}{2}Lv_0$$

となり，時間によらず一定です．

[8.4] (1) $x = a\cos\omega t, y = b\sin\omega t, z = 0$ より

$$p_x = m\frac{dx}{dt} = -ma\omega\sin\omega t, \quad p_y = m\frac{dy}{dt} = mb\omega\cos\omega t, \quad p_z = m\frac{dz}{dt} = 0$$

なので，角運動量は $\boldsymbol{L} = \boldsymbol{r} \times \boldsymbol{p} = (xp_y - yp_x)\boldsymbol{e}_z = mab\omega\boldsymbol{e}_z$.

(2) (1) より角運動量は一定なので，力のモーメントは $\boldsymbol{N} = \dfrac{d\boldsymbol{L}}{dt} = \boldsymbol{0}$.

[8.5] 質点は円運動するので，半径 r_0 と r_1 のときの質点の角運動量の大きさはそれぞれ $L_0 = mr_0^2\omega_0$ と $L_1 = mr_1^2\omega_1$ です．質点は常に小孔に向かって中心力を受けているので，角運動量が保存します．よって，$mr_0^2\omega_0 = mr_1^2\omega_1$ となり，$\omega_1 = \left(\dfrac{r_0}{r_1}\right)^2\omega_0$ が得られます．

[9.1] ベクトル三重積の公式より，

$$A\times(B\times C)=(A\cdot C)B-(A\cdot B)C$$
$$B\times(C\times A)=(B\cdot A)C-(B\cdot C)A$$
$$C\times(A\times B)=(C\cdot B)A-(C\cdot A)B$$

なので，これらを足し合わせて，

$$A\cdot B=B\cdot A,\qquad B\cdot C=C\cdot B,\qquad C\cdot A=A\cdot B$$

を用いることで与式が示されます．

［**9.2**］(1)　$0<r<\sqrt{b/a}$ の領域で引力，$r>\sqrt{b/a}$ の領域で斥力　(2)　$0<r<(2b)^{1/6}$ の領域で引力，$r>(2b)^{1/6}$ の領域で斥力　(3)　$2n<r<2n+1$ の領域で引力，$2n+1<r<2n+2$ の領域で斥力（ただし，$n=0,1,2,\cdots$）

［**9.3**］(1)　$r=2a\cos\theta$

(2)　質点にはたらく力は中心力であるから，角運動量の大きさ $L=mr^2\dfrac{d\theta}{dt}$ は一定です．また，

$$\frac{dr}{dt}=\frac{d\theta}{dt}\frac{dr}{d\theta}=\frac{L}{mr^2}\frac{dr}{d\theta},\ \frac{d^2r}{dt^2}=\frac{d}{dt}\left(\frac{L}{mr^2}\frac{dr}{d\theta}\right)=\frac{d\theta}{dt}\frac{d}{d\theta}\left(\frac{L}{mr^2}\frac{dr}{d\theta}\right)$$
$$=\left(\frac{L}{m}\right)^2\frac{1}{r^2}\left\{-\frac{2}{r^3}\left(\frac{dr}{d\theta}\right)^2+\frac{1}{r^2}\frac{d^2r}{d\theta^2}\right\}$$

に $\dfrac{dr}{d\theta}=-2a\sin\theta$ と $\dfrac{d^2r}{d\theta^2}=-2a\cos\theta$ を代入すると，質点にはたらく中心力は，(3.3) の第1式より

$$F(r)=m\left(\frac{d^2r}{dt^2}-r\frac{d\theta}{dt}\right)=-\frac{8a^2L^2}{mr^5}$$

［**9.4**］$L\to\alpha L$, $t\to\beta t$ に対して自由落下の落下距離の関係が不変であるためには，$\beta^2=\alpha$ のスケーリング則が成り立ちます．この結果と (9.63) を比較すると $k=1$ となり，1次の同次関数ポテンシャルのもとでのスケーリング則と一致しています．これは，重力ポテンシャル $V(x)=mgx$（x は地表（エネルギーの基準点）からの高さ）が $v(\alpha x)=\alpha V(x)$ を満たす1次の同次関数であるためです．

［**9.5**］この中心力のポテンシャルエネルギーは $U(r)=-\displaystyle\int_\infty^r\frac{k}{r^2}\,dr=\frac{k}{r}$ によって与えられるので，この系の有効ポテンシャルは $U_{\rm eff}(r)=\dfrac{k}{r}+\dfrac{L^2}{2mr^2}$．これが極小値をもつための条件（$dU_{\rm eff}/dr=0$）を用いると，$n<3$ が得られます．

［**9.6**］証明の足がかりとして，LRL ベクトル $\boldsymbol{A}$ と（太陽を原点とする）惑星の位置ベクトル $\boldsymbol{r}$ の内積 $\boldsymbol{A}\cdot\boldsymbol{r}$ を計算すると，

$$\boldsymbol{A}\cdot\boldsymbol{r}=\left(\boldsymbol{p}\times\boldsymbol{L}-mC\frac{\boldsymbol{r}}{r}\right)\cdot\boldsymbol{r}=(\boldsymbol{p}\times\boldsymbol{L})\cdot\boldsymbol{r}-mC\frac{\boldsymbol{r}\cdot\boldsymbol{r}}{r}=(\boldsymbol{r}\times\boldsymbol{p})\cdot\boldsymbol{L}-mCr$$
$$=L^2-mCr$$

ここで，3番目の等号に移る際に，スカラー三重積の公式 $(\boldsymbol{a} \times \boldsymbol{b}) \cdot \boldsymbol{c} = (\boldsymbol{c} \times \boldsymbol{a}) \cdot \boldsymbol{b}$ と $\boldsymbol{r} \cdot \boldsymbol{r} = r^2$ を，4番目の等号に移る際には，$\boldsymbol{L} = \boldsymbol{r} \times \boldsymbol{p}$ と $\boldsymbol{L} \cdot \boldsymbol{L} = L^2$ を用いました．一方，$\boldsymbol{A} \cdot \boldsymbol{r}$ は方位角 φ を用いて $\boldsymbol{A} \cdot \boldsymbol{r} = Ar\cos\varphi$ と表すことができるので，これら2つの $\boldsymbol{A} \cdot \boldsymbol{r}$ の表式を比較することで，$Ar\cos\varphi = L^2 - mCr$．この関係式を整理すると $r = \dfrac{\ell}{1 + e\cos\varphi}$ のように楕円軌道（ケプラーの第1法則）が導かれます．ここで，$\ell = \dfrac{L^2}{mC} = \dfrac{h^2}{GM}$（ただし，$C = FMm$ と $L = mh$）と（9.87）の絶対値 $e = \dfrac{A}{mC}$ を用いました．

［**10.1**］（1）$\tau = \sqrt{\dfrac{2h}{g + \alpha}}$　（2）（6.27）の g を $g + \alpha$ に置き換えることで，$T = 2\pi\sqrt{\dfrac{\ell}{g + \alpha}}$.

［**10.2**］斜面に沿った軸上での力のつり合いの条件 $mg\sin\theta = ma\cos\theta$ より $a = g\tan\theta$.

［**10.3**］地球の半径を $R = 6400\,\text{km}$ とすると，$R\omega^2 = 6.4 \times 10^6 \times \{2\pi/(24 \times 3600)\}^2 = 3.4 \times 10^{-2}\,\text{m/s}^2$.

［**10.4**］天井の固定点を通る鉛直線（回転軸）の周りを糸と共に回転する座標系を考えます．この質点の角速度を ω，回転軸から質点までの距離を r とすると，この質点には重力 mg，糸の張力 R，遠心力 $mr\omega^2$ がはたらいており，これらがつり合うことで，質点は回転座標系において静止しています．このとき，つり合いの式は $R\cos\theta = mg$（鉛直方向），$R\sin\theta = mr\omega^2$（水平方向）です．

こうして，糸の張力は $R = \dfrac{mg}{\cos\theta}$ であり，角速度は $\omega = \sqrt{\dfrac{R\sin\theta}{mr}} = \sqrt{\dfrac{R}{m\ell}} = \sqrt{\dfrac{g}{\ell\cos\theta}}$ となるので，周期は $T = \dfrac{2\pi}{\omega} = 2\pi\sqrt{\dfrac{g}{\ell\cos\theta}}$ となります．

［**11.1**］太陽の中心を原点に選び，太陽の質量を $M = 2.0 \times 10^{30}\,\text{kg}$，地球の質量を $m = 6.0 \times 10^{24}\,\text{kg}$ とし，地球の平均公転半径を $r = 1.5 \times 10^{11}\,\text{m}$ とすると，質量中心の位置 R は

$$R = \frac{mr}{m + M} \approx \frac{mr}{M} = \frac{(6.0 \times 10^{24}) \times (1.5 \times 10^{11})}{2.0 \times 10^{30}} = 4.5 \times 10^5\,\text{m}$$

すなわち，太陽の中心から約 450 km に地球と太陽の質量中心が位置します．太陽の半径が 696340 km であることを考えると，質量中心は太陽の中心にあると近似して差し支えないことがわかります．

［11.2］ $m/M \ll 1$ のとき，換算質量は次のように近似できます．

$$\mu = \frac{Mm}{M+m} = \frac{M}{1+m/M} \approx M\left(1+\frac{m}{M}\right) \approx M$$

［11.3］ (1) 半径 a の円運動する質量 m の質点の角運動量の大きさは $m\omega_a a^2$（$\omega_a = v$）なので，この系の角運動量の大きさはこれを2倍して $L = 2m\omega_a a^2$．

(2) ひもを縮める前後で角運動量は保存しているので，$2m\omega_a a^2 = 2m\omega_b b^2$ が成り立ちます．したがって，$\omega_b = \left(\frac{a}{b}\right)^2 \omega_a$．つまり，この系の角運動量は保存していますが，角速度は半径の2乗に反比例して増加します．

(3) ひもを縮める前後の運動エネルギー K_a と K_b はそれぞれ，$K_a = 2\times\frac{1}{2}m{v_a}^2 = ma^2{\omega_a}^2$ と $K_b = 2\times\frac{1}{2}m{v_b}^2 = mb^2{\omega_b}^2$．よって，$\frac{K_b}{K_a} = \frac{a^2{\omega_a}^2}{b^2{\omega_b}^2}$ となり，この式に (1) の答えを代入すると $\frac{K_b}{K_a} = \left(\frac{a}{b}\right)^2$．つまり，運動エネルギーは半径の2乗に反比例して増加します．これは，向心力の向きに質点が移動するのに外部から仕事をされたためです．

［11.4］ 質点 1,2,3 の位置ベクトルはそれぞれ $\boldsymbol{r}_1 = (vt+a, 0)$，$\boldsymbol{r}_2 = (-vt-a, 0)$，$\boldsymbol{r}_3 = (0, vt+3a)$ なので，この系の質量中心の x 成分と y 成分はそれぞれ，$x_G = \frac{mx_1+mx_2+mx_3}{3m} = \frac{(vt+a)+(-vt-a)+0}{3} = 0$ と $y_G = \frac{my_1+my_2+my_3}{3m} = \frac{0+0+(vt+3a)}{3} = \frac{1}{3}vt + a$ です．

［12.1］ (1) $I_z = Ma^2$　(2) $I_x = I_y = \frac{1}{2}Ma^2$

［12.2］ (1) $\frac{1}{2}Ma^2$　(2) $M\left(\frac{a^2}{4}+\frac{\ell^2}{3}\right)$

［12.3］ $I_x = \frac{1}{5}M(b^2+c^2)$, $I_y = \frac{1}{5}M(c^2+a^2)$, $I_x = \frac{1}{5}M(a^2+b^2)$

［12.4］ (1) $I_z = M\left(a^2+\frac{3}{4}c^2\right)$　(2) 直交軸の定理（$I_z = I_x + I_y$）より，$I_x = I_y = \frac{1}{8}M(4a^2+5c^2)$．

［12.5］ (1) 平行軸の定理を用いて，$I = \frac{a^2}{2}M + h^2M = M\left(\frac{a^2}{2}+h^2\right)$．

(2) (12.44) より，$T = 2\pi\sqrt{\frac{I}{Mgh}} = 2\pi\sqrt{\frac{1}{g}\left(\frac{a^2}{2h}+h\right)}$．

(3) 周期が最小である条件は $dT/dh = 0$ より，$h = a/\sqrt{2}$．

索　　引

キ

ク

ケ

著者略歴

山本貴博（やまもと　たかひろ）

1975 年 大分県生まれ．東京理科大学理学部第一部物理学科卒業，同大学大学院理学研究科物理学専攻博士課程修了．科学技術振興機構研究員，東京理科大学助手，東京大学大学院助教，東京理科大学講師，准教授を経て，現在，東京理科大学教授．博士（理学）．

主な著書に，『基礎からの 量子力学』（共著），『基礎からの 物理学』，『工学へのアプローチ 量子力学』（以上，裳華房），『ナノ・マイクロスケール熱物性ハンドブック』（分担執筆，養賢堂），『次世代熱電変換材料・モジュールの開発』（分担執筆，シーエムシー出版）などがある．

物理学レクチャーコース　**力学**

2022 年 10 月 25 日　第 1 版 1 刷発行
2023 年 4 月 25 日　第 2 版 1 刷発行

検印
省略

定価はカバーに表示してあります．

著作者　山本貴博
発行者　吉野和浩
発行所　東京都千代田区四番町 8-1
電話 03-3262-9166（代）
郵便番号 102-0081
株式会社　裳華房
印刷所　株式会社　精興社
製本所　牧製本印刷株式会社

一般社団法人
自然科学書協会会員

ISBN 978-4-7853-2409-4

物理学レクチャーコース

編集委員：永江知文，小形正男，山本貴博
編集サポーター：須貝駿貴，ヨビノリたくみ

◆ 特 徴 ◆

- 企画・編集にあたって，編集委員と編集サポーターという２つの目線を取り入れた．
  編集委員：講義する先生の目線で編集に務めた．
  編集サポーター：学習する読者の目線で編集に務めた．
- 教室で学生に語りかけるような雰囲気（口語調）で，本質を噛み砕いて丁寧に解説．
- 手を動かして理解を深める“Exercise”“Training”“Practice”といった問題を用意．
- “Coffee Break”として興味深いエピソードを挿入．
- 各章の終わりに，その章の重要事項を振り返る“本章のPoint”を用意．

力 学

山本貴博 著　　298頁／定価 2970円（税込）

物理学科向けの通年タイプの講義に対応したもので，取り扱った内容は，ところどころ発展的な内容も含んではいるが，大学で学ぶ力学の標準的な内容となっている．本書で力学を学び終えれば，「大学レベルの力学は身に付けた」と自信をもてる内容となっている．

【主要目次】 1. 位置ベクトルと様々な座標　2. 質点の運動学　3. 質点の力学　4. 様々な力　5. 質点の様々な運動（I）　6. 質点の様々な運動（II）　7. 力学的エネルギーとその保存則　8. 角運動量とその保存則　9. 中心力のもとでの質点の運動　10. 非慣性系での質点の運動　11. 質点系の力学　12. 剛体の力学

物理数学

橋爪洋一郎 著　　354頁／定価 3630円（税込）

物理学科向けの通年タイプの講義に対応したもので，数学に振り回されずに物理学の学習を進められるようになることを目指し，学んでいく中で読者が疑問に思うこと，躓きやすいポイントを懇切丁寧に解説している．また，物理学科の学生にも人工知能についての関心が高まってきていることから，最後に「確率の基本」の章を設けた．

【主要目次】 0. 数学の基本事項　1. 微分法と級数展開　2. 座標変換と多変数関数の微分積分　3. 微分方程式の解法　4. ベクトルと行列　5. ベクトル解析　6. 複素関数の基礎　7. 積分変換の基礎　8. 確率の基本

電磁気学入門

加藤岳生 著　　２色刷／240頁／定価 2640円（税込）

理工系学部１年生向けの半期タイプの入門的な講義に対応したもので，わかりやすさとユーモアを交えた解説で定評のある著者によるテキスト．

著者の長年の講義経験に基づき，本書の最初の２つの章で「電磁気学に必要な数学」を解説した．これにより，必要に応じて数学を学べる（講義できる）構成になっている．

【主要目次】 電磁気学を理解するための大事な一歩　A. スカラー場とベクトル場の微分　B. ベクトル場の積分　　電磁気学入門　1. 静電場（I）　2. 静電場（II）　3. 電流　4. 静磁場　5. 電磁誘導　6. マクスウェル方程式

◆ コース一覧（全17巻を予定）◆

- 半期やクォーターの講義向け（15回相当の講義に対応）
  力学入門，電磁気学入門，熱力学入門，振動・波動，解析力学，量子力学入門，相対性理論，素粒子物理学，原子核物理学，宇宙物理学
- 通年（I・II）の講義向け（30回相当の講義に対応）
  力学，電磁気学，熱力学，物理数学，統計力学，量子力学，物性物理学